高 等 学 校 规 划 教 材

耕地土壤重金属污染
调查与修复技术

龙新宪　编著

化学工业出版社

· 北京 ·

内容简介

《耕地土壤重金属污染调查与修复技术》系统地梳理了我国耕地土壤重金属污染监测及发展历程以及我国耕地土壤环境保护管理体系；介绍了有关我国耕地土壤重金属污染调查、评价与修复的国家政策、标准和技术规范；总结了我国农田土壤污染调查、评价、风险评估与修复中主要采用的技术；同时总结了耕地土壤重金属调查方案、安全利用方案、土壤修复方案、修复效果评价方案等，以期为我国农田土壤重金属污染调查、安全利用与修复提供参考。

本书可以作为环境科学、环境工程、资源环境科学、农业资源与环境、生态学等专业的本科和研究生教材；还可供土壤环境监测、土壤环境调查与风险评估、土壤环境修复等相关专业的科技工作者、工程与管理人员及关心耕地土壤环境保护的公众参考。

图书在版编目（CIP）数据

耕地土壤重金属污染调查与修复技术/龙新宪编著. —北京：
化学工业出版社，2021.5
高等学校规划教材
ISBN 978-7-122-38661-8

Ⅰ.①耕…　Ⅱ.①龙…　Ⅲ.①耕作土壤-土壤污染-重金属污染-
污染调查-高等学校-教材②耕作土壤-土壤污染-重金属污染-污
染防治-高等学校-教材　Ⅳ.①X53

中国版本图书馆 CIP 数据核字（2021）第 042123 号

责任编辑：满悦芝　　　　　　　　　　　文字编辑：刘洋洋
责任校对：王鹏飞　　　　　　　　　　　装帧设计：张　辉

出版发行：化学工业出版社（北京市东城区青年湖南街 13 号　邮政编码 100011）
印　　装：北京捷迅佳彩印刷有限公司
787mm×1092mm　1/16　印张 11¾　字数 281 千字　2021 年 6 月北京第 1 版第 1 次印刷

购书咨询：010-64518888　　　　　　　售后服务：010-64518899
网　　址：http://www.cip.com.cn
凡购买本书，如有缺损质量问题，本社销售中心负责调换。

定　　价：59.80 元

前言

耕地是人类赖以生存的基本资源和条件。近几十年来，伴随我国经济社会的快速发展，耕地土壤重金属污染问题日趋突出。2014年环境保护部和国土资源部发布的《全国土壤污染状况调查公报》显示，我国耕地土壤的镉、汞、砷、铜、铅、铬、锌和镍点位超标率分别为7.0%、1.6%、2.7%、2.1%、1.5%、1.1%、0.9%和4.8%。生态环境部对30万 hm^2 基本农田保护区土壤的调查发现，土壤中重金属超标率达12.1%，其中长江三角洲地区耕地土壤重金属 Cd、Cu 和 Pb 的超标率分别为5.64%、2.73%和0.75%。耕地土壤环境安全直接关系"米袋子"和"菜篮子"安全，关系人民群众舌尖上的安全，打好土壤污染防治攻坚战，是顺应人民对良好生态环境热切期盼的重要举措。

2016年5月国务院发布《土壤污染防治行动计划》（又称《土十条》），明确要实施农用地分类管理，保障农业生产环境安全，开展污染治理与修复，改善区域土壤环境质量，到2020年，受污染耕地治理与修复面积达到67万 hm^2，受污染耕地安全利用率达到90%以上；到2030年，受污染耕地安全利用率达到95%以上，这是现阶段和今后一段时期全国土壤污染防治工作的行动纲领。随着《土十条》的发布，土壤污染防治战役正式揭幕，治理修复工作的速度和范围不断扩大，已经在浙江、江西、湖南、云南、贵州、湖北、广东、广西、四川等污染耕地集中区域开展了规模化的修复治理试点工程，江苏、安徽、河南、甘肃、陕西等其他省份也都实施了农田重金属污染修复试点项目。

本书系统介绍了我国耕地土壤重金属污染调查、评价与修复的国家政策、标准和技术规范，梳理了我国农田土壤污染调查、评价、风险评估与修复中主要采用的技术，给出了土壤重金属调查方案、安全利用方案、土壤修复案例、修复效果评价方案等编写要点，以期为我国农田土壤重金属污染调查、安全利用与修复提供参考。

本书编写过程中，参考了大量国家文件、国家和地方技术规范、国内外论文、教材与专著等，主要参考文献列于书后。感谢研究生许佳澄和刘熙杨帮助绘制图表！在本书撰写过程中，还得到了中国地质科学院国家地质实验测试中心的刘永兵研究员和华南农业大学吴启堂教授的帮助，在此表示衷心感谢！

感谢国家重点研发项目《农田重金属污染地球化学工程修复技术研发》（2017YFD0801000）的资助！

由于本人的水平和能力有限，书中疏漏和不当之处在所难免，恳请广大同行专家和读者批评指正。

龙新宪

2021 年 5 月

目录

第3章　耕地土壤重金属污染评价与质量分级技术

■ 第4章　耕地土壤重金属污染源调查与解析技术

第5章　重金属污染耕地的安全利用技术

第6章　重金属污染耕地土壤的修复技术

第7章　重金属污染耕地土壤的修复方案编制与效果评估技术

附录

参考文献

第1章 绪 论

1.1 我国耕地土壤重金属污染的概述

耕地是指种植食用类农产品的农用地，包括水田和旱地。水田是指筑有田埂（坎），可以经常蓄水，用来种植水稻、莲藕、席草等水生作物的耕地。旱地是指除水田以外的耕地，包括水浇地和无水浇条件的旱地。水浇地是指旱地中有一定水源和灌溉设施，在一般年景下能够进行正常灌溉的耕地。无水浇条件的旱地是指没有固定水源和灌溉设施，不能进行正常灌溉的旱地。

耕地质量是保障农产品安全生产的重要物质基础。我国耕地资源十分紧缺，2016年底耕地总面积为 1.35 亿 hm^2，合 20.24 亿亩（1 亩＝666.67 平方米），人均占有量不及世界平均水平的 1/2，且总体质量不高，中低产田达到了 2/3。近年来，由于建设占用、灾毁、生态退耕、农业结构调整等原因，我国耕地面积保有量总体有所下降。同时，随着我国工业化、城市化和农业集约化的快速发展，各种来源的重金属元素通过降尘、施肥、灌溉等途径进入耕地，且数量逐年增加，导致我国耕地土壤重金属污染问题日益严重。重金属污染不仅能够引起土壤的组成、结构和功能的变化，还能够抑制作物根系生长和光合作用，致使作物减产甚至绝收。更为重要的是，重金属还可能通过食物链迁移到动物和人体内，严重危害动物和人体健康。

1.1.1 我国耕地土壤重金属污染现状

2006—2013 期间，环境保护部和国土资源部联合开展的全国土壤污染状况专项调查，在全国范围内共布设点位 67615 个，采集了 213754 个土壤样品。2014 年 4 月 17 日发布了《全国土壤污染状况调查公报》（简称《公报》）。《公报》显示：我国耕地土壤的点位超标率为 19.4%，其中轻微、轻度、中度和重度污染的点位所占比例分别为 13.7%、2.8%、1.8% 和 1.1%，主要污染物为镉、镍、铜、砷、汞、铅、滴滴涕和多环芳烃。中国地质调查局（2015）发布的中国耕地地球化学调查报告显示，重金属中-重度污染或超标的点位比例占 2.5%，覆盖面积 3488 万亩；轻微-轻度污染或超标的点位比例占 5.7%，覆盖面积 7899 万亩。污染或超标耕地主要分布在南方的湘鄂皖赣区、闽粤琼区和西南区。

在各种科研项目的资助下，我国科技工作者相继开展了一些区域性农用地土壤重金属污染状况的调查与监测工作。2002年，南京环境科学研究所主持开展了"典型区域土壤环境质量状况探查研究"，调查范围包括广东、江苏、浙江、河北和辽宁5省，结果显示珠三角部分城市有近40％的菜地土壤重金属污染超标，其中10％属于严重超标；长三角有的城市连片农田受多种重金属污染，致使10％土壤基本丧失生产能力，以受镉污染和砷污染的比例最大，超过0.4亿hm^{2}良田（蔡美芳等，2014）。2006年，原环境保护总局对30×10^{4}hm^{2}基本农田保护区土壤的重金属抽测了3.6×10^{4}hm^2，重金属超标率达12.1％。宋伟等（2013）利用我国138个典型区域的耕地土壤重金属污染数据库，以《土壤环境质量标准》(GB 15618—1995)中的二级标准作为评价标准，结果发现我国耕地土壤重金属污染概率为16.67％左右，据此推断我国重金属污染的耕地面积占耕地总量的1/6左右。其中尚清洁、清洁、轻污染、中污染和重污染比例分别为68.12％、15.22％、14.49％、1.45％和0.72％；8种土壤重金属元素中，Cd污染概率为25.20％，远超过其他几种重金属元素。浙江大学徐建明研究团队（2018）调查了长江中下游某地区污染较严重的4.4万亩农田土壤的重金属污染状况，发现主要超标元素为Cd和Cu，轻微、中轻度和重度Cd污染土壤面积分别占45.62％、12.3％和1.74％。

综上所述，我国耕地土壤重金属污染的总体形势不容乐观，其中以西南、中南、长江三角洲和珠江三角洲等地区污染最为突出。在土壤重金属污染程度和面积尚未清楚的情况下，开展土壤污染详查尤为重要。因此，2017年8月，环境保护部、财政部、国土资源部、农业部、国家卫计委等五部委联合部署土壤污染状况详查，计划于2018年年底前查明农用地土壤污染的面积、分布及其对农产品质量的影响。

1.1.2 我国耕地土壤重金属污染特征

1.1.2.1 污染成因复杂多样

我国耕地土壤受重金属污染的成因复杂，包括自然的成土母质条件、人为的污染因素以及自然与人为因素的叠加作用等。

从区域大尺度上看，自然因素的影响比较明显，成土母质和母岩等地球化学属性直接影响土壤中重金属的含量。调查资料显示（赵其国和骆永明，2015），不同类型母质发育的土壤重金属含量差异很大，火成岩和石灰岩母质发育的土壤中Cd、As、Hg和Pb平均含量显著高于风沙母质土壤。瞿飞等（2020）在黔东南黄平县分别采集典型砂页岩、老风化壳、石灰岩、页岩、河流冲积物、泥岩6种不同母质发育的土壤样品257个，结果显示，不同母质土壤Cd含量大小为石灰岩＞河流冲积物＞老风化壳＞泥岩＞砂页岩＞页岩，Cr含量为老风化壳＞泥岩＞页岩＞石灰岩＞砂页岩＞河流冲积物，Hg含量为石灰岩＞泥岩＞砂页岩＞河流冲积物＞老风化壳＞页岩，As含量为泥岩＞石灰岩＞老风化壳＞砂页岩＞页岩＞河流冲积物，Pb含量为泥岩＞老风化壳＞石灰岩＞砂页岩≈页岩＞河流冲积物。成土过程中元素的次生富集作用也是造成我国中南、西南高背景地区土壤中Cd、As、Hg和Pb等重金属含量高的重要原因。例如，贵州地表土壤与沉积物中Cd的地球化学背景值为0.31mg/kg，是我国平均水平的2.5～3.5倍（何邵麟等，2004）。长江三角洲自然土壤中As、Co、Cr、Ni和Zn等元素含量高于珠江三角洲自然土壤中对应的元素含量。

在长三角、珠三角、环渤海和华北城郊区域等局部范围内，耕地土壤重金属含量异常往往是人为因素的影响。在大中城市郊区，大气沉降和污水灌溉是城市工业和交通源重金属进入农田土壤的最主要途径。陈世宝等（2019）分析了2011—2015期间报道的不同农田土壤重金属输入源的文献数据，发现全国范围农田土壤中Cd的年输入通量约为4.83μg/kg，但不同省农田土壤中Cd输入通量及来源有很大差异。河北和湖南省农田年输入通量则达到14.4μg/kg和19.6μg/kg，分别为全国农田土壤中Cd年输入通量的2.97倍和4.06倍。工业大气沉降和污水灌溉是导致我国部分省区农田土壤Cd污染的主要原因之一，其中河北省工业大气沉降和污水灌溉分别占Cd年总输入通量的58.2%和27.3%，湖南省则分别占16.6%和69.9%。韩志轩等（2018）在珠江三角洲地区的22个点位上采集的44件冲积平原土壤样品，利用多元统计分析方法和铅同位素示踪技术研究了重金属元素的来源。结果表明，As、Pb、Hg的异常受人为活动影响较严重，Zn、Cd的高含量既与地质背景有关，也受人类活动影响。

1.1.2.2 空间分布异质性强

我国幅员辽阔，不同区域土壤重金属背景值和累积量差异较大（陈卫平等，2018）。《公报》显示：南方土壤污染重于北方；长江三角洲、珠江三角洲、东北老工业基地等部分区域土壤污染问题较为突出，西南、中南地区土壤重金属超标范围较大。张小敏等（2014）结合2000—2013年公开发表文献中的农作物土壤的重金属含量数据和相关数据库中的部分数据发现。中国区域农田土壤Pb、Cd、Cu和Zn含量均有不同程度的富集，重金属空间分布具有明显的区域特征，西南地区土壤重金属含量较高，其次是两广和辽宁地区，其他地区相对较低。Liu等（2016）调查了我国22个水稻种植省份土壤Cd累积量，显示全国水稻土Cd平均含量为0.45mg/kg。

金属采矿区和冶炼区的周边耕地土壤重金属的含量较高，属于重金属高风险区。例如，曾希柏等（2013）调查了某冶炼区和三个采矿区周边较小区域的农田土壤，结果发现，每个调查点土壤样品均有三种以上元素超过《土壤环境质量标准》（GB 15618—1995）Ⅲ级含量标准，占采集样品的比例为10%以上，最高甚至达91.2%，超标最严重、超标样品比例最高的是Cd，其次为As，在调查的4个地区均存在较大程度超标，其超标幅度达21.1%～62.3%，而Zn、Cu、Pb等元素超标样品的比例则相对较低。吴劲楠等（2018）在某铅锌矿区周边农田土壤共布设496个采样点，测定表层土壤中重金属（Cd、Hg、Pb、Cu、Zn）的含量。结果表明：Cd、Hg、Pb、Cu和Zn的平均含量（mg/kg）分别是该矿区所在省背景值的33.05、5.83、12.02、4.89和16.33倍；单因子指数评价结果显示，99.8%的样品达到Cd重度污染水平，其次是Cu（82.06%）和Zn（62.50%）。杨世利等（2019）调查了中国西南某铅蓄电池厂污染场地土壤，距离厂内生产区20～30cm处土壤Pb的质量分数高达12784mg/kg，厂内生产区、熔炼区、排污口、循环水池处的Pb含量远高于背景点。

1.1.2.3 土壤类型差异明显

我国土壤类型多样，由于土壤条件、气候条件和耕作管理水平的不同，不同类型土壤理化性质差异较大，进一步加剧了耕地土壤重金属污染的多样化格局（陈卫平等，2018）。罗小玲等（2014）通过对珠江三角洲地区典型农田和菜地两种耕地土壤重金属污染现状进行监测与评价，发现工业型农村的耕地以铜超标为主（超标率22.2%），种植型农村的耕地以Cd超标为主（超标率16.7%），其余重金属超标率低或不超标。Rafiq等（2014）对我国7种典型农田土壤Cd活性进行研究，结果显示酸性土壤类别中，富铝土中交换态Cd含量约为黄壤中交换态Cd含量的近4倍。黄颖（2018）的研究发现，不同耕作方式对重金属的影响存在一定差异，Cd、Hg、Pb、Cu、Zn 在蔬菜地和水稻田中含量较高，在旱地和园地含量较低，而 Cr、As、Ni 三种元素在园地含量最高，在其他类型土壤较低。

1.1.2.4 土壤酸化加剧了重金属污染的危害

我国土壤酸化面积近 200 万 hm^2，近年来粮田、菜园和果园土壤酸化趋势均有增加（赵其国等，2013）。1980—2000 期间，我国 5 种典型土壤 pH 降低范围为 0.13～0.80 单位，其中水稻土酸化最为严重，pH 年均下降速率为 0.012 单位（Guo et al.，2010）。土壤酸化增强了土壤中的重金属活性及其迁移能力，加剧了重金属污染的生态危害。这也是我国个别地区近年来稻米 Cd 含量超标问题多发，而同样以水稻为主要农作物的其他亚洲国家（泰国、韩国、日本等）稻米 Cd 含量超标问题不突出的主要原因之一。Yang（2017）对某地的调查发现，在土壤 pH＜5.5 的菜地和水稻田中，蔬菜和稻米 Cd 含量超标率分别为 7.8％ 和 89.4％；而在土壤 pH＞6 的菜地和水稻田中，蔬菜和稻米 Cd 含量超标率显著降低至 1.3％ 和 32％。

1.1.3 耕地土壤重金属污染的危害

1.1.3.1 直接经济损失

据估算，我国每年因重金属污染的粮食达 1200 万吨，造成的直接经济损失超过 200 亿元。不仅如此，因土壤污染每年造成的粮食减产也相当大，全国每年由耕地污染而造成的粮食减产达到 $1.25×10^9$ kg。如果将污染土壤进行修复，所需的资金非常惊人。据《经济观察报》报道，全国有 5000 多万亩土壤受到重金属等的中重度污染。因此，我国污染耕地土壤修复所需资金数额巨大，仅对受重金属污染的耕地土壤而言，即便选择土壤修复成本较低的植物修复技术，单位治理成本为 100～500 元/吨，直接治理成本约 $3.1×10^4$～$15.6×10^4$ 亿元。

1.1.3.2 影响农产品的产量和品质

土壤重金属进入植物体后，可通过抑制一些蛋白酶的活性、在植株细胞中产生活性氧（reactive oxygen species，ROS）损坏细胞抗氧化系统，导致细胞受损或死亡等，从而影响植株正常生长发育，导致农产品的产量下降，严重时，甚至绝收。例如，Cd 胁迫会导致细胞质膜的透性发生变化，影响矿质营养元素的吸收，导致植株体内营养元素含量和成分的改变。水稻极易吸收并积累镉，而积累过量镉会导致严重的毒性效应，影响植株的光合色素含量、呼吸强度、蒸腾和光化学效率，从而严重影响水稻的生长并导致其减产，稻米品质劣变（胡婉茵等，2021）。在盆栽实验条件下，Cd 胁迫显著降低了水稻的产量、穗数和结实率，但粒重受影响不显著（陈京都等，2013）。

耕地土壤受到重金属污染，不可避免地会影响到农产品的质量。近年来，我国部分地区有时会发生"镉米"事件。农业部稻米及制品质量监督检验测试中心对我国部分地区稻米质量安全普查结果表明，约有 10％稻米 Cd 含量超过我国 1994 年颁布的《食品中镉限量卫生标准》(GB 15201—1994) 限定标准值 0.2mg/kg。

1.1.3.3 危害人体健康

耕地土壤污染会使污染物在粮食、蔬菜等农产品中积累，并通过食物链富集到人体和动物体中，危害人畜健康，引发癌症和其他疾病等。例如，20 世纪 30 年代的日本"痛痛病"和 20 世纪 50 年代的"水俣病"。

1.1.3.4　导致其他生态环境问题

土壤污染影响植物、土壤动物和微生物的生存和繁衍，危及正常的土壤生态过程和生态系统服务功能。研究表明，土壤重金属对蚯蚓、线虫等无脊椎动物数目、丰富度、生物数量和群体构成等有直接影响。

农田土地受到污染后，含重金属浓度较高的污染表土容易在风力和水力的作用下分别进入大气和水体中，导致大气污染、地表水污染、地下水污染和生态系统退化等其他次生生态环境问题。

1.2　我国耕地土壤重金属污染监测及发展历程

我国土壤调查和监测最先始于对农用地的监测，早期的监测偏重于土壤肥力的监测。为了了解和掌握全国土壤情况，我国先后开展了多次土壤环境调查。我国先后于 1958—1961 年和 1975—1985 年开展了 2 次全国土壤普查，查清了全国的土壤分布和土地资源，初步建立了适合中国国情的土壤分类体系（唐近春，1989）。

随着土壤污染的加剧，国家逐渐加强了对土壤环境保护的领导和指导，环保部门、农业部门和国土资源部门相继部署与开展了各自领域的土壤环境监测工作。例如，2001 年 9～10 月，中国环境监测总站组织对北京、上海、天津和深圳 4 个"菜篮子"试点城市的蔬菜生产基地进行了环境质量调查与监测，调查范围包括北京市朝阳区和通州区、天津市西青区、上海市青浦区、深圳市宝安区及山东省寿光市。2003 年，中国环境监测总站组织对 38 个重点城市和山东省寿光市"菜篮子"基地、污水灌溉区和有机食品生产基地进行了土壤环境质量专项调查工作，调查监测包括 52 个"菜篮子"基地、13 个污灌区（分布在 11 个省份）和 22 个有机食品生产基地的土壤。农业部在 2002—2004 年针对部分城市农产品产区土壤进行专项调查，2011 年对湖南、湖北、江西、四川等 4 省重点污染区 88 个区县水稻产地进行专项调查。国土资源部审查批准了《农业地质调查规划要点》，并于 2004 年 1 月正式颁布。具体工作部署分为 3 个阶段：①前期准备阶段（1999—2001 年），以区域调查评价试点为主，开展方法和应用研究，制定技术方法要求，完成 1：25 万区域生态地球化学调查与评价，面积 6 万 km²；②重点推广阶段（2002—2005 年），开展东、中部地区主要农业经济区 1：25 万区域生态地球化学调查与评价，面积约 110 万 km²，进一步完善技术要求，建立评价指标和评价标准体系；③全面实施阶段（2006—2010 年），全面部署和开展中国中西部调查工作，包括华北平原、松辽平原、三江平原、江汉平原、黄土高原及新疆、青海、内蒙古、甘肃河西走廊等重要粮棉区和农牧区，面积约 150 万 km²（王平和奚小环，2004）。

2005 年，国家环保总局和国土资源部共同启动了全国土壤现状调查及污染防治专项工作。"十二五"时期，为落实环保部和有关领导关于开展土壤环境例行监测工作的指示精神，中国环境监测总站自 2011 年开始组织各级相关的环境监测站开展全国土壤环境质量例行监测试点工作，"十二五"监测计划是每年监测 1 种土地利用类型的土壤环境质量，5 年形成一个循环。2013 年 1 月，国务院办公厅批准了《近期土壤环境保护和综合治理工作安排》，该文件提出到 2015 年，建立土壤环境质量定期调查和例行监测制度，基本建成土壤环境质量监测网。2016 年 5 月 31 日，《土壤污染防治行动计划》（以下简称《土十条》）正式发布实施。摸清家底，组织开展土壤污染状况详查是《土十条》提出的排在首位的重要任务。根据《土十条》提出的要求，2018 年底前需要查明农用地土壤污染的面积、分布及其对农产品质量的影响，2020 年底前要掌握重点行业企业用地中的污染地块分布及其环境风险情况。环境保护部、财政部、国土资源部、农业部、国家卫计委等五部委联合部署土壤污染状况详查，于 2017 年 7 月 31 日在北京联合召开全国土壤污染状况详查工作动员部署视频会议，计划于 2020 年底前摸清农用地和重点行业企业用地污染状况。

1.2.1 第一次全国土壤普查

第一次全国土壤普查从 1958 年开始，历时 3 年，以全国的耕地为主要调查对象，以了解土壤肥力和指导农业生产为目的，完成了除西藏自治区和台湾省以外的耕地土壤调查，总结了农民鉴别、利用、改良土壤的实践经验，编制了"四图一志"，即 1∶250 万全国农业土壤图、1∶400 万全国土壤肥力概图、全国土壤改良概图、全国土地利用现状概图和农业土壤志（唐近春，1989）。第一次全国性土壤普查工作奠定了中国土壤地理学的发展基础，为我国合理利用土地提供了大量的土壤资料。但是，第一次土壤普查的调查范围和内容较窄，对耕地以外的林地、牧地、荒地土壤调查甚少，受当时历史条件所限，调查结果没能很好利用。

1.2.2 第二次全国土壤普查

第二次全国土壤普查是国家"六五"重点科学技术发展规划所列第一项"全国自然资源调查与农业区划"研究的重要组成内容。国务院为此发布了国发〔1979〕111 号文件，批转了"农业部关于开展全国第二次土壤普查工作方案"。自 1979 年 4 月，在土壤普查办公室统一组织和部署下，在各级政府的领导和支持下，全国大约 8 万农业科技人员历经 16 年的勤奋工作，完成了历史上第二次全国土壤普查，形成了《中国土壤》《中国土壤普查技术》《中国土壤普查数据》等成果（张凤荣等，2014）。各省市自治区出版了各自地区的土壤普查专著及其图集，甚至一些市县也有正式出版，如上海市完成了 1∶2000 的土壤详图。据粗略统计，通过逐级汇总，已编制出土壤系列图件 14000 余幅，土壤志、土种志、土壤肥料科技论文 3200 多份，以及关于土壤资源的 160 多项共 2000 万个以上的数据（唐近春，1989）。

第二次全国土壤普查采用新的大比例尺地形图和遥感、测试、微型电子计算机等调查制图和测试化验手段，取得了 6 个方面成果：一是科技成果丰硕；二是发展了全国土壤分类科学；三是土壤测试工作取得新进展；四是推动了科学施肥，为农业合理施肥提供了服务；五是普查成果广泛用于中低产田改良和基地建设等方面，推动了农业生产全面发展；六是建立了土壤肥力长期监测网点，丰富了土壤普查成果（席承潘和章士炎，1994；陆泗进等，2014）。例如，利用第二次全国土壤普查数据，经反复讨论与修改，1992 年在汇总全国土壤普查资料与百万分之一全国土壤图的基础上，确立了 12 个土纲，27 个亚纲，61 个土类与230 个亚类的土壤分类系统，为中国土壤分类奠定了坚实基础（唐近春，1989）。当然，由于中国幅员辽阔，土壤类型众多，加上 20 世纪 80 年代全国不同地区土壤科技水平不一，从全国不同地区所获得的土壤资料与图件并不平衡，资料数据差别较大。

1.2.3 "十一五"全国土壤污染状况专项调查

根据国务院的决定，2005 年 4 月至 2013 年 12 月，我国开展了首次全国土壤污染状况调查。调查范围为中华人民共和国境内（未含香港特别行政区、澳门特别行政区和台湾省）的陆地国土，调查点位覆盖全部耕地，部分林地、草地、未利用地和建设用地，实际调查面积约 630 万平方千米（环境保护部和国土资源部，2014）。调查工作包括 3 个内容：一是开展全国土壤环境质量状况调查与评价，网格布点以 8km×8km 为主；二是开展全国土壤背景点环境质量调查与对比分析，在"七五"全国土壤环境背景值调查的基础上，采集可对比的土壤样品，分析 20 年来我国土壤背景点环境质量变化情况；三是开展重点区域土壤污染风险评估与安全性划分，选取 10 类典型污染场地进行土壤调查分析，网格布点密度相对较高。

此次调查共布设点位 67615 个，其中土壤环境质量调查点位 41938 个，土壤背景环境质量调查点位 3960 个，重点区域调查点位 21717 个。采集样品 213754 个，包括土壤样品 203348 个，农产品样品 7078 个，地表水样品 998 个和地下水样品 2230 个。本次调查获得了调查点位的环境信息数据 218 万个、调查点位照片 21 万张，生成 3000 个空间图层，制图近 11000 幅，全国土壤污染状况调查数据库数据总量近 1TB。土壤环境质量调查专题确定了 22 个必测项目，16 个选测项目；土壤典型剖面背景点对比调查确定了 20 个必测项目，土壤主剖面背景点对比调查确定的必测项目包括 61 个元素全量、13 种元素的有效态、4 类有机污染物和部分土壤理化性质指标；典型区土壤污染调查确定的必测项目有 22 个，选测项目近 70 个（吴晓青，2006）。

2014 年 4 月 17 日，环境保护部和国土资源部发布了《全国土壤污染状况调查公报》，指出"全国土壤环境状况总体不容乐观，部分地区土壤污染严重，耕地土壤环境质量堪忧，工矿业废弃地土壤环境问题突出；工矿业、农业等人为活动以及土壤环境背景值高是造成土壤污染或超标的主要原因"；"耕地土壤点位超标率为 19.4%，其中轻微、轻度、中度和重度污染点位比例分别为 13.7%、2.8%、1.8% 和 1.1%，主要污染物为镉、镍、铜、砷、汞、铅、滴滴涕和多环芳烃"（王玉军等，2014）。

本次调查是我国首次开展的全国范围土壤环境质量综合调查，填补了我国土壤环境领域的空白。通过调查，初步掌握了全国土壤环境质量总体状况及变化趋势、污染类型、污染程度和区域分布，初步查清了典型地块及其周边土壤污染状况，建立了土壤样品库和调查数据库；通过调查，提升了各地土壤环境监测能力，为建立全国土壤环境监测网络、优化土壤环境监测点位、开展土壤环境质量例行监测奠定了坚实的基础；调查数据为完善我国土壤环境质量标准、开展土壤环境功能区划与规划、确定土壤污染治理重点区域、加强土壤污染风险管控提供了科学依据；调查成果对加强我国土壤环境保护和污染治理，合理利用和保护土地资源，指导农业生产，保障农产品质量安全和人体健康，促进经济社会可持续发展具有重要意义（环保部国土部相关负责人就全国土壤污染状况调查答记者问，2014）。

1.2.4 "十二五"开展土壤环境质量例行监测试点

针对土壤环境污染防治工作面临的严峻形势，《国家环境保护"十二五"规划》明确要求强化土壤环境监管。包括深化土壤环境调查，对粮食、蔬菜基地等敏感区和矿产资源开发影响区进行重点调查；以大中城市周边、重污染工矿企业、集中治污设施周边、重金属污染防治重点区域、饮用水水源地周边、废弃物堆存场地等典型污染场地和受污染农田为重点，开展污染场地、土壤污染治理与修复试点示范等（陆泗进等，2014）。根据国家环境保护"十二五"规划目标，环境保护部门也提出了土壤环境监测国家、省（市、区）、地（市）三级网络构架和县、地（市）、省、国家的四级网络运行模式，明确了每年监测一类重点区、5 年完成一个监测周期的全国土壤环境质量监测总报告，提出以基本农田、蔬菜和果树基地、饮用水源地、重污染企业周边、规模化养殖场周边等为重点区域布设国控采样点（王业耀等，2012）。

按照环保部要求，"十二五"期间中国环境监测总站按照每年监测一类重点区、5 年完成一个监测周期的工作思路开展土壤环境质量例行监测试点工作。2011—2015 年监测的对象分别为污染企业周边、基本农田区（粮棉油）、蔬菜基地、集中式饮用水源地和规模化畜禽养殖场周边（陆泗进和何立环，2013）。2011 年，中国环境监测总站组织开展了全国企业周边土壤环境质量例行试点监测工作，监测范围涉及全国 30 个省（香港特别行政区、澳门特别行政区、台湾省、西藏自治区除外）和 138 个地市州，主要监测无机化工与有机化工业，金属与非金属采矿、冶炼与加工业，发电与能源供给业，电镀、电池与电子器件制造业，纺织、印染、皮革与化纤制品业，钢铁、机械和设备制造业以及其他行业等 7 大类行业周边土壤环境中 13 种重金属（镉、汞、砷、铅、铬、铜、锌、镍、钒、锰、钴、铊、锑）和 1 种有机物（苯并[a]芘）的含量。全国共采集土样 1964 份（含对照点），获得有效数据约 1.4 万个（陆泗进和何立环，2013）。2012 年，中国环境监测总站继续组织开展了全国土壤环境质量例行监测工作，实际共计监测 969 个基本农田区，采集土壤样品 4606 份，涉及全国 30 个省市区和新疆生产建设兵团（香港特别行政区、澳门特别行政区、台湾省、西藏自治区除外）的 314 个地市州，监测项目包括 3 项理化指标（pH 值、阳离子交换量和土壤有机质）、8 项必测重金属（镉、汞、砷、铅、铬、铜、锌和镍）、6 项选测重金属（钒、锰、钴、银、铊、锑）和 3 项有机物（六六六、滴滴涕和苯并[a]芘）(陆泗进和何立环，2013)。2013 年中国环境监测总站继续组织开展了全国蔬菜种植基地土壤环境质量例行监测工作，共计监测 1007 个蔬菜种植区，采集土壤样品 4910 份，涉及全国 30 个省区市和新疆生产建设兵团（香港特别行政区、澳门特别行政区、台湾省、西藏自治区除外）的 342 个地市州。监测项目包括 3 项理化指标（pH、阳离子交换量、土壤有机质），14 种重金属（镉、汞、砷、铅、铬、铜、锌、镍、钒、锰、钴、银、铊、锑）和 6 种有机物（六六六、滴滴涕、苯并[a]芘、氯丹、七氯、代森锌）的含量（陆泗进等，2014）。

2011 年、2012 年和 2013 年土壤环境质量例行试点监测工作的开展，为确定和落实土壤监测国控点位，构建国家土壤环境监测网络，探索中国土壤环境保护工作新道路，提供了坚实的理论基础和实际经验。

1.2.5 "十三五"建成土壤环境质量监测网

2013 年 1 月，国务院办公厅下发了《关于印发近期土壤环境保护和综合治理工作安排的通知》，提出到 2015 年，全面摸清中国土壤环境状况；建立土壤环境质量定期调查和例行监测制度，基本建成土壤环境质量监测网；全面提升土壤环境综合监管能力，逐步建立土壤环境保护政策、法规和标准体系。

开展土壤环境监测，首先应遵循的 4 大基本原则（陆泗进等，2014）：①近期工作与远期目标相结合；②例行监测与专项调查相结合；③普查监测与特定监测相结合；④国家监测与地方监测相结合。根据以上原则，陆泗进等（2014）提出了确定土壤环境监测国控点（以下简称国控点），构建国家土壤环境监测网，落实土壤环境例行监测的未来工作思路。国控点包括基础点位、特定点位和背景点位。基础点位是反映国家土壤环境质量及其变化的普查性点位，主要针对全国不同土地利用类型土壤（耕地、林地、草地、未利用地等）布设，同时结合"十一五"全国土壤污染状况调查的普查点位等，筛选、优化、新增得到，能基本覆盖和代表东北平原主产区、黄淮海平原主产区、长江流域主产区、汾渭平原主产区、河套灌区主产区、华南主产区、甘肃新疆主产区等7大粮食主产区的土壤环境状况。特定点位是反映重点区域土壤环境质量状况及变化的特征性点位，是基础点位的必要补充，满足土壤环境监管的特定目标需求，主要针对各类重点区域（如大型工矿企业周边、重要饮用水源地周边、规模化养殖场周边等）土壤布设，同时结合"十一五"全国土壤污染状况调查的重点区域点位和已开展的例行监测试点所布设的点位等，筛选、优化、新增得到，能基本覆盖和代表113个环保重点城市的389个集中式饮用水源地周边土壤环境状况。背景点位是反映长时间序列土壤环境质量变化情况的对照性点位，结合已有的"七五"全国土壤环境土壤调查背景点位和"十一五"全国土壤污染状况调查背景点位，同时考虑已建成的国家环境背景站和农村空气区域站，筛选、优化和新增得到。

在已布设的国控点位的基础上，各省份根据各自的实际情况和经济发展水平，根据进一步弄清各自省份土壤环境质量状况及变化趋势的需要，再布设一定数量的省级土壤环境监测点位（以下简称省控点），以弥补国控点在空间上的稀疏和不均衡，作为分析各自省份土壤环境质量状况及其变化的点位。通过国控点的监测，以实现国家对全国土壤环境的总体监控；通过省控点的监测，实现各省对各自"重金属防治"重点区域、饮用水源地、污染行业企业及周边地区、畜禽养殖场及周边地区、大型交通干线两侧、固废集中处置场及周边地区、油田采矿区及周边地区、重点信访区域等重点区域的有效监测。从而在全国建立起以国控点为骨干，以省控点为补充和延伸的二级监测网络体系（陆泗进等，2014）。

在确定国控点和省控点后，国家按照县级辅助采样、地（市）级制样和无机项目测试、省级有机项目测试和质量控制、国家统筹和指导的业务化运行模式开展全国土壤环境质量例行监测工作。国家每年选取20%的国控点位（不含背景点位，即每年约6000个）开展全国土壤环境质量例行监测，每5年完成一个循环；省控点的监测频次可与国控点保持一致，各省也可根据实际情况而定。每10年针对包含背景点的全部国控点和省控点开展1次全国土壤普查性的土壤环境质量监测。

1.2.6　全国土壤污染状况详查

2016年12月，环境保护部会同国土资源部、财政部、农业部、卫生计生委印发《全国土壤污染状况详查总体方案》。2017年7月31日，全国土壤污染状况详查工作动员部署会召开，正式启动全国土壤污染状况详查的工作。按照《土十条》和《全国土壤污染状况详查总体方案》，2018年底前查明农用地土壤污染的面积、分布及其对农产品质量的影响，从而为土壤污染的防治工作提供重要的数据支持。为了确保高质量完成全国土壤污染状况详查任务，有效组织技术水平高、管理严格规范的实验室参加详查工作，依据《全国土壤污染状况详查总体方案》有关要求，环境保护部、国土资源部和农业部共同组织开展了全国土壤污染状况详查实验室筛选工作，全国共成立采样小组近2900个、制样基地100多个、流转中心近100个，确定了5家国家级质量控制实验室、32个省级质控实验室、275个详查检测实验室。

本次农用地土壤污染状况详查以耕地为重点，围绕已有调查发现的土壤污染点位已超标区和土壤重点污染源影响区，共布设农用地详查点位55.3万个。主要任务包括：①查明农用地土壤污染的面积、分布和污染程度；②开展土壤与农产品协同调查，初步查明土壤污染对农产品质量的影响，评价土壤污染的环境风险。另外，为支持农用地土壤污染状况详查工作，开发应用了农用地详查手持终端，实现了对采样点位的精准控制。

本次详查成立了全国土壤污染状况详查工作协调小组及其办公室，来自环保、国土、农业、卫生及有关高校和科研院所的专家组成的技术团队，共同为详查工作提供技术支撑。2017年，环境保护部、国土资源部、农业部三部门联合发文16件，共同举办培训9期，并在汇总分析三部委已有技术要求的基础上，三部委组织专家共同编制了统一指导农用地土壤污染状况详查工作的系列技术文件《农用地土壤污染状况详查质量保证与质量控制技术规定（征求意见稿）》和《农用地土壤污染状况详查质量保证与质量控制工作方案（征求意见稿）》。建立了各省（区、市）详查工作进展双周调度机制和采样工作周报机制，在管理层面及时掌握并定期通过微信群通报各地工作进展。通过多种方式建立中央与地方的信息沟通渠道，在技术层面随时交流、解决详查推进中遇到的技术问题。而后，生态环境部组织了8个技术指导专家组，在统一协调组织下，赴各地开展农用地详查技术指导与监督检查。

从国家级、省级、任务承担单位三级质量管理体系建立情况来看，覆盖了样品采集、样品制备、样品流转、分析测试、数据审核与报送等详查全流程多环节，充分应用了手持终端、信息系统等信息化技术手段。三级质控体系类似于一个"金字塔"，国家级质控队伍和实验室处于"金字塔"的顶端，负责全国质量监督检查主体责任；省级质控队伍和实验室处于"金字塔"的中部，承担省级质量监督主体责任；任务承担单位处于"金字塔"的基础端，是保证详查工作质量的细胞。三部委共同组织专家，经过充分的讨论、交流，农用地详查工作统一了土壤样品、农产品样品和地下水样品的分析测试方法。统一分析测试方法的根本目的是确保详查结果的准确性、可比性，便于详查数据溯源、实验室间比对、质量控制以及后期成果集成。本次详查在分析测试方法选择时，主要遵循两个基本原则：一是优先选择准确度高、灵敏度高、抗干扰能力强、重现性比较好的方法；二是优先选择国家标准、行业标准和国际标准方法。

1.3 我国耕地土壤重金属污染防治的法规与管理体系

我国在土壤环境保护方面的工作可以分为以下三个阶段：第一阶段（1949—1978年），工作重点是提高土壤肥力和增加粮食产量；第二阶段（1979—1992年），开始关注土壤污染问题；第三阶段（1993年至今），开始防治土壤污染，尤其关注土壤环境的风险管理和风险控制（蔡美芳等，2014）。近年来，党中央和国务院高度重视土壤重金属污染防治与粮食安全生产，明确将"保护耕地资源，防治耕地重金属污染"作为《全国农业可持续发展规划（2015—2030年）》的重点任务。党的十九大报告中提出要强化土壤污染管控和修复，加强农业面源污染防治，确保国家粮食安全等。

当前，我国土壤污染防治法规标准体系和工作机制基本构建，全国土壤环境风险管控进一步强化，耕地周边工矿污染源得到了有力整治，土壤污染加重趋势得到初步遏制，土壤生态环境质量保持总体稳定，净土保卫战取得了积极成效。主要成果体现在以下几方面。

一是健全和完善法律法规标准体系，包括一部法律《中华人民共和国土壤污染防治法》，一个国务院规范性文件《土壤污染防治行动计划》，一部《农用地土壤环境管理办法（试行）》和一系列标准和技术规范（表1-1）。

表 1-1　有关耕地土壤污染防治政策、法规、标准和技术导则一览表

法律规章	《中华人民共和国土壤污染防治法》,2019 年 1 月 1 日正式实施
	《农业农村部办公厅　生态环境部办公厅关于进一步做好受污染耕地安全利用工作的通知》(农办科〔2019〕13 号)
	《农业部关于贯彻落实〈土壤污染防治行动计划〉的实施意见》(农科教发〔2017〕3 号)
	《农用地土壤环境管理办法(试行)》(环保部 46 号令),2017 年 11 月 1 日实施
	《土壤污染防治行动计划》,2016 年 5 月 28 日正式实施
标准与技术指南	《受污染耕地治理与修复导则》(NY/T 3499—2019)
	《轻中度污染耕地安全利用与治理修复推荐技术名录》(农办科〔2019〕14 号)
	《受污染耕地安全利用率核算方法(试行)》
	《土壤环境质量　农用地土壤风险管控标准(试行)》(GB 15618—2018)
	《农用污泥污染物控制标准》(GB 4284—2018)
	《耕地污染治理效果评价准则》(NY/T 3343—2018)
	《种植根茎类蔬菜的旱地土壤镉、铅、铬、汞、砷安全阈值》(GB/T 36783—2018)
	《水稻生产的土壤镉、铅、铬、汞、砷安全阈值》(GB/T 36869—2018)
	《全国农用地土壤污染状况详查制图规范(试行)》(环办土壤函〔2018〕1462 号)
	《农用地土壤环境风险评价技术规定(试行)》(环办土壤函〔2018〕1479 号)
	《农用地土壤环境质量类别划分技术指南(试行)》(环办土壤函〔2017〕97 号)
	《农用地土壤污染状况详查点位布设技术规定》(环办土壤函〔2017〕1021 号)
	《食品国家安全标准　食品中污染物限量》(GB 2762—2017)
	《稻米镉控制　田间生产技术规范》(NY/T 3176—2017)
	《农用地土壤污染状况详查质量保证和质量控制技术规定》(环办土壤函〔2017〕1332 号)
	《全国土壤污染状况详查土壤样品分析测试方法技术规定》(环办土壤函〔2017〕1625 号)
	《全国土壤污染状况详查农产品样品分析测试方法技术规定》(环办土壤函〔2017〕1625 号)
	《全国土壤污染状况详查地下水样品分析测试方法技术规定》(环办土壤函〔2017〕1625 号)
	《无公害农产品　种植业产地环境质量》(NY/T 5010—2016)
	《食品安全国家标准　粮食》(GB 2715—2016)
	《农产品产地土壤重金属安全分级评价技术指南(征求意见稿)》

二是扎实推进全国土壤污染状况详查等基础工作,这为土壤污染风险管控奠定坚实基础。生态环境部会同农业农村部、自然资源部初步建成国家土壤环境监测网,基本实现所有土壤类型、县域和主要农产品产地全覆盖。10 个部委签署数据资源共享协议,共同建立全国土壤环境信息平台。

三是推动农用地土壤污染风险管控。配合农业农村部开展耕地土壤环境质量类别划分试点,印发了《农业农村部办公厅　生态环境部办公厅关于进一步做好受污染耕地安全利用工作的通知》,全国多数省(区、市)编制了受污染耕地安全利用方案。农业农村部组织在部分省份开展了受污染耕地安全利用试点和特定农产品种植结构调整区划的定试点。

四是切实强化污染源头管控。生态环境部组织会同农业农村部等部门部署开展涉镉等重金属重点行业企业排查整治三年行动,切断了污染物进入农田的链条。

五是深入开展土壤污染综合防治试点示范。积极推进土壤污染综合防治先行区建设,浙江台州、湖北黄石、湖南常德、广东韶关、广西河池、贵州铜仁6个先行区在土壤污染源头预防、风险管控、治理修复、监管能力建设等方面先行先试，探索经验。例如，广西河池结合当地种桑养蚕产业的发展，将600余亩重污染耕地改种桑树，实现了农用地的安全利用等。

1.3.1 土壤污染防治行动计划

2016年5月，国务院印发《土壤污染防治行动计划》(以下简称《土十条》)，提出了十个方面的"硬任务"。《土十条》对我国土壤污染防治工作提出了"预防为主、保护优先、风险管控"的整体思路。其工作目标是：到2020年，全国土壤污染加重趋势得到初步遏制，土壤环境质量总体保持稳定，农用地和建设用地土壤环境安全得到基本保障，土壤环境风险得到基本管控。到2030年，全国土壤环境质量稳中向好，农用地和建设用地土壤环境安全得到有效保障，土壤环境风险得到全面管控。到21世纪中叶，土壤环境质量全面改善，生态系统实现良性循环。《土十条》要求将农用地划分为优先保护类、安全利用类和严格管控类。到2020年，受污染耕地治理与修复面积达到67万 hm^2，受污染耕地安全利用率达到90%以上；到2030年，受污染耕地安全利用率达到95%以上，这是现阶段和今后一段时期全国土壤污染防治工作的行动纲领。

1.3.2 农用地土壤环境管理办法

2017年9月，环境保护部和农业部联合公布了《农用地土壤环境管理办法（试行）》(以下简称《办法》)，自2017年11月1日起施行。《办法》共6章30条，明确了开展农用地土壤环境调查、土壤监测、农用地土壤环境质量类别划分等内容。《办法》指出，环境保护部对全国农用地土壤环境保护工作实施统一监督管理；县级以上地方环境保护主管部门对本行政区域内农用地土壤污染防治相关活动实施统一监督管理。农业部对全国农用地土壤安全利用、严格管控、治理与修复等工作实施监督管理；县级以上地方农业主管部门负责本行政区域内农用地土壤安全利用、严格管控、治理与修复等工作的组织实施。农用地土壤污染预防、土壤污染状况调查、环境监测、环境质量类别划分、农用地土壤优先保护、监督管理等工作，由县级以上环境保护和农业主管部门按照本办法有关规定组织实施。

《办法》关于农用地土壤环境管理主要有以下制度。一是调查和监测制度。环境保护部会同农业部等部门每十年开展一次农用地土壤污染状况调查；统一规划农用地土壤环境质量国控监测点位，并组织实施全国农用地土壤环境监测工作。二是污染预防制度。设区的市级以上环保部门要确定土壤环境重点监管企业名单，县级以上地方环保部门应当加强监管。农业部门应当引导农业生产者合理使用肥料、农药、兽药、农用薄膜等农业投入品，防止农业生产对农用地的污染。三是分类管理制度。省级农业主管部门会同环境保护主管部门，按照国家有关技术规范，根据土壤污染程度、农产品质量情况，将耕地划分为优先保护类、安全利用类和严格管控类，划分结果报省政府审定。严格控制在优先保护类耕地集中区域新建有色金属冶炼、石油加工、化工、焦化、电镀、制革等行业企业，有关环境保护主管部门依法不予审批可能造成耕地土壤污染的建设项目环境影响报告书或者报告表。优先保护类耕地集中区域现有可能造成土壤污染的相关行业企业应当按照有关规定采取措施，防止对耕地造成污染。对安全利用类耕地，应当优先采取农艺调控、替代种植、轮作、间作等措施，阻断或者减少污染物和其他有毒有害物质进入农作物可食部分，降低农产品超标风险。对严格管控类耕地，主要采取种植结构调整或者按照国家计划经批准后进行退耕还林还草等风险管控措施。对需要采取治理与修复工程措施的安全利用类或者严格管控类耕地，应当优先采取不影响农业生产、不降低土壤生产功能的生物修复措施，或辅助采取物理、化学治理与修复措施。

1.3.3 《土壤污染防治法》

2018 年 8 月 31 日，第十三届全国人大常委会第五次会议表决通过了《中华人民共和国土壤污染防治法》，以下简称《土壤污染防治法》，自 2019 年 1 月 1 日起施行。《土壤污染防治法》是我国首次制定的土壤污染防治的专门法律，填补了我国污染防治立法的空白，完善了我国生态环境保护、污染防治的法律制度体系，标志着我国土壤污染防治体系的初步建立。该法就土壤污染防治的基本原则、土壤污染防治基本制度、预防保护、管控和修复、经济措施、监督检查和法律责任等重要内容做出了明确规定。该法的最大亮点在于明确了责任主体，建立起土壤污染风险管控和修复制度以及土壤环境监测制度、土壤环境信息共享机制，并设立土壤污染防治基金。

《土壤污染防治法》不仅对农用地土壤污染的防治做出了具体的法律规定，还有效地衔接了与农用地土壤污染防治相关的法律法规。《土壤污染防治法》的第三章对农用地土壤污染的预防做出了具体规定，比如对于农药化肥的总量控制，对于打药施肥的土壤进行安全性评价，禁止向农用地排放重金属或者其他有毒有害物质含量超标的物质等。此外，《土壤污染防治法》的第四章规定了对农用地土壤的风险管控和修复。土壤污染防治需要大量的成本，但土壤污染防治尤其是农用地土壤的安全事关公众利益，为此《土壤污染防治法》强调国家将加大土壤污染防治资金投入力度，并建立土壤污染防治基金制度。

1.3.4 农用地土壤污染风险管控标准

我国《土壤环境质量标准》(GB 15618—1995) 自 1995 年发布实施以来，在土壤环境保护工作中发挥了积极作用，但随着形势的变化，已不能满足当前土壤环境管理的需要，也不适应我国农用地土壤污染风险管控的需要。

2005 年环境保护部启动《土壤环境质量标准》修订工作。由于中国土壤环境介质复杂多样，土壤污染本身具有类型多、区域差异大、治理修复难度大等特点，标准修订工作难度大、挑战性强，虽然 2008 年公布《土壤环境质量标准（修订）》（征求意见稿）(GB 15618—2008)，但最终并未正式颁布实施。在标准修订过程中，环境保护部科技标准司经过多次组织相关科研专家和部门代表论证，决定将修订后的《土壤环境质量标准》继续适用于农用地土壤环境质量评价，另外制订建设用地土壤污染风险筛选值适用于建设用地土壤环境评价，与 HJ 25 系列标准相补充，并于 2015 年 1 月向社会第一次公开征求意见，2015 年 8 月第二次向社会公开征求意见，2016 年 2 月开展了第三次向社会公开征求意见。《土壤环境质量农用地土壤污染风险管控标准（试行）》(GB 15618—2018) 最终于 2018 年 6 月正式颁布，8月 1 日起实施，这对中国环境保护标准的发展具有划时代的意义。

《土壤环境质量 农用地土壤污染风险管控标准》不是达标判定，而主要用于农用地土壤的风险筛查和分类，这与原 GB 15618—1995 有本质区别。针对土壤污染与农产品质量安全之间关系复杂性的特点，创造性提出了风险筛选值和风险管制值。风险筛选值的基本内涵是：农用地土壤中污染物含量等于或者低于该值的，对农产品质量安全、农作物生长或土壤生态环境的风险低，一般情况下可以忽略。对此类农用地，应切实加大保护力度。风险管制值的基本内涵是：农用地土壤中污染物含量超过该值的，食用农产品不符合质量安全标准等农用地土壤污染风险高，且难以通过安全利用措施降低食用农产品不符合质量安全标准等农用地土壤污染的风险。对此类农用地，原则上应当采取禁止种植食用农产品、退耕还林等严格管控措施。农用地土壤污染物含量介于筛选值和管制值之间的，可能存在食用农产品不符合质量安全标准等风险。对此类农用地原则上应当采取农艺调控、替代种植等安全利用措施，降低农产品超标风险。

农用地土壤污染风险筛选值设置了包括镉、汞、砷、铅、铬、铜、镍、锌在内的基本项目，即必测项目。同时设置了六六六、滴滴涕和苯并[a]芘为选测项目。基本项目适用于所有农用地土壤环境保护与污染防治优先控制和管理的污染物项目，是农用地土壤中普遍存在的土壤污染问题，对保护农用地土壤环境安全意义重大。其他项目适用于特定地区土壤污染风险管控的污染物项目，是在某些特定地区土壤中存在的土壤污染问题，对当地公众健康和生态环境安全等意义重大。农用地土壤污染风险管制值规定了镉、汞、砷、铅、铬为风险管制项目。

《土壤环境质量 农用地土壤污染风险管控标准》依据中国国情和发展阶段而制定，其主要目标为确保农产品质量安全，为农用地分类管理服务，该标准的颁布将为开展农用地分类管理提供技术支撑，对于贯彻落实《土十条》，保障农产品质量和人居环境安全具有重要意义。但目前中国农用地土壤环境评价标准体系还存在个别基本项目风险管制值缺失、标准值制定的pH值分档依据不同、有机污染物种类过少、无配套地方标准等问题。因而，应加大农用地土壤中重金属、有机污染物等的监测、评价及修复技术研究，加快相关标准的制修订工作，不断完善农用地土壤环境标准体系。

第2章 耕地土壤重金属污染状况调查技术

《土壤污染防治行动计划》明确提出完成土壤环境监测等技术规范的编制与修订、形成土壤环境监测能力、建设土壤环境质量监测网络、深入开展土壤环境质量调查、定期对重点监管企业和工业园区周边土壤开展监测等工作任务。2016 年 12 月，环境保护部、财政部、国土资源部、农业部、卫生计生委联合印发《全国土壤污染状况详查总体方案》，部署启动

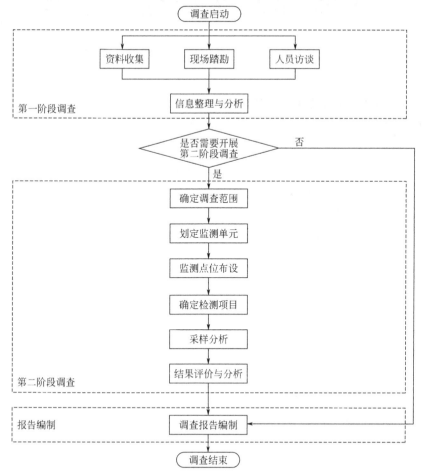

图 2-1　耕地土壤重金属污染状况调查工作程序图

全国土壤污染状况详查工作。2017 年 7 月 31 日，全国土壤污染状况详查工作动员部署会召开，正式启动全国土壤污染状况详查的工作。根据《土十条》要求，2018 年年底完成全国农用地土壤污染状况的详查任务。

耕地土壤重金属污染状况调查是一项繁重精细的工作，其过程主要分为点位布设、样品采集、样品制备和流转、实验室检测、数据分析等多个方面。耕地土壤重金属污染状况调查可分为三个阶段，调查的工作程序见图 2-1。

第一阶段调查工作是以资料收集、现场踏勘和人员访谈为主，原则上不进行现场采样分析。通过第一阶段调查，在对收集资料进行汇总的基础上，结合现场踏勘及人员访谈情况，分析调查区域污染的成因和来源。判断已有资料是否满足分类管理措施实施。如现有资料满足调查报告编制要求，可直接进行报告编制。

第二阶段调查包括确定调查范围、划定监测单元、监测点位布设、确定监测项目、采样分析、结果评价与分析等步骤。通过第二阶段检测及结果分析，明确土壤污染特征、污染程度、污染范围及对农产品安全的影响等。调查结果不能满足分析要求的，则应当补充调查，直至满足要求。

最后汇总调查结果，编制农用地土壤污染状况调查报告。

2.1　资料收集、现场踏勘及人员访谈

2.1.1　资料收集

2.1.1.1　土壤环境和农产品质量资料的收集

主要包括调查区域涉及的土壤污染状况详查数据、农产品产地土壤重金属污染普查数据、多目标区域地球化学调查数据、各级土壤环境监测网监测结果、土壤环境背景值，以及其他相关土壤环境和农产品质量数据、污染成因分析和风险评估报告等资料。

2.1.1.2　土壤污染源信息的收集

包括调查区域内土壤污染重点行业企业等工矿企业类型、空间位置分布、原辅材料、生产工艺及产排污情况；农业灌溉水的来源与质量；农药、化肥、农膜等农业投入品的使用情况及畜禽养殖废弃物处理处置情况；固体废物堆存、处理处置场所分布及其对周边土壤环境质量的影响情况；污染事故发生时间、地点、类型、规模、影响范围及已采取的应急措施情况等。

2.1.1.3　区域农业生产状况收集

包括区域农业生产土地利用状况、农作物种类、布局、面积、产量、种植制度和耕作习惯等。

2.1.1.4　区域自然环境特征收集

包括区域气候、地形地貌、土壤类型、水文、植被、自然灾害、地质环境等资料。

2.1.1.5　社会经济资料收集

包括地区人口状况、农村劳动力状况、工业布局、农田水利和农村能源结构情况，当地人均收入水平，以及相关配套产业基本情况等资料。

2.1.1.6 其他相关资料收集

主要包括行政区划、土地利用现状、城乡规划、农业规划、道路交通、河流水系、土壤环境质量类别划分等图件、矢量数据及高分遥感影像数据等。

2.1.2 现场踏勘

2.1.2.1 踏勘方法

通过拍照、录像、笔记等方法记录踏勘情况，必要时可使用快速测定仪器进行现场取样检测，并根据现场的具体情况采取相应的防护措施。

2.1.2.2 踏勘内容

现场踏勘调查区域的位置、范围、道路交通状况、地形地貌、自然环境与农业生产现状等情况，对已有资料中存疑和不完善处进行现场核实和补充。

现场踏勘调查区域内土壤或农产品的超标点位，曾发生泄漏或环境污染事故的区域，其他存在明显污染痕迹或农作物生长异常的区域。

现场踏勘、观察和记录区域土壤污染源情况，主要包括：①固体废物堆存情况；②畜禽养殖废弃物处理处置情况；③灌溉水及灌溉设施情况；④工矿企业的生产及污染物产排情况，如生产过程和设备、平面布置、储槽与管线、污染防治设施，以及原辅材料、产品、化学品、有毒有害物质、危险废物等生产、贮存、装卸、使用和处置情况；⑤污染源及其周边污染痕迹，如罐槽泄漏、污水排放以及废物临时堆放造成的植被损害、恶臭和异常气味、地面及构筑物的污渍和腐蚀痕迹等。

现场踏勘污染事故发生区域位置、范围、周边环境及已采取的应急措施等，观察记录污染痕迹和气味。可结合快速测定仪器现场检测，综合考虑事故发生时间、类型、规模、污染物种类、污染途径、地势、风向等因素，初步界定关注污染物和土壤污染范围，必要时可对污染物及土壤进行初步采样及实验室分析。

2.1.3 人员访谈

2.1.3.1 访谈对象

受访者应包括调查区域农用地的承包经营人，区域内现存及历史上存在过的工矿企业的生产经营人员（包括管理及技术人员）以及熟悉企业的第三方，当地生态环境、农业农村、自然资源等行政主管部门的政府工作人员，污染事故责任单位有关人员、参与应急处置工作的知情人员。

2.1.3.2 访谈方法

可采取当面交流、电话交流、电子或书面调查表等方式对有关人员进行访谈，并通过拍照、录像、录音等方法对访谈过程进行记录。

2.1.3.3 访谈内容

包括资料收集和现场踏勘所涉及的疑问，以及信息补充和已有资料的考证。针对污染事故的访谈还应记录污染事故发生的时间、地点、类型、规模、事件经过、影响范围和采取的应急措施等。

2.1.4 信息整理与分析

对已有资料、现场踏勘及人员访谈内容进行系统整理，在此基础上对现有资料进行汇总，分析农用地土壤污染的可能成因和来源。判断现有资料是否足以确定调查区域土壤污染特征、污染程度、污染范围及对农产品安全的影响等，是否满足调查报告编制的要求。

2.2 布点和采样方案的编制

如果需要进入第二阶段调查，那么在正式采样之前，参考《农田土壤环境质量监测技术规范》（NY/T 395—2012）和《全国土壤污染状况详查总体方案》的要求，编制详细的采样方案（附录 A）。采样方案的主要内容包括任务部署、人员分工、点位的布设、采样方法、采样准备、采样量和样品份数、样品交接和注意事项等内容。

由于土壤采样费时费力，样品化验分析成本较高，土壤采样点的合理分布位置和数量的确定十分关键，如果布点不当，不仅土样没有代表性，得到的数据没有意义，而且会造成人力财力的无谓浪费。因此，在给定采样数量的前提下，确定最佳的采样点布置方案，不仅可以提高采样效率和降低采样成本，而且对精准评价土壤重金属污染状况具有重要价值。

2.3 采样单元的划分

在确定土壤采样数目时，采样单元的定义至关重要，不同的土壤采样单元定义直接影响土壤采样区域面积和采样数目的确定。不同组织和国家对土壤污染物的采样单元定义并不相同。例如，联合国粮食及农业组织（FAO）认为最小的土地单元为土壤采样单元（soil sampling unit），采样单元内具有相似的土壤污染情况；美国州际环境技术与规则委员会（ITRC）认为在抽样理论中基于采样物的平均浓度可以代表的土壤面积、体积的区域被称为"决策单元"，决策单元由一个或多个采样单元组成；欧洲国家主要是依据土地利用、历史背景、地质水文等共同确定土壤污染物的采样单元（黄亚捷等，2019）。

依据《土壤环境监测技术规范》（HJ/T 166—2004）和《农田土壤环境质量监测技术规范》（NY/T 395—2012），土壤环境监测单元按土壤接纳污染物的主要途径划分为：大气污染型土壤监测单元、灌溉水污染型土壤监测单元、固体废物堆污染型土壤监测单元、农用固体废物污染型土壤监测单元、农业化学物质污染型土壤监测单元和综合污染型土壤监测单元（污染物主要来自两种以上途径）。监测单元的划分要参考土壤类型、农作物种类、耕作制度、商品生产基地、保护区类型、行政区划等要素的异同，同一单元的差别应尽可能地缩小。

《农用地土壤污染状况详查点位布设技术规定》（环办土壤函〔2017〕1021 号）指出，农用地详查单元既是详查布点的独立考察单元，也是详查数据统计分析的基本单元，也是将来根据详查结果初步划分农用地土壤环境质量类别、实行分类管理的基础。综合考虑农用地利用方式、污染类型和特征、地形地貌等因素，在详查范围内划分详查单元。具体划分方法如下。①污水灌溉型详查单元（包括传统污水灌区），即使用同一水源灌溉并可以确认水源受到污染的农用地，划分为一个详查单元；可基于现有点位超标区内农用地的自然聚集情况，按水系分布、灌区分布、地形地貌等信息划分详查单元；同时受灌溉水污染影响和大气污染影响的，优先按灌溉水污染划分详查单元。②大气污染型详查单元，即将重点污染源影响范围划为一个详查单元，根据不同类型规模行业企业大气污染物扩散特征，确定重点污染源大气影响范围。③其他类型详查单元，包括：（a）矿山或固体废物堆存场所，以地表产流影响范围（指无组织排放污染物并因雨水冲刷而形成的污染范围）为一个详查单元；（b）因尾矿库溃坝污染的农用地区域，以受污染区域为一个详查单元，具体由市、县（市、区）根际实际情况划定；（c）因洪水泛滥淹没而污染的农用地区域，原则上以淹没区域为一个详查单元；（d）污染成因不明的，根据农用地分布、种植结构、行政区域（如村或村组）等实际情况划分详查单元。

2.4　采样点位的布设

2.4.1　采样点位的布设原则与方法

《农田土壤环境质量监测技术规范》的布点原则坚持"哪里有污染就在哪里布点"，即将监测点布设在已经证实受到污染的或怀疑受到污染的地方。布点方法根据污染类型特征确定。①对于大气污染型土壤：以大气污染源为中心，采用放射状布点法。布点密度由中心起由密渐稀，在同一密度圈内均匀布点。此外，在大气污染源主导风方向应适当延长监测距离和增加布点数量。②灌溉水污染土壤：在纳污灌溉水体两侧，按水流方向采用带状布点法。布点密度自灌溉水体纳污口起由密渐稀，各引灌段相对均匀。③固体废物堆污染型土壤：地表固体废物堆可结合地表径流和当地常年主导风向，采用放射布点法和带状布点法。④地下填埋废物堆根据填埋位置可采用多种形式的布点法。⑤农用固体废物污染型土壤：在施用种类、施用量、施用时间等基本一致的情况下采用均匀布点法。⑥综合污染型土壤：以主要污染物排放途径为主，综合采用放射布点法、带状布点法和均匀布点法。⑦在污染事故调查等监测中，需要布设对照点来考察监测区的污染程度。选择与监测区域土壤类型、耕作制度等相同而且相对未受污染的区域采集对照点，或在监测区域采集不同深度的剖面样品作为对照点。

2.4.2　土壤环境质量监测采样点位的布设要求

2.4.2.1　网格设定

针对调查区域耕地的分布状况，研究其土壤重金属含量及其空间变异特征，设定适宜的监测网格。例如，国家尺度上耕地监测网格可划定为 $8km \times 8km$。《农用地土壤污染状况详查点位布设技术规定》规定了表层土壤的布点精度：重度点位超标区按每 $500m \times 500m$ 网格布设 1 个点位；中度和轻度点位超标区按每 $1000m \times 1000m$ 网格布设 1 个点位；在已查明属于地球化学高背景的区域，原则上按每 $1000m \times 1000m$ 网格布设 1 个点位；重度、中度点位超标区内重点污染源聚集的地区（企业聚集影响区），可根据实际情况适当提高布点精度；土壤污染问题突出区域的详查单元按每 $500m \times 500m$ 网格布设 1 个点位，根据农用地具体分布可酌情调整。

2.4.2.2　网格筛选

将划定好的网格数据叠加监测区域土地利用现状图层，计算网格内耕地面积，按照面积占优法筛选出耕地面积超过一定比例的网格（对于土地利用破碎化的地区，可降低筛选比例），得到监测区域内需布设监测点位的网格，网格中心点即为初始点位。

2.4.2.3　利用 GIS 技术设置 4 个限制条件

利用 GIS 技术设置 4 个限制条件，分别是：①利用土地利用解译数据提取监测区域水系图层；②利用交通路网数据生成监测区域内主要交通干线两侧各150m缓冲区图层；③利用污染源点位数据生成监测区域内污染源600m缓冲区图层；④利用遥感解译数据，生成监测区域居住用地300m缓冲区图层。

将上述得到的4个图层融合后与筛选网格相叠加，生成可布点区域。将初始点位调整到可布点区域最合适位置。

2.4.2.4 叠加土壤类型

将调整后的初始点位与土壤类型图作叠置分析，获取点位对应的土壤类型，点位应覆盖当地的主要土壤类型，否则在选取监测区域范围内未覆盖到的主要土壤类型图斑中部位置新增点位。

2.4.2.5 整合历史监测点位

将确定的网格点与历史监测点位（如"十一五"全国土壤污染状况调查点位和"十二五"全国土壤环境质量例行试点监测农田点位等）进行叠加分析，按照统一原则整合历史监测点位。

2.4.2.6 点位调整与优化

利用高分影像逐一对布设的点位进行检查，对不符合限制条件要求的点位进行如下调整：①将落在非目标土地利用类型上的点位调整到网格内目标土地利用类型上；②将落在水体的点位调整到网格内主要土地利用类型上；③将落在山地或难以到达的点位调整到山地周边适宜位置；④将落在交通道路网150m缓冲区的点位调整到缓冲区外；⑤将落在行政区边界的点位调整到面积占优的行政区内；⑥将落在居民点300m缓冲区的点位调整到缓冲区外；⑦将落在污染源300m缓冲区的点位调整到缓冲区外；⑧将过于靠近耕地图斑边界的网格点，适当往图斑中部移动；⑨将落在非主要土壤类型图斑上的点位平移至主要土壤类型图斑上。

2.4.2.7 历史点位替代

同一网格内，用最近的且符合要求（如土地利用类型、土壤属性一致，非交通干线、居民点、污染源缓冲区内等）的历史监测点位代替网格点。替代原则如下：①一个网格中只有一个监测点，且满足规则的，直接保留，不满足规则的，平移；②一个网格中有两个或两个以上监测点，若仅有一个满足规则，则保留该点；③一个网格中有两个或两个以上监测点，若有两个或两个以上都满足规则的，结合污染程度，保留较优点（与布点技术规定最相近的）。

2.4.2.8 网格合并

视需要和实际情况，可以对相邻的网格进行合并，以减少监测点位数。①如果相邻两个点位所在网格的土壤类型和土地利用类型均一致，则可合并点位，但仅可合并一次，在被合并的网格间适当位置重新选取点位；②在受人类生产活动影响较小的区域（如新疆、西藏等）合并相邻网格的次数可以适当增加。

2.4.2.9 现场核查

上述完成的点位仅为理论点位，还需对理论布设点位逐一进行现场核查，对于不符合要求的点位应按布点原则重新调整。

现场核查时必须采用定位仪准确到达理论监测点位，经纬度精确到小数点后5位。现场对布设点位的以下内容进行确认：①土地利用类型；②土壤类型；③点位周边环境；④是否具备采样条件等，确认点位是否需要调整。对现场核查情况进行记录，并填报现场核查记录表（表2-1）。

表 2-1　土壤环境质量监测网点位现场核查表（引自中国环境监测总站，2017）

点位信息	点位名称		点位编号	
	地理位置		点位经纬度准确性	
	东经/(°)		北纬/(°)	
点位核查	点位所处位置土地利用类型		点位所在位置土壤类型	
	点位与交通干线实际距离		点位与居民区等敏感目标实际距离	
	点位与周边污染源实际距离		样品采集的可行性	
	点位周边环境	东： 西： 南： 北：		
点位调整	点位是否需要调整		调整原因	
	调整后东经/(°)		调整后北纬/(°)	
	调整后点位所在地的详细名称		调整后点位土壤利用类型	
	调整后周边环境	东： 西： 南： 北：		
备注				

检查人：　　　　　　　记录人：　　　　　　　完成时间：

　　"理论监测点位"属于以下条件之一的根据"点位调整原则"，对该点位进行调整。① "理论监测点位"现场环境不具备采样条件；② "理论监测点位"的土地利用类型、土壤类型与现场核查情况不符，如"理论监测点位"的土地利用类型为"耕地"，现场核查的实际情况为"工矿和交通用地"；③ "理论监测点位"距离交通道路150m以内，距离居民点300m以内，距离污染源（如垃圾厂、砖瓦厂、养殖场、煤矿、化肥厂等）600m以内；④ "理论监测点位"的土地利用方式正在变化或将要变化（如规划修建高速公路、铁路等），不具有长期监测的连续性；⑤ "理论监测点位"位于洼地、坡脚，水土流失严重或表土被破坏处，土壤为客土等不具代表性的地点。

　　现场核查点位调整原则有以下几条。①就近原则。在"理论监测点位"周边就近选择符合要求的点位作为"调整后点位"。②一致性原则。"调整后点位"的土地利用类型、土壤类型与"理论监测点位"的土地利用类型、土壤类型保持一致，且不易发生变化。③规避原则。"调整后点位"应避开污染源、交通道路、居民区、城镇、河（湖、库、塘）等。④代表性原则。应选择在地形稳定或原生土壤上布设点位。

2.4.3　土壤环境风险监控点位布设的要求

2.4.3.1　重点行业企业（含工业园区）周边地区土壤

　　根据重点行业企业的污染特征，采用不同的布点方法。对连片或分布较近的企业可作为一个整体考虑。若企业或工业园区存在不同的污染类型，则选择主要污染类型的布设方法进行点位布设。

（1）废气型企业周边土壤

利用高分影像，绘制企业厂界范围矢量图，以企业厂界生成不同距离（推荐75m、200m、400m）的缓冲区，在主导风向（以当地气象部门提供为准）的下风向，按照由近及远的距离（推荐75m、200m、400m处）布设3个监测点位，并在企业厂界主导上风向2000m以外布设1个对照点位。废气型企业附近存在其他污染企业时，若属于同类型污染（存在共同的特征污染物），应将附近企业连片考虑布点。

（2）废水型企业周边土壤

利用高分影像，绘制企业厂界范围矢量图，以企业厂界生成不同距离（推荐75m、200m、400m）的缓冲区，沿企业废水排放水道，按照由近及远的距离（推荐75m、200m、400m处）布设3个监测点位，并在废水流向上游2000m以外布设1个对照点位。企业废水排入城市污水管网时，顺着企业废水管网的方向，在离企业厂界不同的距离（推荐75m、200m处）布设3个监测点位。企业外排废水为封闭管道时，应从排水口（可能距离企业厂界一段距离）开始，顺着企业外排口废水的排放方向，在距离排水口不同距离（推荐75m、200m、400m）位点，布设3个监测点位。

（3）工业园区土壤

工业园区可参考废水型企业和废气型企业点位布设方法。将工业园区作为一个整体考虑，利用高分影像，绘制工业园区厂界范围矢量图，以工业园区边界生成不同距离（推荐75m、200m、400m）的缓冲区，沿污染物（废水或废气）排放去向，按照由近及远的距离（推荐75m、200m、400m）布设3个监测点位，并在工业园区2000m以外（废水流向上游或主导上风向）布设1个对照点位。综合污染型企业监测布点可综合采用放射状、随机、带状布点法，点位数量可适当增加。工业园区边界以当地规划为准。如果不能提供规划的园区边界范围，则根据园区现场实际划定边界。

2.4.3.2 固废集中处理处置场地周边地区土壤

利用高分影像，绘制固废集中处理处置场地矢量图，生成不同距离（推荐75m、200m、400m）缓冲区。在固废处置场废水排放主方向上，按照由近及远的距离（推荐75m、200m、400m）在不同的缓冲区各设置一个监测点，在其他三个方向适当距离（推荐200m处）各设置一个监测点。若某方向土地利用类型无法取土，则在可取土方向1km内适当位置布设监测点。若场地周围有水源（含地下水）流过的，在水源流经场地的下游方向，距场地一定距离（推荐250m、500m、750m处）各设置1个监测点。在距场界2000m以外（主导上风向或地下水流向上游）布设1个对照点。

对于固体废物焚烧处理为主的处置场地，可参照废气型企业点位布设方法进行点位布设。

2.4.3.3 油田周边地区土壤

油田周边地区土壤点位布设应综合考虑油田区规模范围、生产设施、地理位置、地形情况等。利用高分影像，确定油井分布情况，选择有代表性油井，以井口为中心，生成不同距离（推荐100m、500m、1000m）缓冲区，在缓冲区范围内随机布设一个监测点位。对于距离较近的井口，可作为一个整体进行点位布设；对于距离分散的井口，可考虑在井口生成的缓冲区重叠范围内进行点位布设。在输油管线、联合站等油田区中落地原油污染严重的地块应根据具体情况增加布点。输油管线周边土壤沿输油管线分段布点，在管线的连接处或曾出现漏油事故地段可适当增加采样点；联合站周边土壤以联合站为中心放射状布点，在地表水或地下水的径流方向可适当增加采样点。

2.4.3.4 采矿区周边地区土壤

开阔地带的采矿区：利用高分影像，绘制采矿区矢量图，以矿口为中心，生成不同距离（推荐 100m、500m、1000m）缓冲区，在缓冲区范围内随机布设一个监测点位。

依靠山体的采矿区：利用高分影像，绘制采矿区矢量图，以矿口为端点，生成不同距离（推荐 100m、500、1000m）缓冲区。往非山体一侧做 90 度的扇形，按照由近及远的距离（推荐 100m、500m、1000m 处）处各设置一个监测点位。

尾矿库：参照固废集中处理处置场地周边地区的点位布设方法进行点位布设。

2.4.3.5 历史污染区域及周边地区土壤

（1）污灌区

利用高分影像，绘制污灌区边界矢量图，以污灌区边界生成一定距离（推荐 500m）缓冲区，以污灌区及其缓冲区为范围，建立一定大小的网格（推荐 100m×100m）。筛选网格，将网格与缓冲区作叠置分析，保留落在缓冲区上的网格，并对保留下来的网格进行编号。查随机数表，得到 5～7 个随机数，将随机数所对应编号的网格中心点作为监测点位。

（2）工业遗留遗弃场地

工业遗留遗弃场地内部点位布设参照《场地环境监测技术导则》。利用高分影像，绘制工业遗留遗弃场地边界矢量图，以工业遗留遗弃场地边界生成一定距离（推荐 500m）缓冲区，在缓冲区内建立一定大小的网格（推荐 100m×100m）。筛选网格，将网格与缓冲区作叠置分析，保留落在缓冲区上的网格，并对保留下来的网格进行编号。查随机数表，得到 3～5 个随机数，将随机数所对应编号的网格中心点作为监测点位。

2.4.3.6 集中式饮用水水源地保护区土壤

（1）河流型水源地

利用高分影像，以取水口和河面生成保护区范围大小的缓冲区（推荐取水口上游不小于 1000m，下游不小于 100m，两岸纵深不小于 50m，有明确保护区范围的饮用水水源地则在该范围内布点，下同）。以取水口为端点，往非水方向距离取水口一定距离处（推荐 100m）设置 1 个监测点位。在保护区范围内建立一定大小的网格（推荐 50m×50m）。筛选网格，将网格与缓冲区作叠置分析，保留落在缓冲区上的网格，并对保留下来的网格进行编号。查随机数表，得到 2～4 个随机数，将随机数所对应编号的网格中心点作为监测点位。

（2）湖库型水源地

利用高分影像，以取水口和湖（库）面生成保护区范围大小的缓冲区（推荐取水口半径 200m 范围的区域）。往非水方向距离取水口一定距离处（推荐 100m）设置 1 个监测点位。在保护区范围内建立一定大小的网格（推荐 50m×50m）。筛选网格，将网格与缓冲区作叠置分析，保留落在缓冲区上的网格，并对保留下来的网格进行编号。查随机数表，得到 2～4 个随机数，将随机数所对应编号的网格中心点作为监测点位。

（3）地下水型水源地

利用高分影像，以取水点为中心，生成不同距离的保护区范围缓冲区（推荐 25m、

50m、100m）。在地下水水流上游方向上，距离取水口按照由近及远的距离（25m、50m、100m 处）布设 3 个监测点位处。

（4）水窖型水源地

利用高分影像，绘制水窖水源及其集水场地区域范围。在东南西北四个方向，距离水窖水源及其集水场地大小一半的地点，设置 4 个监测点位。

2.4.3.7　主要果蔬种植基地（含设施农业）

监测点位的布设应以能代表整个产地监测区域为原则；不同功能区采取不同的布点原则；宜优先选择种植面积较大、代表性强，可能造成污染的最不利的方位、地块，同时尽量覆盖该种植区的全部种植类型。

利用高分影像，绘制果蔬种植基地矢量图，依据种植基地面积大小，采用网格法在其范围内划定一定大小的网格（推荐 100m×100m）。通过随机数法，得到 5～7 个随机数，将随机数所对应编号的网格中心点作为监测点位。设施农业点位应布设在设施内部，同时可适当增加监测点位数量。

栽培品种较多、管理措施和水平差异较大的，应适当增加采样点数。

2.4.3.8　规模化畜禽养殖基地周边土壤

利用高分影像，绘制畜禽养殖场矢量图，以畜禽养殖场边界生成一定距离（推荐500m）缓冲区，以缓冲区为范围，建立一定大小的网格（推荐 100m×100m）。筛选网格，将网格与缓冲区作叠置分析，保留落在缓冲区上的网格，并对保留下来的网格进行编号。查随机数表，得到 3～5 个随机数，将随机数所对应编号的网格中心点作为监测点位。在距场界 2000m 以外（主导上风向或地下水流向上游）布设 1 个对照点位。

规模化畜禽养殖场地有污水排放的，沿养殖场地废水排放水道带状布点，监测点按水流方向自纳污口起沿单独排水渠或直接排入的河流沿河（渠）由密渐疏，布点数量根据废水排放水道的长度确定。

2.4.3.9　大型交通干线两侧土壤

利用高分影像，绘制大型交通干线（高速公路、国道、省道）矢量图，以大型交通干线边界生成一定距离（推荐 50m 和 150m）缓冲区。原则上将交通干线按一定距离（推荐50km）等分，在每等分路段的中点任意一侧，垂直交通干线方向上，距离交通干线边界按照由近及远的距离（推荐 50m、150m）处布设 2 个监测点位（备注：由于各交通干线长度不可能完全是 50km 的整数倍，因此可根据实际长度进行等分，例如 110km，等分点在55km 处）。

原则上，1 条公路各选择使用时间较长的 1 个服务区（加油站）进行调查，服务区（加油站）按 50m、150m 在外侧进行单侧放射状布点。

2.4.3.10　现场核查

所有理论布设点位均应逐一进行现场核查，对于不符合要求的点位应按布点原则重新调整。现场核查时必须采用定位仪准确到达理论监测点位，经纬度精确到小数点后 5 位。现场对布设点位的以下内容进行确认：①风险监控区域中心及边界；②风险监控区域主要布点对象（如污染行业企业废水排口、油田区油井、饮用水水源地取水口等）；③土地利用类型；④点位周边环境；⑤是否具备采样条件等。确认点位是否需要调整。对现场核查情况进行记录，并填报现场核查记录表（表 2-2）。

表 2-2 土壤环境质量监测网点位现场核查表（引自中国环境监测总站，2017）

点位 信息	点位名称		点位编号	
	区域名称		地理位置	
	东经/(°)		北纬/(°)	
点位 核查	点位经纬度准确性		点位与监测区域实际距离	
	点位与交通干线实际距离		点位与居民区等敏感目标实际距离	
	点位所处位置土地利用类型		样品采集的可行性	
	点位周边环境	东： 西： 南： 北：		
点位 调整	点位是否需要调整		调整原因	
	调整后东经/(°)		调整后北纬/(°)	
	调整后点位所在地的详细名称		调整后点位土壤利用类型	
	调整后周边环境	东： 西： 南： 北：		
备注				

检查人：　　　　　　　　记录人：　　　　　　　　完成时间：

"理论监测点位"属于以下条件之一的根据"点位调整原则"对该点位进行调整。①"理论监测点位"现场环境不具备采样条件。②"理论监测点位"存在局地污染源（如沟渠、废物堆、粪坑、坟墓附近等）。对于风险对照点位距离交通道路 150m 以内，居民点 300m 以内，污染源（如垃圾厂、砖瓦厂、养殖场、煤矿、化肥厂等）600m 以内。③"理论监测点位"的土地利用方式正在变化或将要变化（如工业园区的规划用地），不具有长期监测的连续性。④"理论监测点位"位于洼地、坡脚，水土流失严重或表土被破坏处，土壤为客土等不具代表性的地点。

现场核查点位调整原则有以下几点。①就近原则。在"理论监测点位"周边就近选择符合要求的点位作为"调整后点位"。②规避原则。"调整后点位"应避开局地污染源。对于风险对照点位，"调整后点位"应避开污染源、交通道路、居民区、城镇、河（湖、库、塘）等，距离交通道路 150m 以外，居民点 300m 以外，污染源（如垃圾厂、砖瓦厂、养殖场、煤矿、化肥厂等）600m 以外。③代表性原则。应选择在地形稳定或原生土壤上布设点位。

2.4.4 土壤环境监测点位的数量

《农田土壤环境质量监测技术规范》指出，土壤监测的布点数量要根据调查目的、调查精度和调查区域环境状况等因素确定。一般原则是：①以最少点数达到目的为最好；②精度越高，布点数越多，反之越少；③区域环境条件复杂，布点越多，反之越少；④污染越严重，布点越多，反之越少；⑤无论何种情况，每个检测单元最少应设 3 个点。

根据不同的调查目的，每个点的代表面积可以按照以下情况掌握，如有特殊情况可做适当的调整。①农田土壤背景值调查，每个点代表面积 200～1000hm²。②农产品产地污染普查，污染区每个点代表面积 10～300hm²，一般农区每个点代表面积 200～1000hm²。③农

产品产地安全质量划分，污染区每个点代表面积 5～100hm²，一般农区每个点代表面积
150～800hm²。④禁产区确认，每个点代表面积 10～100hm²。⑤污染事故调查监测，每个
点代表面积 1～50hm²。⑥农田土壤长期定点定位监测应根据监测区域类型不同，确定监测
点的数量。工矿企业周边农产品生产区，每个区设 5～12 个点；污水灌溉区的农产品生产
区，每个区设 10～12 个点；大中城市郊区农产品生产区，每个区设 10～15 个点；重要农产
品生产区，每个区设 5～15 个点。

2.4.4.1 土壤环境质量监测点位参考数量

土壤环境质量监测点位数量由环境保护行政主管部门根据国家规划，兼顾土地利用类
型、土壤类型、面积和人口因素等设置。最少点位数量应符合表 2-3 的要求。各地方可根据
环境管理的需要，申请增加点位数量。

表 2-3　土壤环境质量监测点位数量要求（引自中国环境监测总站，2017）

大尺度	中尺度	小尺度
64～1024km² 布设 1 个点	2～16km² 布设 1 个点	0.05～1km² 布设 1 个点

2.4.4.2 土壤环境风险监控点位参考数量

土壤环境风险监控点位最少数量应符合表 2-4 中参考数量的要求，各地方可根据监测对
象的规模、年限、影响范围及周边环境条件等加密点位，应符合表 2-4 中加密数量的要求。

表 2-4　土壤环境风险监控点位数量要求（引自中国环境监测总站，2017）

区域类型	参考数量/个	加密数量
污染企业（工业园区）	5～7	厂区四周、污染物排放主方向及次方向上加密点位,12～20 个
固废集中处理处置场地	9	场地四周、污染物排放主方向（地下水流向）及次方向上加密点位,17～25 个
油田	3～6	加密油田缓冲区数量,同时在输油管线周边和落地原油污染严重的地块加设点位
矿山	3～6	加密矿区周边缓冲区数量,同时尾矿库周边加密点位,15～20 个
污灌区	3～5	加密监测点位,9～20 个
工业遗留遗弃场地	5～7	依据工业企业遗留遗弃场地污染特征,划分不同的监测区域,在主要物料堆存、主要生产车间、废物处理区加密点位
集中式饮用水水源地	3	加密保护区范围内数量,9～15 个
主要果蔬菜种植基地	3～5	加密监测点位,7～15 个
规模化畜禽养殖场	3～5	加密监测点位,7～15 个
大型交通干线两侧	14	加密交通干线两侧点位数量,同时在服务区或加油站加设点位,28～33 个

2.5　土壤样品的采集

2.5.1　采样准备

按照监测方案，编制详细的采样计划，包括任务部署、人员分工、时间安排、样品种
类、采样量和份数、样品交接方式和地点、注意事项等。

采样准备主要包括组织准备、技术准备和物资准备。

野外采样必须组建采样小组：①采样小组至少由2名成员组成，包括1名组长和1名技术骨干，要求参加过国家或省级组织的样品采集流转制备保存等技术培训；②采样小组组长由作风严谨、工作认真和具有野外采样工作经验的专业技术人员担任，组长为采样过程质量控制责任人和现场采样记录审核人；③采样小组成员应具有土壤调查相关基础知识，掌握土壤样品采集、流转相关技术要求；④采样小组内部要分工明确、责任到人、保障有力。

为使采样工作能顺利进行，采样前应进行以下技术准备：①明确调查范围和采样任务，掌握布点原则和点位分布图件，包括行政区划边界、样点位置等信息；②获取交通图、土壤类型图、1：50000地形图；③了解采样点所在地区土壤类型、农用地灌溉情况、施用农药化肥时期、农作物种植种类以及周边污染源分布等基本情况；④全球定位系统设备（GPS）校准、手持终端和便携式蓝牙打印机调试。

土壤样品采集用物资分为：工具类、器具类、文具类、表格与标签、防护用品和运输工具等（表2-5）。

表2-5　土壤样品采集的物资清单（引自中国环境监测总站，2017）

类别	具体物资
工具类	铁铲、镐头、取土钻、螺旋取土钻、木(竹)铲、特殊采样要求的工具等
器具类	GPS、数码相机、采样手持终端(可选)、二维码打印机(可选)、卷尺、便携式手提秤、样品袋(布袋和塑料袋)、运输箱等
文具类	土壤样品标签(人工填写)、点位编号列表、剖面标尺、采样现场记录表、铅笔、签字笔、资料夹、透明胶带、用于围成漏斗状的硬纸板等
表格与标签	点位编号列表、采样现场记录表、样品运输记录表、土壤样品交接记录表、土壤样品采集核检记录表和土壤样品标签等
防护用品	工作服、工作鞋、安全帽、手套、雨具、常用(防蚊蛇咬伤)药品、口罩等
运输工具	采样用车辆及车载冷藏箱

2.5.2　土壤样品的采集方法

2.5.2.1　采样点的确认

根据监测方案找到目标采样点经纬度位置，仔细观察周边环境，判断其是否符合布点原则和土壤采样的基本要求，并在允许范围内优选采样点，记录实际采样点位坐标（多点混合采样坐标以中心采样点为准）。不能在不具代表性的陡坡地、湿地、低洼积水池以及人为干扰大的住宅、道路、沟渠、粪坑、坟墓附件等地设置采样点。

2.5.2.2　采样方法

土壤采样深度根据调查和监测的目的而定。①如果一般了解土壤重金属污染状况，采集0～15cm或0～20cm（或耕作层）土壤，种植果林类农作物采集0～60cm。②如果需要了解土壤重金属污染对农作物的影响，采集深度通常在耕层地表以下15～30cm，对于根深的作物，也可采集50cm深度处的土壤样品。③如果需要了解重金属在土壤中的垂直分布，需要挖掘土壤剖面，沿土壤剖面层次分层取样。

（1）表层土壤采样

表层土壤可以采集单独土壤样品，也可以采集混合土壤样品。现场确定计划采样点位后，以确定点位为中心划定采样区，一般为 20m×20m；当地形地貌及土壤利用方式复杂，样点代表性差时，可视具体情况扩大至 100m×100m。以确定点位为中心，可以采用对角线法（适用于污灌农田土壤，对角线分 5 等份，以等分点为采样分点）、梅花点法（适用于面积较小、地势平坦、土壤组成和受污染程度相对比较均匀的地块，设分点 5 个左右）、棋盘式法（适宜中等面积、地势平坦、土壤不够均匀的地块，设分点 10 个左右；受污泥、垃圾等固体废物污染的土壤，分点应在 20 个以上）和蛇形法（适宜于面积较大、土壤不够均匀且地势不平坦的地块，设分点 15 个左右，多用于农业污染型土壤）采集混合土壤样品（图 2-2）。

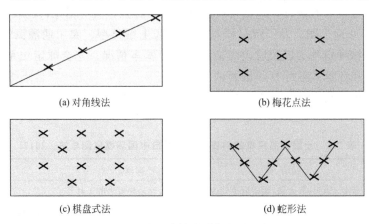

(a) 对角线法　　　　　　　　　　　　(b) 梅花点法

(c) 棋盘式法　　　　　　　　　　　　(d) 蛇形法

图 2-2　土壤混合样的采集方法示意图

一个混合土样以取土 1kg 左右为宜，如果样品数量太多，可用四分法（图 2-3）将多余的土壤弃去。方法是将采集的土壤样品放在盘子里或塑料布上，弄碎、混匀，铺成四方形，画对角线将土样分成四份，把对角的两份分别合并成一份，保留一份，弃去一份。如果所得的样品依然很多，可再用四分法处理，直至所需数量为止。

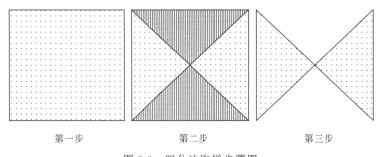

第一步　　　　　　　　　　第二步　　　　　　　　　　第三步

图 2-3　四分法取样步骤图

需要采集密码平行样的样点，采样总量不少于 2.5kg。当土壤中砂石、草根等杂质较多或含水量较高时，可视情况增加样品采样量。

（2）剖面土壤采样

土壤剖面指从地面垂直向下的土壤纵剖面，也就是完整的垂直土层序列，是土壤成土过程中物质发生淋溶、淀积、迁移和转化形成的。不同类型的土壤，具有不同形态的土壤剖面。土壤剖面可以表示土壤的外部特征，包括土壤的若干发生层次、颜色、质地、结构、新生体等。典型的自然土壤剖面分为 O 层、A 层、B 层、C 层和 R 层（图 2-4）。

采集剖面土壤样品时，在能代表研究对象的采样点挖掘 1m×1.5m 左右的长方形土壤剖面坑，较窄的一面向阳作为剖面观察面（图 2-4）。挖出的土应放在土坑两侧，而不放在观察面的上方。土坑的深度根据具体情况确定，一般要求达到母质层或地下水位。根据剖面的土壤颜色、结构、质地、松紧度、湿度及植物根系分布等，划分土层，按计划项目逐项进行仔细观察、描述记载，然后自下而上逐层采集样品，一般采集各层最典型的中部位置的土壤，以克服层次之间的过渡现象，保证样品的代表性。每个土样质量1kg左右，将所采集的样品分别放入样品袋，在样品袋内外各具一张标签，写明采集地点、剖面号、层次、土层深度、采样日期和采样人。

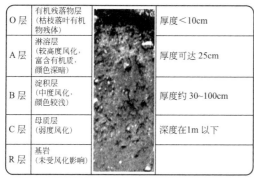

图2-4　典型土壤剖面示意图（左）和土壤剖面的挖掘（右）

（3）土壤采样的注意事项

采样点要避开田埂、地头及堆肥处，有垄的农田要在垄间采样。采样时首先清除土壤表层的植物残骸和石块等杂物，有植物生长的点位应除去土壤中植物根系。尽量用木铲、竹片直接采集样品。如用铁铲、土钻时，必须用木铲刮去与金属采样器接触的部分，再用木铲收取样品。每完成一个点位采样工作后，必须及时清理采样工具，避免交叉污染。土壤样品应避免在肥料、农药施用时以及北方冻土季节采集。开展农产品与土壤协同采样时，应根据农产品适宜采集期来确定采样时期。受农产品实际采集期限制，可在坚持土壤样品和农产品样品同点采集原则下分步采集。

2.5.3　采样记录

采样时必须认真填写采样现场记录表和采样标签，对点位及其周边状况进行拍照，并用GPS定位，记录点位实际经纬度。

2.5.3.1　现场记录表

采样人员通过GPS精准定位，确定采样记录的点位坐标信息（经度与纬度）。采样小组应现场填写土壤样品采集现场记录表，主要记录内容见表2-6。

2.5.3.2　样品标签

首先将采集土壤样品装入塑料自封袋，在塑料袋外粘贴1份样品标签（表2-7）；再将装有土壤样品的塑料袋放入布袋，在布袋封口处系上（或粘上）另1份样品标签。为防止标签遇潮湿字迹模糊不清，建议将标签装入小塑料自封袋中再装入布袋中。标签内容包括样品编号、采集地点、土壤名称、采样人和采样时间。

采样小组要在采样现场对样品和采样记录进行自查，如发现有样品包装容器破损、采样信息缺项或错误的，应及时采取补救或更正措施。

表 2-6　土壤样品采集现场记录表（引自中国环境监测总站，2017）

采样地点		省　　市/区　　县/市/区　　乡/镇　　村			
采样时间		年　月　日	天气情况		□晴天　□阴天
样品编号				采样深度/cm	
经纬度/(°)		东经：　　　　北纬：		海拔/m	
定位仪	型号		土地利用/作物类型	□耕地(□旱地、□水田)　□林地　□草地□其他： □小麦　□水稻　□玉米　□豆类　□蔬菜　□其他：	
	编号				
灌溉水类型		□地表水　□地下水　□污水　□其他：			
地形地貌		□山地　□平原　□丘陵　□沟谷　□岗地　□其他：			
土壤类型		□红壤　　□黄壤　　□黄棕壤　□山地黄棕壤　□棕壤　　□暗棕壤 □草甸土　□紫色土　□石灰土　□潮土　　　□水稻土　□其他：			
土壤质地		□砂土　　□壤土　　□黏土			
土壤颜色		□黑　　□暗栗　□暗棕　□暗灰　□栗　　□棕　　□灰　　□红棕 □黄棕　□浅棕　□红　　□橙　　□黄　　□浅黄　□其他：			
土壤湿度		□干　　□潮　　□重潮　□极潮　□湿			
采样点周边信息		正东□居民点　□厂矿　□耕地　□林地　□草地　□水域　□其他：			
		正南□居民点　□厂矿　□耕地　□林地　□草地　□水域　□其他：			
		正西□居民点　□厂矿　□耕地　□林地　□草地　□水域　□其他：			
		正北□居民点　□厂矿　□耕地　□林地　□草地　□水域　□其他：			
采样点照片编号		采样前：　　　　采样后： 东侧：　　　　　西侧： 南侧：　　　　　北侧：		样品质量/kg	
采样器具		工具：□铁铲　□土钻　□木铲　□竹片　□其他：			
		容器：□布袋　□聚乙烯袋　□棕色磨口玻璃瓶　□其他：			
备注					

采样人：　　　　　　　　　　记录人：　　　　　　　　　　校核人：

　　　　　　　　　　　　　　　　　　　　　　　　　　　　　　　年　月　日

表 2-7　土壤样品标签（引自中国环境监测总站，2017）

土壤样品标签	
样品编号：	
采样地点：省/市　　市/区　　县/市/区　　乡/镇　　村	
经纬度/(°)：东经：　　　　　　北纬：	
采样深度：　　cm	土壤类型：
土地利用类型：	
监测项目：□理化性质　　□无机项目　　□有机项目	
监测单位：	合同编号：
采样人员：	采样日期：

2.5.4　样品运输

采样小组应在样品装箱前对样品数量、包装、保存环境逐项检查，将样品登记表、样品标签和采样记录进行核对，核对无误后分类装箱，认真填写土壤样品运输记录表（表2-8）。应扎好样品袋口，防止撒落，尽量将样品箱平放在车辆中。运输过程中严防样品的损失、混淆和沾污。在样品瓶之间做好隔离，防止相互碰撞，避免破碎；对于有冷藏要求的样品，应保证运输过程中的冷藏条件。

表 2-8　土壤样品运输记录表（引自中国环境监测总站，2017）

样品箱号	样品数量	运输保存方式 （常温/低温/避光）	有无措施 防止沾污	有无措施 防止破损
目的地：		运输起止时间：		
运输车(船)号牌				

2.5.5　样品交接

土壤样品送到指定地点后，交接双方均需清点和核实样品，并在样品交接记录表上签字确认，样品交接单由双方各存一份备查。土壤样品交接记录表见表2-9。

表 2-9　土壤样品交接记录表（引自中国环境监测总站，2017）

样品 编号	监测项目 （有机/无机）	样品重量是 否符合要求	样品瓶/袋 是否完好	标签是否 完整整洁	样品数量 /（袋/瓶）	运输保存方式 （常温/低温/避光）

送样人：　　　　　接样人：　　　　　　　　　交接日期：　　年　月　日

2.5.6　土壤采样环节的质量检查

采样现场质量检查的主要内容见图2-5。

采样点检查主要包括采样点的代表性与合理性、采样位置的正确性等；采样方法检查主要包括采样深度、单点采样、多点混合采样是否符合要求等；采样记录检查包括样点信息、样品信息、工作信息等；样品检查包括样品标签、样品重量和数量、样品包装容器材质、样品防沾污措施等；样品交接检查包括样品交接程序、交接单填写是否规范与完整等。

采样文件资料检查包括采样点位图和采样记录与照片。采样点位图检查主要包括采样点的合理性、布设点位位移情况；采样记录与照片检查主要包括填写内容的完整性和正确性，现场照片是否齐全与清晰等。

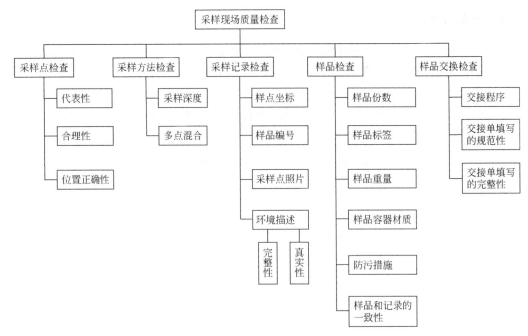

图 2-5　采样现场质量检查内容

采样质量检查分采样小组、采样单位和省级质量控制实验室三级质量检查。每个采样小组应指定 1 名质量检查员，负责对本小组采样工作进行自检，采样小组开展自检要求应达到100%。每个采样单位应指定至少 1 名专职采样质量监督员，负责对本单位采样工作质量进行检查。采样单位对采样文件资料检查的要求应达到总工作量的 100%。在文件资料检查的基础上，采样单位应针对位置发生明显偏移（超过 100m）的、未使用采样手持终端记录采样信息的、其他信息存疑的采样点位开展现场检查，现场检查点位数量应达到总工作量的20%。对于位置偏移超过 1000m 的点位，必须开展现场检查。省级质量控制实验室对各采样单位采样文件资料检查要求应达到总工作量的 10%，并应重点检查位置发生明显偏移（超过 100m）点位的文件资料。省级质量控制实验室对各采样单位采样现场检查主要针对采样单位已完成的采样工作，现场检查点位数量的要求应达到总工作量的 0.5%，并应重点关注文件资料检查时发现问题的点位。

2.6　土壤样品的制备与保存

2.6.1　制样场地

根据土壤样品的数量，分设相应数量、面积足够的专用的风干室和制样室。

风干室应通风良好、整洁、无易挥发性化学物质，并避免阳光直射。每层样品风干盘上方空间不少于 30cm，风干盘之间的间隔不少于 10cm。

制样室应通风良好，每个制样工位应作适当隔离，防止样品交叉污染。有条件的制样室内应具备宽带网络条件，并安装在线全方位监控摄像头，确保可随时接受国家或省级质控实验室的远程实时检查。

2.6.2 制样工具与容器

风干工具：搪瓷盘、木（竹）盘、样品烘干箱、牛皮纸等。

研磨工具：粗粉碎用木（竹）锤、木（竹）铲、木（竹）棒、有机玻璃棒、有机玻璃板、硬质木板、无色聚乙烯薄膜、刷子、瓷研钵、粗碎机等；细磨样用玛瑙球磨机、玛瑙研钵等。

过筛工具：尼龙筛，常用规格为 0.075mm（200 目）、0.15mm（100 目）、0.25mm（60 目）、1mm（18 目）、2mm（10 目）筛，或配备以上规格尼龙筛的自动筛分仪。

混匀工具：有机玻璃板、无色聚乙烯膜（或牛皮纸等可替代品）、木（竹）铲和漏斗等。

样品分装容器：磨口玻璃瓶、聚乙烯塑料瓶、牛皮纸袋等分装容器，规格视样品量而定。应避免使用含有待测组分或对测试有干扰的材料制成的样品瓶或样品袋盛装样品。

其他：电子天平、标签纸、电脑、常规打印机、原始记录表等。

2.6.3 土壤样品的制备过程

土壤样品的制备是将采集到的土壤样品剔除非土壤成分，并经风干、研磨、过筛、混匀等一系列过程，加工为适用于实验分析并可长期保存样品的过程。制样过程要尽可能使每一份样品都是均匀地来自该样品总量。一般土壤样品的制备流程如图 2-6。

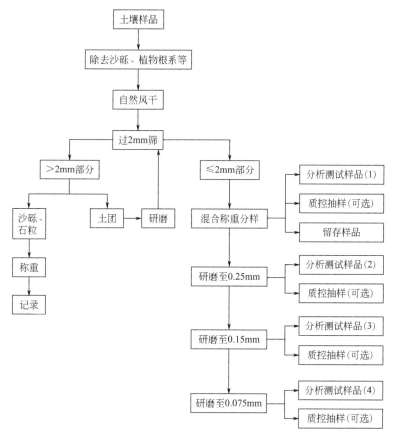

图 2-6　土壤样品的制备流程图（引自中国环境监测总站，2017）

2.6.3.1 风干（烘干）

风干是将采集到的新鲜土壤样品置于阴凉干燥处，使土壤中的水分自然挥发的过程。从野外采集的土壤样品运到实验室后，为避免受微生物的作用引起发霉变质，应立即将全部样品倒在铺垫有垫纸（如牛皮纸）的风干盘中进行风干，并将样品标签附于风干盘中或粘贴在垫纸上。

在风干室，将土样放置于风干盘中，除去土壤中混杂的砖瓦石块、石灰结核、动植物残体等，摊成 2～3cm 的薄层，经常翻动。半干状态时，用木棍压碎或用两个木铲搓碎土样，置阴凉处自然风干。一般自然风干时间为 10～15d。

土壤样品也可以采用土壤样品烘干机烘干，温度控制在 35℃±5℃。

2.6.3.2 粗磨

在制样室将风干的样品倒在有机玻璃板上，用木锤碾压，用木棒或有机玻璃棒再次压碎，拣出杂质，细小已断的植物须根，可采用静电吸附的方法清除。将全部土样手工研磨后混匀，过孔径 2mm 尼龙筛，去除 2mm 以上的砂粒（若砂粒含量较多，应计算它占整个土样的百分数），大于 2mm 的土团要反复研磨、过筛，直至全部通过。过筛后的样品充分搅拌、混合直至均匀。

2.6.3.3 细磨

用玛瑙球磨机（或手工）研磨到土样全部通过孔径 1mm（14 目）的尼龙筛，四分法弃取，保留足够量的土样，称重、装瓶备分析用；剩余样品继续研磨至全部通过孔径 0.15mm（100 目）尼龙筛，四分法弃取，装瓶备分析用。

2.6.3.4 样品分装

按照与风干、研磨过程一致的编码进行样品分装。标签一式两份，瓶内或袋内放一份塑料标签，瓶外或袋外贴一份标签，定期检查样品标签，严防样品标签模糊不清或丢失。对于容易沾污的测定项目，可单独分装。

2.6.3.5 注意事项

在制备土壤样品的过程中，应该注意以下几点：①样品风干（烘干）、磨细、分装过程中样品编码必须始终保持一致；②制样所用工具每处理 1 份样品后清理干净，严防交叉污染；③定期检查样品标签，严防样品标签模糊不清或丢失；④对严重污染样品应另设风干室，且不能与其他样品在同一制样室同时过筛研磨。

2.6.4 土壤样品制备过程的质控要点

2.6.4.1 制备场所与制样工具

样品风干室和制备室环境条件需满足要求；除尘设施正常运转，风量适中；每制完一个样品后，制样台面和场地需及时清扫干净。

制样工具齐全、完好，分装容器材质规格应满足要求，工具材质的选择不可对测试项目造成干扰，制样设备正常运转且定期维护。

制样工具和器皿应在每次样品制备完成后及时清洁干净。

2.6.4.2 损耗率要求

损耗率是在样品制备过程中损耗的样品占全部样品的质量百分比。按粗磨和细磨两个阶段分别计算损耗率，要求粗磨阶段损耗率低于 3%、细磨阶段低于 7%。计算公式为：

$$损耗率（\%）=［原样质量（g）-过筛后质量（g）］/原样质量（g）\times100\%$$

2.6.4.3 过筛率要求

过筛率是土壤样品通过指定网目筛网的量占样品总量的百分比。各粒径的样品，按照规定的网目过筛，过筛率达到 95% 为合格。过筛率计算公式如下：

$$过筛率（\%）=通过规定网目的样品质量/过筛前样品总质量\times100\%$$

2.6.4.4 样品制备自检

样品制备自检是指样品制备人员在样品制备过程中，对样品状态、工作环境和制备工作情况进行自我检查。检查内容包括：样袋是否完整，标签是否清楚，样品重量是否满足要求，样品编号与样袋上的编号是否对应等。

2.6.4.5 样品制备督查

为保证样品制备质量，需配备专人负责制样过程的质量监督。质量监督员按质量检查要求对整个制样过程进行监管，并填写样品制备现场检查表。

制样损耗率检查：在制样全过程中，应尽量减少样品损失。但是粗磨时样品的飞溅、细磨时排风除尘和制样机黏结残留，都可能造成样品损耗。样品损耗将影响样品质量，应依据样品制备原始记录中粗磨、细磨前后的样品质量，计算制样损耗率并填写土壤样品制备质量抽查表。

样品过筛率检查：样品过筛率检查应在样品制备完成后，随机抽取任一样品的 10% 按照规定的网目过筛，并填写土壤样品制备质量抽查表。过筛后的样品原则上不得再次放回样品瓶中。

样品均匀性检查：在样品混匀后分装前，取出 5 个样品进行相关理化指标的测试，依据测定结果的平行性以检查样品的均匀性。

样品制备原始记录检查：样品制备的全过程，检查是否及时填写土壤样品制备原始记录表，应填写认真、数据正确、称量准确、情况真实，不允许事后补记。如无样品制备原始记录，应视为制样质量不合格。制样完成后，制样原始记录和分析原始记录一同归档保存，以便核查。

样品制备操作现场检查：样品风干、存放、研磨、过筛、混匀、取样和分装操作是保证样品代表性的关键操作步骤，需对相关操作的规范性进行监督检查，同时对样品状态、工作环境及制备工作情况进行监督检查。

抽查率的要求：总抽查率不低于总样品数的 2%。

2.6.5 土壤样品制备过程的质量检查

样品制备过程的质量检查的主要内容见图 2-7。制样场所检查：影像监控设备、环境条件、防污染措施是否齐备。制样工具检查：磨样设备、样品筛、辅助制样工具等是否齐全、完好，分装容器材质规格是否满足技术要求，磨样设备是否正常运转和定期维护，制样工具在每次样品制备完成后是否及时清洁。制样流程检查：样品干燥、研磨、筛分、装瓶过程是否规范。已加工样品抽查包括：样品瓶标签、样品重量和数量、样品粒度、样品包装和保存是否规范。制样原始记录检查：影像监控记录的完整性、记录表填写内容完整性和准确性、

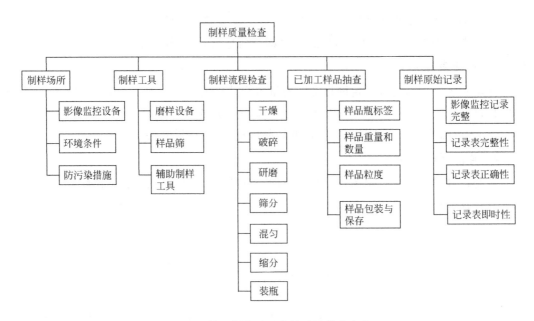

图 2-7　样品制备过程中的质量检查内容

是否是随时记录。

制样质量检查分制样小组、制样单位和省级质量控制实验室三级质量检查。制样小组开展自检要求应达到100%。制样单位开展制样质量检查要求应达到总工作量的5%。省级质量控制实验室开展制样质量检查要求应达到总工作量的0.5%。省级质量控制实验室使用影像监控设备对制样流程进行实时远程在线监控。

2.6.6　土壤样品的保存

2.6.6.1　实验室样品保存

实验室预留样品要造册保存；分析取用后的剩余样品，待测定全部完成数据报出后，移交到实验室储存（柜）室保存，分析取用后的剩余样品一般保留半年，预留样品一般保留2年。

2.6.6.2　样品库样品保存

建立专门土壤样品库用于长期保存土壤样品。土壤样品库建设以安全、准确、便捷为基本原则。安全包括样品性质安全、样品信息安全、设备运行安全；准确包括样品信息准确、样品存取位置准确、技术支持（人为操作）准确；便捷包括工作流程便捷、系统操作便捷、信息交流便捷。储存样品应尽量避免日光、潮湿、高温和酸碱气体等的影响。

2.6.6.3　样品保存的质控检查

负责样品采集、制备、流转、保存和分析测试的各单位应配备样品管理员，严格按照《农用地土壤样品采集流转制备和保存技术规定》和《全国土壤污染状况详查土壤样品分析测试方法技术规定》的要求，保存详查样品。质量检查人员应对样品标识、包装容器、样品状态、保存环境条件监控等进行监督检查，检查结果可直接输入质控手持终端后，打印签字形成样品保存检查记录。

2.7 土壤样品的分析测定

根据《土壤环境质量 农用地土壤污染风险管控标准（试行）》(GB 15618—2018)，风险筛选值的基本项目为必测项目，包括镉、汞、砷、铅、铬、铜、镍和锌，同时还需测定土壤pH和含水量等（表2-10）。如果与农产品协同采样，还需测定土壤有机质、机械组成和阳离子交换量。

表2-10 农用地土壤和农产品必测的重金属项目

序号	样品类型	必测项目	
		土壤理化性质	重金属元素
1	表层土壤	pH	镉、汞、砷、铅、铬、铜、镍和锌（总量和可提取态）[①]
2	表层土壤（与农产品协同采样）	pH、有机质、机械组成、阳离子交换量	镉、汞、砷、铅、铬、铜、镍和锌（总量和可提取态）
3	深层土壤	pH、有机碳	镉、汞、砷、铅、铬、铜、镍和锌
4	农产品	—	镉、汞、砷、铅、铬、铜、镍和锌等52项[②]

[①] 与农产品协同采样的表层土壤样品均测试可提取态，其他表层土壤样品按1/4的比例测定可提取态金属含量。

[②] 52项包括：Ag，As，Au，B，Ba，Be，Bi，Br，Tc，Cd，Ce，Cl，Co，Cr，Cu，F，Ga，Ge，Hg，I，La，Li，Mn，Mo，N，Nb，Ni，P，Pb，Rb，S，Sb，Sc，Se，Sn，Sr，Th，Ti，Tl，U，V，W，Y，Zn，Zr，SiO_2，Al_2O_3，Fe_2O_3，K_2O，Na_2O，CaO，MgO。

监测方法是监测工作的基础，只有完善土壤环境监测方法体系，提高土壤环境监测技术水平，才能保障土壤监测的科学性、规范性、准确性，以及评价结果的客观性和合理性，从而掌握土壤环境的真实状况，进一步推进土壤环境监管。

土壤环境中重金属监测中常用的标准方法是国家标准和环保行业标准。迄今为止，有关农用地土壤必测的重金属项目监测的国家和环保行业标准方法有18个（表2-11），10个涉及土壤理化性质指标（电导率、氧化还原电位、有机碳、可交换酸度、干物质和水分等)(表2-12)。

表2-11 土壤中重金属测定的国家标准和环保行业标准方法目录

序号	标准名称	标准号
1	《土壤和沉积物 六价铬的测定 碱溶液提取-火焰原子吸收分光光度法》	HJ 1082—2019
2	《土壤和沉积物 铜、锌、铅、镍、铬的测定 火焰原子吸收分光光度法》	HJ 491—2019
3	《土壤和沉积物 总汞的测定 催化热解-冷原子吸收分光光度法》	HJ 923—2017
4	《土壤和沉积物 金属元素总量的消解 微波消解法》	HJ 832—2017
5	《土壤和沉积物 12种金属元素的测定 王水提取-电感耦合等离子体质谱法》	HJ 803—2016
6	《土壤8种有效态元素的测定 二乙烯三胺五乙酸浸提-电感耦合等离子体发射光谱法》	HJ 804—2016
7	《土壤和沉积物 汞、砷、硒、铋、锑的测定 微波消解/原子荧光法》	HJ 680—2013
8	《土壤 总铬的测定 火焰原子吸收分光光度法》	HJ 491—2009
9	《土壤质量 总汞、总砷、总铅的测定 原子荧光法 第1部分:土壤中总汞的测定》	GB/T 22105.1—2008
10	《土壤质量 总汞、总砷、总铅的测定 原子荧光法 第2部分:土壤中总砷的测定》	GB/T 22105.2—2008
11	《土壤质量 总汞、总砷、总铅的测定 原子荧光法 第3部分:土壤中总铅的测定》	GB/T 22105.3—2008

序号	标准名称	标准号
12	《土壤质量　总砷的测定　二乙基二硫代氨基甲酸银分光光度法》	GB/T 17134—1997
13	《土壤质量　总砷的测定　硼氢化钾-硝酸银分光光度法》	GB/T 17135—1997
14	《土壤质量　总汞的测定　冷原子吸收分光光度法》	GB/T 17136—1997
15	《土壤质量　铜、锌的测定　火焰原子吸收分光光度法》	GB/T 17138—1997
16	《土壤质量　镍的测定　火焰原子吸收分光光度法》	GB/T 17139—1997
17	《土壤质量　铅、镉的测定 KI-MIBK 萃取火焰原子吸收分光光度法》	GB/T 17140—1997
18	《土壤质量　铅、镉的测定　石墨炉原子吸收分光光度法》	GB/T 17141—1997

表 2-12　土壤理化性质测定的国家标准及环保行业标准方法

序号	标准名称	标准号
1	《土壤　粒度的测定　吸液管法和比重计法》	HJ 1068—2019
2	《土壤　pH 值的测定　电位法》	HJ 962—2018
3	《土壤　阳离子交换量的测定　三氯化六氨合钴浸提-分光光度法》	HJ 889—2017
4	《土壤　电导率的测定　电极法》	HJ 802—2016
5	《土壤　氧化还原电位的测定　电位法》	HJ 746—2015
6	《土壤　有机碳的测定　燃烧氧化-非分散红外法》	HJ 695—2014
7	《土壤　可交换酸度的测定　氯化钾提取-滴定法》	HJ 649—2013
8	《土壤　有机碳的测定　燃烧氧化-滴定法》	HJ 658—2013
9	《土壤　干物质和水分的测定　重量法》	HJ 613—2011
10	《土壤　有机碳的测定　重铬酸钾氧化-分光光度法》	HJ 615—2011

　　土壤样品前处理方法有 3 种：酸消解、碱熔和浸提（提取液有二乙烯三胺五乙酸、碳酸氢钠、氯化钾、氯化钡等溶液）。酸消解方法最为常用，又分为常压和高压两种体系，消解液有盐酸-硝酸-氢氟酸-高氯酸、盐酸-硝酸（王水）等。分析方法主要有 8 种：ICP-MS、波长色散 X 射线荧光光谱法、火焰原子吸收分光光度法、石墨炉原子吸收分光光度法、原子荧光法、分光光度法、离子选择电极法和重量法等。

　　另外，农业、林业也有土壤检测标准方法，主要侧重于土壤营养元素及其有效态、理化指标的检测。农业行业标准方法中有 5 个涉及必测重金属元素及其有效态测定的方法，林业行业标准方法针对的是森林土壤，有 4 个涉及重金属元素及其有效态测定的方法（表 2-13）。

表 2-13　土壤中重金属和基本理化指标测定的农业和林业行业标准方法

序号	标准名称	标准号
1	《土壤质量　重金属测定　王水回流消解原子吸收法》	NY/T 1613—2008
2	《土壤检测　第 10 部分：土壤总汞的测定》	NY/T 1121.10—2006
3	《土壤检测　第 11 部分：土壤总砷的测定》	NY/T 1121.11—2006
4	《土壤检测　第 12 部分：土壤总铬的测定》	NY/T 1121.12—2006
5	《土壤有效态锌、锰、铁、铜含量的测定　二乙三胺五乙酸(DTPA)浸提法》	NY/T 890—2004
6	《森林土壤强酸消化元素的测定》	LY/T 1256—1999
7	《森林土壤有效铜的测定》	LY/T 1260—1999
8	《森林土壤有效锌的测定》	LY/T 1261—1999
9	《森林土壤有效铁的测定》	LY/T 1262—1999

2.7.1 土壤水分的分析

按照《土壤 干物质和水分的测定 重量法》（HJ 613—2011）测定土壤水分。方法原理是：土壤样品在105℃±5℃烘至恒重，烘干前后的土样质量差值即为土壤样品所含水分的质量，用质量分数表示。

2.7.1.1 风干土壤样品的制备

取适量新鲜土壤样品平铺在干净的搪瓷盘或玻璃板上，避免阳光直射，且环境温度不超过40℃，自然风干，去除石块、树枝等杂质，过2mm样品筛，将>2mm的土块粉碎后过2mm样品筛，混匀，待测。

2.7.1.2 新鲜土壤样品的制备

将新鲜土壤样品撒在干净、不吸收水分的玻璃板上，并充分混匀。去除直径>2mm的石块、树枝等杂质，待测。

2.7.1.3 分析步骤

具盖容器和盖子分别在105℃±5℃的烘箱中干燥1h，烘干后立即盖上容器盖（戴手套），置于干燥器中冷却至室温（至少45min）称量，记录质量m_0，精确至0.1mg。用样品勺将10~15g风干土壤试样或30~40g新鲜土壤试样转移到已称重的具盖容器中，盖上容器盖，测定具盖容器和土壤的质量m_1，精确至0.1mg。把放有土壤试样的具盖容器打开盖子放进105℃±5℃的烘箱中，烘干至恒重［以4h的时间间隔对冷却的样品的两次连续称量之间的差值不超过最后测定质量的0.1%（质量分数），此时的质量即为恒重］，同时烘干容器盖。烘干后立即盖上容器盖，置于干燥器中冷却至室温（至少45min），取出后立即测定具盖容器和烘干土壤的总质量m_2，精确至0.1mg。一般情况下，新鲜土壤的干燥时间为16~24h，但对于某些特殊类型的土壤样品需要更长的干燥时间。此外，应尽快分析待测样品，以减少其水分的蒸发。

2.7.1.4 结果计算与表示

土壤样品中的水分含量（%），按照公式(2-1)进行计算：

$$W_{H_2O} = \frac{(m_1 - m_2)}{(m_2 - m_0)} \times 100\% \tag{2-1}$$

也可按照公式(2-2)进行土壤干物质含量的换算：

$$W_{dm} = \frac{(m_2 - m_0)}{(m_1 - m_0)} \times 100\% \tag{2-2}$$

式中，W_{H_2O}为土壤样品中的水分含量，%；W_{dm}为土壤样品中的干物质含量，%；m_0为烘干后具盖容器质量，g；m_1为烘干前具盖容器及样品总质量，g；m_2为烘干后具盖容器及样品总质量，g。

土壤水分的测定结果以质量分数表示，精确到0.1%。

2.7.1.5 质量保证和质量控制

测定风干土壤样品，当干物质含量>96%，水分含量≤4%时，两次测定结果之差的绝对值应≤0.2%（质量分数）；当干物质含量≤96%，水分含量>4%时，两次测定结果的相对偏差应≤0.5%。

测定新鲜土壤样品，当水分含量≤30%时，两次测定结果之差的绝对值应≤1.5%（质量分数）；当水分含量＞30%时，两次测定结果的相对偏差应≤5%。

2.7.1.6 注意事项

在测定土壤含水率时，应当注意以下几点。①试验过程中应避免具盖容器内土壤细颗粒被气流或风吹出。②一般情况下，在105℃±5℃下有机物的分解可以忽略。但是对于有机质含量＞10%（质量分数）的土壤样品（如泥炭土），应将干燥温度改为50℃，然后干燥至恒重。必要时，可抽真空，以缩短干燥时间。③一些矿物质（如石膏）在105℃干燥时会损失结晶水。④如果样品中含有挥发性（有机）物质，本方法不能准确测定其水分含量。⑤如果待测样品是含有石子、树枝等的新鲜潮湿土壤，以及存在其他影响测定结果的情况，均应在检测报告中注明。⑥土壤水分含量是基于干物质量计算的，所以其结果可能超过100%。⑦将样品移出烘箱时一定注意烘箱温度不能低于100℃，防止样品在这个过程吸收潮气。

2.7.2 土壤 pH 的分析

按照《土壤 pH值的测定 电位法》(HJ 962—2018)测定土壤pH。方法原理：以水为浸提剂，水土比为2.5:1，将指示电极和参比电极（或pH复合电极）浸入土壤悬浊液时，构成一原电池，在一定的温度下，其电势与悬浊液的pH值有关，通过测定原电池的电动势即可得到土壤pH值。

2.7.2.1 试剂的配制

去除 CO_2 的蒸馏水或去离子水：将水注入烧瓶中（水量不超过烧瓶体积的2/3），煮沸10min，放置冷却，用装有碱石灰干燥管的橡皮塞塞紧。如制备10~20L较大体积的不含二氧化碳的水，可插入一玻璃管到容器底部，通氮气到水中1~2h，以除去被水吸收的二氧化碳。

pH 4.01（25℃）标准缓冲溶液：称取10.21g于110~120℃干燥2~3h的邻苯二甲酸氢钾（$C_6H_4CO_2HCO_2K$），溶于水，转移至1L容量瓶中，用水稀释至刻度，混匀，贮于塑料瓶。

pH 6.87（25℃）标准缓冲溶液：称取3.39g硼砂于110~120℃烘干2~3h的磷酸二氢钾（KH_2PO_4）和3.53g磷酸氢二钠（Na_2HPO_4）溶于水，转移至1L容量瓶中，用水稀释至刻度，混匀，贮于塑料瓶。

pH 9.18（25℃）标准缓冲溶液：将硼砂（$Na_2B_4O_7 \cdot 10H_2O$）放在盛有蔗糖和食盐饱和水溶液的干燥器内平衡48h，称取3.80g溶于无 CO_2 水中，转移到1L容量瓶中，用水稀释至刻度，混匀，贮于塑料瓶。

亦可直接使用市售的符合国家标准的pH标准缓冲溶液。

2.7.2.2 仪器校准

至少使用两种pH标准缓冲溶液对pH计进行校准。先用pH 6.87（25℃）标准缓冲溶液，再用pH 4.01（25℃）标准缓冲溶液或pH 9.19（25℃）标准缓冲溶液校准。具体步骤如下。①将盛有标准溶液并内置搅拌子的烧杯置于磁力搅拌器上，开启磁力搅拌器。②控制标准缓冲溶液稳定在25℃±1℃，用温度计测量标准缓冲溶液的温度，并将pH计的温度补偿旋钮调节到该温度上。有自动温度补偿的仪器，可以省略这一步。③将电极插入标准缓冲溶液中，待读数稳定后，调节仪器示值与标准溶液的pH值一致。重复步骤①和②，用另一种标准缓冲溶液校准 pH 计，仪器示值与该标准缓冲溶液的 pH 值之差应≤0.02 个 pH 单位。否则应重新校准。

注意：用于校准 pH 的两种标准缓冲溶液，其中一种标准缓冲溶液的 pH 值应与土壤 pH 相差不超过 2 个 pH 单位。若超出范围，可选择其他 pH 标准缓冲溶液。

2.7.2.3 试样的制备

称取 10.0g 通过 2mm 孔径筛的风干土壤样品于 50mL 的高型烧杯或其他适宜的容器中，加 25mL 去除 CO_2 的蒸馏水（土液比为 1：2.5），将容器用封口膜或保鲜膜密封后，用搅拌器搅拌剧烈搅拌 2min 或用水平振荡器剧烈振荡 2min，使土粒充分分散，放置 30min，在 1h 内进行测定。

2.7.2.4 土壤样品 pH 的测定

将电极插入试样悬浊液中，电极探头浸入液面下悬浊液垂直深度的 1/3～2/3 处，轻轻转动烧杯以除去电极的水膜，促使快速平衡。静置片刻，待读数稳定时，记录 pH 值。每个试样测完后，取出电极，立刻用水洗净电极，用滤纸条吸干水分后，即可进行第二个样品的测定。每测 5～6 个样品后需用标准溶液检查定位。

测定结果保留至小数点后 2 位。当读数小于 2.00 或大于 12.00 时，结果分别表示为 pH ＜2.00 或 pH＞12.00。

2.7.2.5 质量保证与质量控制

每批样品应至少测定 10% 的平行双样；当每批少于 10 个样品时，应至少测定 1 组平行双样。两次平行测定结果的允许差值为 0.3 个 pH 单位。

2.7.3 土壤有机碳（有机质）的分析

按照《土壤 有机碳的测定 重铬酸钾氧化-分光光度法》(HJ 615—2011) 测定土壤有机碳含量。其测定原理是：利用油浴加热消煮的方法来加速有机质的氧化，使土壤有机质中的碳氧化成二氧化碳，而重铬酸离子被还原成三价铬离子，剩余的重铬酸钾用二价铁的标准溶液滴定，根据有机碳被氧化前后重铬酸离子数量的变化，就可算出有机碳或有机质的含量。本法采用氧化校正系数 1.1 来计算有机质含量。

2.7.3.1 试剂的配制

0.8000mol/L 重铬酸钾标准溶液：称取 39.2245g 重铬酸钾（$K_2Cr_2O_7$，分析纯）溶于 400mL 水中，加热使溶解，冷却后用水定容至 1L。

0.2mol/L 硫酸亚铁溶液：称取 56.0g 硫酸亚铁（$FeSO_4 \cdot 7H_2O$ 化学纯）或 80.0g 硫酸亚铁铵 [$Fe(NH_4)_2(SO_4)_2 \cdot 6H_2O$ 化学纯] 溶解于水中，加浓硫酸（化学纯）15mL，用水定容至 1L。

N-苯基邻氨基苯甲酸指示剂：称取 0.2g N-苯基邻氨基苯甲酸（$C_{13}H_{11}O_2N$）指示剂于 100mL 2g/L 碳酸钠溶液中，稍加热并不断搅拌，促使浮于表面的指示剂溶解。

邻菲啰啉指示剂：称取 1.485g 邻菲啰啉（$C_{12}H_8N_2 \cdot H_2O$）和 0.695g 硫酸亚铁（$FeSO_4 \cdot 7H_2O$）溶于 100mL 水中，形成红棕色络合物 [$Fe(C_{12}H_8N_2)_3^{2+}$]。此指示剂易变质，应密闭保存于棕色瓶中。

浓硫酸：$\rho = 1.84g/mL$，化学纯。

硫酸银（化学纯）：研成粉末。

2.7.3.2 测定步骤

称样：准确称取通过0.149mm（100目）孔径筛的风干试样0.1~0.5g（精确至0.1mg），放入硬质试管中，加入粉末状的硫酸银0.1g，用吸管加入5mL 0.8000mol/L重铬酸钾标准溶液，然后用注射器注入5mL浓硫酸，并小心旋转摇匀。

消煮：预先将油浴锅加热至185~190℃，将盛土样的大试管插入铁丝笼架中，然后将其放入油浴锅中加热，此时应控制锅内温度170~180℃，并使溶液保持沸腾5min，然后取出铁丝笼架，待试管稍冷后，用干净纸擦净试管外部的油液，如煮沸后的溶液呈绿色，表示重铬酸钾用量不足，应再称取较少的土样重做。

滴定：如果溶液呈橙黄色或黄绿色，则冷却后将试管内的消煮液及土壤残渣无损地转入250mL三角瓶中，用水冲洗试管及小漏斗，洗液并入三角瓶中，使三角瓶内溶液的总体积控制在60~80mL。加3~4滴邻菲啰啉指示剂，用0.2mol/L硫酸亚铁标准溶液滴定剩余的$K_2Cr_2O_7$，溶液的变色过程是橙黄—蓝绿—棕红为终点；如用N-苯基邻氨基苯甲酸指示剂，变色过程由棕红色经紫至蓝绿色为终点。记录硫酸亚铁用量（V）。

空白实验：每批分析时，必须同时做2~3个空白试样标定，空白标定不加土样，但加入大约0.1~0.5g石英砂，其他步骤与土样测定完全相同，记录硫酸亚铁用量（V_0）。

分别按照公式(2-3)和公式(2-4)计算土壤有机碳或有机质含量。

$$W_{c.o} = \frac{\left[\frac{0.8000 \times 5.0}{V_0} \times (V_0 - V) \times 0.003 \times 1.1 \right]}{m_1 \times K_2} \times 1000 \quad (2\text{-}3)$$

$$W_{om} = W_{c.o} \times 1.724 \quad (2\text{-}4)$$

式中，$W_{c.o}$为有机碳含量，g/kg；W_{om}为有机质含量，g/kg；0.8000为重铬酸钾标准溶液的浓度，mol/L；5.0为重铬酸钾标准溶液的体积，mL；V_0为空白标定用去硫酸亚铁标准溶液体积，mL；V为滴定土样用去硫酸亚铁标准溶液体积，mL；0.003为1/4碳原子的毫摩尔质量，g/mmol；1.1为氧化校正系数；1.724为由有机碳换算成有机质的系数；m_1为风干土样的质量，g；K_2为将风干土换算到烘干的水分换算系数；1000为换算成每千克含量。

2.7.3.3 注意事项

为了保证有机碳氧化完全，如样品测定时所用硫酸亚铁溶液体积小于空白标定时所消耗硫酸亚铁体积的1/3时，需减少称样量重做。

如果样品的有机质含量大于150g/kg，可用固体稀释法来测定。方法如下：称已磨细的样品1份（精确至1mg）和经过高温灼烧并磨细的矿质土壤9份（准确度同上），使之充分混合均匀后，再从中称样分析，分析结果以称量的1/10计算。

重铬酸钾容量法不宜用于测定含氯化物的土壤，如土样中含Cl^-量不多，加入硫酸银可消除部分干扰，但效果并不理想，凡遇到含Cl^-多的土壤，可考虑用水洗的办法来克服，经水洗处理后测出的土壤有机质总量不包括水溶性有机质组分，应加以说明。

2.7.4 土壤阳离子交换量的分析

按照《土壤 阳离子交换量测定 三氯化六氨合钴浸提-分光光度法》（HJ 889—2017）测定土壤阳离子交换量。该方法的原理是：在20℃±2℃条件下，用三氯化六氨合钴作为浸提液浸提土壤，土壤中的阳离子被三氯化六氨合钴交换下来进入溶液。三氯化六氨合钴在

475nm 处有特征吸收，吸光度与浓度成正比，根据浸提前后浸提液吸光度差值，计算土壤阳离子交换量。

2.7.4.1 实验步骤

试样制备：称取 3.5g 通过 2mm 孔径筛的风干土壤样品于 100mL 离心管中，加 50mL 三氯化六氨合钴溶液（1.66mol/L），旋紧离心管盖子，置于水平振荡器恒温（20℃±2℃）振荡（60±5）min。4000r/min 离心 10min，收集上清液于比色管中，在 24h 内完成测定。

空白试样制备：同时用实验用水代替土壤，按照与土壤样品相同的步骤进行实验室空白试样的制备。

标准曲线的建立：分别吸取 0.00mL、1.00mL、3.00mL、5.00mL、7.00mL、9.00mL 三氯化六氨合钴溶液（1.66mol/L）于 10mL 比色管中，分别用水稀释至刻度，三氯化六氨合钴溶液的浓度分别为 0.000mol/L、0.166mol/L、0.498mol/L、0.830mol/L、1.162mol/L、1.494mol/L。以水为参比，用 10mm 比色皿在波长 475nm 处测定吸光度。以标准系列溶液中三氯化六氨合钴溶液的浓度为横坐标，以其对应吸光度为纵坐标，建立标准曲线。

试样和空白的测定：按照与标准曲线建立的相同条件测定试样和空白试样的吸光值。

2.7.4.2 结果计算

按照公式(2-5)计算土壤的阳离子交换量。

$$CEC = \frac{(A_0 - A) \times V \times 3}{b \times m \times w_{dm}} \qquad (2-5)$$

式中，CEC 为土壤样品阳离子交换量，cmol/kg；A_0 为空白试样的吸光度；A 为试样的吸光度或校正吸光度；V 为浸提液体积，mL；3 为 $[Co(NH_3)_6]^{3+}$ 的电荷数；b 为标准曲线的斜率；m 为称取的土壤质量，g；w_{dm} 为土壤样品干物质含量，%。

当测定结果小于 10cmol/kg 时，保留小数点后一位；当测定结果大于等于 10cmol/kg 时，保留三位有效数字。

2.7.4.3 质量控制

每批样品应做标准曲线，标准曲线的相关系数不应小于 0.999。每批样品应至少做 10% 的平行样，当样品数量少于 10 个时，平行样不少于 1 个。

2.7.5 土壤中镉、铅、铬、铜、镍和锌总量的分析

2.7.5.1 土壤消解方法

（1）盐酸-氢氟酸-高氯酸电热板消解法（HJ 491—2019）

准确称取 0.2～0.3g（精确至 0.1mg）的土壤样品（100 目）于 50mL 聚四氟乙烯消煮管中，用水润湿后加入 10mL 盐酸，于通风橱内的电热板上 90～100℃ 加热，使样品初步分解，待消解液剩余 3mL 时，加 9mL 硝酸，加盖加热至无明显颗粒，加入 5～8mL 氢氟酸，开盖，于 120℃ 加热飞硅 30min，稍冷，加入 1mL 高氯酸，于 150～170℃ 加热至冒白烟，加热时应经常摇动坩埚。若坩埚壁上有黑色碳化物，加入 1mL 高氯酸加盖加热至黑色碳化物消失，再开盖，加热赶酸至内容物呈不流动的液珠状（趁热观察）。加入 3mL 硝酸溶液，温热溶解可溶性残渣。将溶液全部转移至 25mL 容量瓶中，用 1% 硝酸溶液定容，摇匀，保存于聚乙烯瓶中，静置，取上清液待测。于 30d 内完成分析。

（2）盐酸-氢氟酸-高氯酸石墨电热消解法（HJ 491—2019）

准确称取 0.2~0.3g（精确至 0.1mg）的土壤样品（100 目）于 50mL 聚四氟乙烯消煮管中，用水润湿后加入 5mL 盐酸，于通风橱内的石墨电热消解仪上 100℃加热 45min。加入 9mL 硝酸加热 30min，加入 5mL 氢氟酸加热 30min，稍冷，加入 1mL 高氯酸，加盖 120℃加热 3h，开盖，150℃加热至冒白烟，加热时需摇动消煮管。若消煮管内壁有黑色碳化物，加入 0.5mL 高氯酸加盖继续加热至黑色碳化物消失，开盖，160℃加热赶酸至内容物呈不流动的液珠状（趁热观察）。加入 3mL 硝酸溶液，温热溶解可溶性残渣。将溶液全部转移至 25mL 容量瓶中，用 1%硝酸溶液定容，摇匀，保存于聚乙烯瓶中，静置，取上清液待测。于 30d 内完成分析。

（3）盐酸-硝酸-氢氟酸微波消解法（HJ 832—2017）

准确称取 0.2~0.3g（精确至 0.1mg）的土壤样品（100 目）于消解罐中，用水润湿后加入 3mL 盐酸，6mL 硝酸和 2mL 氢氟酸，使样品和消解液充分混匀。若有剧烈化学反应，待反应结束后再加盖拧紧。将消解罐装入消解罐支架后，放入微波消解装置的炉腔中，确认温度传感器和压力传感器工作正常。按照表 2-14 的升温程序进行微波消解，程序结束后冷却。待罐内温度降至室温后在防酸通风橱中取出消解罐，缓缓泄压放气，打开消解罐盖子。

表 2-14 微波消解升温程序

升温时间/min	消解温度	保持时间/min
7	室温→120℃	3
5	120℃→160℃	3
5	160℃→190℃	25

将消解罐中的溶液转移至聚四氟乙烯坩埚中，用少量双蒸水（或高纯水）洗涤消解罐和盖子后一并倒入坩埚。将坩埚置于温控加热设备上在微沸的状态下进行赶酸。待液体成黏稠状时，取下稍冷，用滴管取少量 1%硝酸溶液冲洗坩埚内壁，利用余温消解附着在坩埚壁上的残渣，之后转入 25mL 容量瓶中，用 1%硝酸溶液定容至标线，混匀，静置 60min 取上清液待测。

注意事项：①微波消解后若有黑色残渣，说明碳化物未被完全消解。在温控加热设备上向坩埚补加 2mL 硝酸、1mL 氢氟酸和 1mL 高氯酸，在微沸状态下加盖反应 30min 后，揭盖继续加热至高氯酸白烟冒尽，液体成黏稠状。上述过程反复进行直至黑色碳化物消失。②由于不同土壤所含有机质差异较大，微波消解的硝酸、盐酸和氢氟酸的用量可根据实际情况酌情增加。③样品中所含待测元素含量低时，可将样品称取量提高到 1g（精确至 0.0001g），微波消解的硝酸、盐酸和氢氟酸的用量也按比例根据实际情况酌情增加，或增加消解次数。④为避免消解液损失和安全伤害，消解后的消解罐必须冷却至室温后才能开盖。

（4）王水电热板消解法（HJ 803—2016）

移取 15mL 王水（硝酸：盐酸=1：3）于 100mL 锥形瓶中，加入 3 粒或 4 粒小玻璃珠，放上玻璃漏斗，于电热板上加热至微沸，使王水蒸气浸润整个锥形瓶内壁约 30min，冷却后弃去，用实验用水洗净锥形瓶内壁，晾干待用。准确称取 0.1g（精确至 0.0001g）的土壤样品（100 目），置于上述已准备好的 100mL 锥形瓶中，加入 6mL 王水，放上玻璃漏斗，于电热板上加热，保持王水处于微沸状态 2h（保持王水蒸气在瓶壁和玻璃漏斗上回流，但反应不能过于剧烈而导致样品溢出）。消解结束后静置、冷却至室温，用慢速定量滤纸将提取液过滤收集于 50mL 容量瓶。待提取液滤尽后，用少量 1‰硝酸溶液清洗玻璃漏斗、锥形瓶和滤渣至少 3 次，洗液一并过滤收集于容量瓶中，用实验用水定容至刻度。

（5）王水微波消解法（HJ 803—2016）

准确称取 0.1g（精确至 0.0001g）的土壤样品（100 目）于聚四氟乙烯消解罐中，加入 6mL 王水，使样品和消解液充分混匀。若有剧烈化学反应，待反应结束后再加盖拧紧。将消解罐装入消解罐支架后，放入微波消解仪中，确认温度传感器和压力传感器工作正常。按照设定的升温程序进行微波消解，程序结束后冷却。待罐内温度降至室温后在防酸通风橱中取出消解罐，缓缓泄压放气，冷却至室温，打开消解罐盖子。用慢速定量滤纸将提取液过滤收集于 50mL 容量瓶。待提取液滤尽后，用少量 1‰硝酸溶液清洗盖子内壁、消解罐内壁和滤渣至少 3 次，洗液一并过滤收集于容量瓶中，用实验用水定容至刻度。

对于五种消解方法，同时制备空白试样，即不加土壤样品，按照与土壤试样制备的相同步骤制备空白试样。

2.7.5.2 分析测定方法

（1）火焰原子吸收分光光度法（AAS 法）

根据《土壤和沉积物　铜、锌、铅、镍、铬的测定　火焰原子吸收分光光度法》（HJ 491—2019），火焰原子吸收分光光度法测定土壤中的镉、铜、锌、铅、镍、铬的总量的原理是：土壤经酸消解后，试样中的镉、铜、锌、铅、镍、铬全部进入试液中，并在空气-乙炔火焰中原子化，其基态原子分别对相应的空心阴极灯发射的特征谱线产生选择性吸收，其吸收强度在一定范围内与镉、铜、锌、铅、镍、铬浓度成正比。

标准曲线的测定：用 100mL 容量瓶，用 1‰硝酸溶液分别稀释铜、锌、铅、镍、铬、镉的标准使用液（100mg/L），配制成标准系列（表 2-15）。按照仪器测量条件，用标准曲线零浓度点调节仪器零点，由低浓度到高浓度依次测定标准系列的吸光度，以各元素标准系列质量浓度为横坐标，相应的吸光度为纵坐标，建立标准曲线。

表 2-15　各元素的标准系列　　　　　　　　　　　单位：mg/L

元素	标准系列					
铜	0.00	0.10	0.50	1.00	3.00	5.00
锌	0.00	0.10	0.20	0.30	0.50	0.80
铅	0.00	0.50	1.00	5.00	8.00	10.00
镍	0.00	0.10	0.50	1.00	3.00	5.00
铬	0.00	0.10	0.50	1.00	3.00	5.00
镉	0.00	0.10	0.20	0.40	0.60	0.80

注：可根据仪器灵敏度或试样的浓度调整标准系列范围，至少配制 6 个浓度点（含零浓度点）。

空白和试样的测定：按照与标准曲线建立的相同的仪器条件进行空白和试样的测定。土壤中铜、锌、铅、镍、铬、镉的质量分数 w_i（mg/kg）按照公式(2-6)进行计算：

$$w_i = \frac{(p_i - p_{oi}) \times v}{m \times w_{dm}} \tag{2-6}$$

式中，w_i 为土壤中元素的质量分数，mg/kg；p_i 为试样中元素的质量浓度，mg/L；p_{oi} 为空白试样中元素的质量浓度，mg/L；v 为消解后试样的定容体积，mL；m 为土壤样品的称样量，g；w_{dm} 为土壤样品的干物质含量，％。

（2）石墨炉原子吸收分光光度法

当土壤中的铅、镉含量很低时，可以参考《土壤质量 铅、镉的测定 石墨炉原子吸收分光光度法》(GB/T 17141—1997) 测定镉和铅含量。其分析原理是：将试液注入石墨炉中，经过预先设定的干燥、灰化、原子化等升温程序使共存基体成分蒸发除去，同时在原子化阶段的高温下铅、镉化合物离解为基态原子蒸气，并对空心阴极灯发射的特征谱线产生选择性吸收。在选择的最佳测定条件下，通过背景扣除，测定试液中铅、镉的吸光度。

标准曲线的测定：准确移取铅、镉混合标准使用液（铅 250g/L，镉 50g/L）0.00mL、0.50mL、1.00mL、2.00mL、3.00mL、5.00mL 于 25mL 容量瓶中，加入 3.0mL 磷酸氢二铵溶液（质量分数为 5%），用硝酸溶液（体积分数为 0.2%）定容。该标准溶液含铅 0μg/L、5.0μg/L、10.0μg/L、20.0μg/L、30.0μg/L、50.0μg/L，含镉 0.0μg/L、1.0μg/L、2.0μg/L、4.0μg/L、6.0μg/L、10.0μg/L。按仪器操作条件由低到高浓度顺序测定标准溶液的吸光度。用减去空白的吸光度与相对应的元素含量（μg/L）分别绘制铅、镉的校准曲线。

空白和试样的测定：按照与标准曲线的建立的相同仪器条件进行空白和试样的测定。土壤中铅、镉的质量分数 w_i（mg/kg）按照公式(2-7) 进行计算：

$$w = \frac{c \times V}{m \times w_{dm}} \times 10^{-3} \tag{2-7}$$

式中，w 为土壤中铅或镉元素的质量分数，mg/kg；c 为试液的吸光度减去空白试液的吸光度，在校准曲线上查得铅、镉的含量，μg/L；V 为消解后试样的定容体积，mL；m 为土壤样品的称样量，g；w_{dm} 为土壤样品的干物质含量，%。

（3）KI-MIBK 萃取火焰原子吸收分光光度法

土壤中的铅、镉含量还可以采用《土壤质量 铅、镉的测定 KI-MIBK 萃取火焰原子吸收分光光度法》(GB/T 17140—1997) 进行测定。方法原理是：在约 1% 的盐酸介质中，加入适量的 KI，试液中的 Pb^{2+}、Cd^{2+} 与 I^- 形成稳定的离子缔合物，可被甲基异丁基甲酮（MIBK）萃取。将有机相喷入火焰，在火焰的高温下，铅、镉化合物离解为基态原子，该基态原子蒸气对相应的空心阴极灯发射的特征谱线产生选择性吸收。在选择的最佳测定条件下，测定铅、镉的吸光度。当盐酸浓度为 1%～2%、碘化钾浓度为 0.1mol/L 时，甲基异丁基甲酮（MIBK）对铅、镉的萃取率分别是 99.4% 和 99.3% 以上。在浓缩试样中铅、镉的同时，还达到与大量共存成分铁铝及碱金属、碱土金属分离的目的。

样品的萃取：在分液漏斗中，加入 2.0mL 抗坏血酸溶液（质量分数为 3%），2.5mL 碘化钾溶液（2mol/L），摇匀。然后，准确加入 5.00mL 甲基异丁基甲酮（在分液漏斗中放入和 MIBK 等体积的水，振摇 1min，静置分层约 3min 后弃去水相，取上层 MIBK 相使用），振摇 1～2min，静置分层。取有机相备测。由于 MIBK 的密度比水小，分层后可直接喷入火焰，不一定必须与水相分离。因此，在实际操作中可以用 50mL 比色管替代分液漏斗。

试样的测定：按照仪器使用说明书调节仪器至最佳工作条件，测定有机相试液（MIBK）的吸光度。

空白试验：用去离子水代替试样，采用和土壤样品消煮相同的步骤和试剂，制备全程序空白溶液，并按标准曲线制作的步骤进行测定。每批样品至少制备 2 个以上的空白溶液。

标准曲线的绘制：在 100mL 分液漏斗中加入铅、镉混合标准使用液（铅 5mg/L，镉 0.25mg/L）（表 2-16），其浓度范围应包括试样中铅、镉的浓度。然后加入 1mL 盐酸溶液（体积分数为 50%），加水至 50mL 左右。以下操作同试样的分析，由低到高浓度顺次测定标准溶液的吸光度。

用减去空白的吸光度与相对应的元素含量（mg/L）绘制校准曲线。

表 2-16　镉、铅校准曲线溶液浓度

混合标准溶液体积/mL	0.00	0.50	1.00	2.00	3.00	5.00
MIBK 中 Pb 的浓度/(mg/L)	0	0.50	1.00	2.00	3.00	5.00
MIBK 中 Cd 的浓度/(mg/L)	0	0.025	0.05	0.10	0.15	0.25

结果的计算与表示：土壤样品中铅、镉的含量 $w[\text{Pb(Cd)}，\text{mg/kg}]$ 按公式(2-8) 计算。

$$w = \frac{c \times V}{m(1-f)} \tag{2-8}$$

式中，w 为土壤样品中金属元素的含量，mg/kg；c 为试液的吸光度减去空白试验的吸光度，然后在校准曲线上查得铅、镉的含量，mg/L；V 为试液（有机相）的体积，mL；m 为称取试样的质量，g；f 为土壤试样的水分含量。

（4）电感耦合等离子法（ICP 法）

根据《土壤和沉积物 12 种金属元素的测定　王水提取-电感耦合等离子体质谱法》（HJ 803—2016），ICP 法测定土壤中的镉、铜、锌、铅、镍、铬的总量的原理是：土壤经酸消解后，试样中的镉、铜、锌、铅、镍、铬全部进入试液中。试样由载气带入雾化系统进行雾化后，目标元素以气溶胶形式进入等离子体的轴向通道，在高温和惰性气体中被充分蒸发、解离、原子化和电离，转化成带电荷的正离子经离子采集系统进入质谱仪，质谱仪根据离子的质荷比进行分离并定性、定量分析。在一定浓度范围内，离子的质荷比所对应的响应值与其浓度成正比。

仪器的调谐：点燃等离子体后，仪器预热稳定 30min。用质谱仪调谐液（宜选用含有 Li、Y、Be、Mg、Co、In、Tl、Pb 和 Bi 元素的溶液为质谱仪的调谐溶液，$\rho=10.0\mu\text{g/L}$。可直接购买有证标准溶液配制）首先对仪器的灵敏度、氧化物和双电荷进行调谐，在仪器的灵敏度、氧化物和双电荷满足要求的条件下，质谱仪给出的调谐液中所含元素信号强度的相对标准偏差应≤5%。在涵盖待测元素的质量范围内进行质量校正和分辨率校验，如质量校正结果与真实值的差值超过±0.1u 或调谐元素信号的分辨率在 10% 峰高处所对应的峰高超过 0.6～0.8u 的范围，应按照仪器使用说明书对质谱仪进行校正。

标准曲线的绘制：分别取一定体积的多元素标准使用液（$\rho=1.00\text{mg/L}$）和内标标准贮备液（宜选用 [6]Li、[45]Sc、[74]Ge、[89]Y、[103]Rh、[115]In、[185]Re、[209]Bi 为内标元素，$\rho=10.00\text{mg/L}$。可直接购买有证标准溶液配制，介质为 2% 硝酸溶液）于容量瓶中，用 2% 硝酸溶液进行稀释，配制成金属元素的校准系列（表 2-17）。

表 2-17　标准系列溶液质量浓度　　　　　　　　　单位：μg/L

元素	C_0	C_1	C_2	C_3	C_4	C_5
镉	0	0.2	0.4	0.6	0.8	1.0
铜	0	25.0	50.0	75.0	100	150
铬	0	25.0	50.0	100	150	200
镍	0	10.0	20.0	50.0	80.0	100
铅	0	20.0	40.0	60.0	80.0	100
锌	0	20.0	40.0	80.0	160	320

内标标准溶液应在样品雾化之前通过蠕动泵在线加入，所选内标的浓度应远高于样品自身所含内标元素的浓度，常用的内标的浓度范围为 $100\mu g/L$。用 ICP-MS 进行测定，以各元素的浓度为横坐标，以响应值和内标响应值的比值为纵坐标，建立校准曲线。校准曲线的浓度范围可根据测量需要进行调整。

试样的测定：每个试样测定前，先用 5% 硝酸溶液冲洗系统直至信号降至最低，待分析信号稳定后开始测定。按照与建立标准曲线相同的仪器参考条件和操作步骤进行试样的测定。若试样中待测目标元素浓度超出标准曲线范围，须经稀释后重新测定，稀释液使用 2% 硝酸溶液，稀释倍数为 f。

实验室空白试样的测定：按照与试样的测定相同的仪器参考条件和操作步骤测定实验室空白试样。

结果计算：土壤样品中各金属元素的含量 ω_1（mg/kg），按照公式(2-9)进行计算。

$$\omega_1 = \frac{(\rho - \rho_0) \times V \times f}{m \times w_{dm}} \times 10^{-3} \tag{2-9}$$

式中，ω_1 为土壤样品中金属元素的含量，mg/kg；ρ 为由标准曲线计算所得试样中金属元素的质量浓度，$\mu g/L$；ρ_0 为实验室空白试样中对应金属元素的质量浓度，$\mu g/L$；V 为消解后试样的定容体积，mL；f 为试样的稀释倍数；m 为称取过筛后土壤样品的质量，g；w_{dm} 为土壤样品干物质的含量，%。

测定结果小数位数的保留与方法检出限一致，最多保留三位有效数字。

2.7.6　土壤汞和砷的总量分析

可以参考《土壤和沉积物　汞、砷、硒、铋、锑的测定　微波消解/原子荧光法》(HJ 680—2013) 和《土壤和沉积物　总汞的测定　催化热解-冷原子吸收分光光度法》(HJ 923—2017) 测定土壤中汞和砷的总量。

2.7.6.1　微波消解-原子荧光法测定总汞和总砷

（1）土壤微波消解

称取风干、过筛的样品 0.1～0.5g（精确至 0.0001g。样品中元素含量低时，可将样品称取量提高至 1.0g）置于溶样杯中，用少量实验用水润湿。在通风橱中，先加入 6mL 盐酸，再慢慢加入 2mL 硝酸，混匀使样品与消解液充分接触。若有剧烈化学反应，待反应结束后再将溶样杯置于消解罐中密封。将消解罐装入消解罐支架后放入微波消解仪的炉腔中，确认主控消解罐上的温度传感器及压力传感器均已与系统连接好。按照表 2-18 推荐的升温程序进行微波消解，程序结束后冷却。待罐内温度降至室温后在通风橱中取出，缓慢泄压放气，打开消解罐盖。

表 2-18　微波消解升温程序

步骤	升温时间/min	目标温度/℃	保持时间/min
1	5	100	2
2	5	150	3
3	5	180	25

把玻璃小漏斗插入 50mL 容量瓶的瓶口，用慢速定量滤纸过滤消解溶液，实验用水洗涤溶样杯及沉淀，将所有洗涤液并入容量瓶中，最后用实验用水定容至标线，混匀。

（2）试样的制备

分取 10.0mL 消煮试液置于 50mL 容量瓶中，按照表 2-19 加入盐酸、硫脲和抗坏血酸混合溶液（称取硫脲、抗坏血酸各 10g，用 100mL 实验用水溶解，混匀，使用当日配制），混匀。室温放置 30min，用实验用水定容至标线，混匀。

表 2-19　定容 50mL 时试剂加入量　　　　　　　　　　　　单位：mL

名称	汞	砷
盐酸	2.5	5.0
硫脲和抗坏血酸混合溶液	—	10.0

注：室温低于 15℃时，置于 30℃水浴中保温 20min。

原子荧光光度计的调试：原子荧光光度计开机预热，按照仪器使用说明书设定灯电流、负高压、载气流量、屏蔽气流量等工作参数，参考条件见表 2-20。

表 2-20　原子荧光光度计的工作参数

元素	灯电流/mA	负高压/V	原子化器温度/℃	载气流量/(mL/min)	屏蔽气流量/(mL/min)	灵敏线波长/nm
汞	15~40	230~300	200	400	800~1000	253.7
砷	40~80	230~300	200	300~400	800	193.7

（3）汞校准曲线的绘制

以硼氢化钾溶液（称取 0.5g 氢氧化钾放入盛有 100mL 实验用水的烧杯中，玻璃棒搅拌，待完全溶解后再加入称好的 1.0g 硼氢化钾，搅拌溶解。此溶液当日配制）为还原剂、5＋95 盐酸溶液（移取 25mL 盐酸，用实验用水稀释至 500mL）为载流，由低浓度到高浓度顺次测定校准系列标准溶液（表 2-21）的原子荧光强度。用扣除零浓度空白的校准系列原子荧光强度为纵坐标，溶液中相对应的汞浓度（μg/L）为横坐标，绘制校准曲线。

表 2-21　汞和砷校准系列溶液的浓度

元素	标准系列/(μg/L)						
汞	0.00	0.10	0.20	0.40	0.60	0.80	1.00
砷	0.00	1.00	2.00	4.00	6.00	8.00	10.00

（4）砷校准曲线的绘制

以硼氢化钾溶液（称取 0.5g 氢氧化钾放入盛有 100mL 实验用水的烧杯中，玻璃棒搅拌，待完全溶解后再加入称好的 2.0g 硼氢化钾，搅拌溶解。此溶液当日配制）为还原剂、5＋95 盐酸溶液（移取 25mL 盐酸，用实验用水稀释至 500mL）为载流，由低浓度到高浓度顺次测定校准系列标准溶液（表 2-21）的原子荧光强度。用扣除零浓度空白的校准系列原子荧光强度为纵坐标，溶液中相对应的砷浓度（μg/L）为横坐标，绘制校准曲线。

（5）样品的测定

将制备好的试样导入原子荧光光度计中，按照与绘制校准曲线相同的仪器工作条件进行测定。如果被测元素浓度超过校准曲线浓度范围，应稀释后重新进行测定。

（6）空白实验

不加土壤样品，其他步骤同土壤样品的消解和测定。

（7）结果计算

土壤中汞、砷元素的含量 ω_1（mg/kg）按照公式（2-10）进行计算：

$$\omega_1 = \frac{(\rho - \rho_0) \times V_0 \times V_2}{m \times w_{dm} \times V_1} \times 10^{-3} \tag{2-10}$$

式中，ω_1 为土壤中元素的含量，mg/kg；ρ 为由校准曲线查得测定试液中元素的浓度，$\mu g/L$；ρ_0 为空白溶液中元素的测定浓度，$\mu g/L$；V_0 为微波消解后试液的定容体积，mL；V_1 为分取试液的体积，mL；V_2 为分取后测定试液的定容体积，mL；m 为称取样品的质量，g；w_{dm} 为土壤样品的干物质含量，%。

（8）质量保证和质量控制

每批样品至少测定 2 个全程空白，空白样品需使用和样品完全一致的消解程序，测定结果应低于方法测定下限。根据批量大小，每批样品需测定 1～2 个含目标元素的标准物质，测定结果必须在可以控制的范围内。在每批次（小于 10 个）或每 10 个样品中，应至少做 10% 样品的重复消解。若样品消解过程产生压力过大造成泄压而破坏其密闭系统，则此样品数据不应采用。校准曲线的相关系数应不小于 0.999。

（9）注意事项

硝酸和盐酸具有强腐蚀性，样品消解过程应在通风橱内进行，实验人员应注意佩戴防护器具。实验所用的玻璃器皿均需用（1+1）硝酸溶液浸泡 24 小时后，依次用自来水、实验用水洗净。

消解罐的日常清洗和维护步骤：先进行一次空白消解（加入 6mL 盐酸，再慢慢加入 2mL 硝酸，混匀，以去除内衬管和密封盖上的残留；用水和软刷仔细清洗内衬管和压力套管；将内衬管和陶瓷外套管放入烘箱，在 200～250℃ 温度下烘烤至少 4 小时，然后在室温下自然冷却）。

2.7.6.2 催化热解-冷原子吸收分光光度法测定总汞

（1）方法原理

样品导入燃烧催化炉后，经干燥、热分解及催化反应，各形态汞被还原成单质汞，单质汞进入齐化管生成金汞齐，齐化管快速升温将金汞齐中的汞以蒸气形式释放出来，汞蒸气被载气带入冷原子吸收分光光度计，汞蒸气对 253.7nm 特征谱线产生吸收，在一定浓度范围内，吸收强度与汞的浓度成正比（图 2-8）。

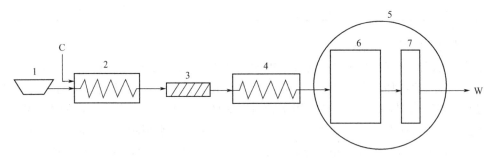

图 2-8　催化热解-冷原子吸收分光光度法测定总汞的工作流程图

1—样品舟；2—燃烧催化炉；3—齐化管；4—解吸炉；5—冷原子吸收分光光度计；

6—低浓度检测池；7—高浓度检测池；C—载气；W—废气

（2）配制低浓度汞标准系列溶液

分别移取 $0\mu L$、$50.0\mu L$、$100\mu L$、$200\mu L$、$300\mu L$、$400\mu L$ 和 $500\mu L$ 汞标准使用液

（10.0mg/L），用固定液（将 0.5g 优级纯重铬酸钾溶于 950mL 蒸馏水中，再加 50mL 优级纯浓硝酸，混匀）定容至 10mL，配制成当进样量为 $100\mu L$ 时汞含量分别为 0ng、5.0ng、10.0ng、20.0ng、30.0ng、40.0ng 和 50.0ng 的标准系列溶液。

（3）配制高浓度汞标准系列溶液

分别移取 0mL、0.50mL、1.00mL、2.00mL、3.00mL、4.00mL、6.00mL 汞标准使用液（10.0mg/L），用固定液定容至 10mL，配制成当进样量为 $100\mu L$ 时，汞含量分别为 0ng、50.0ng、100ng、200ng、300ng、400ng 和 600ng 的标准系列溶液。

（4）标准曲线的建立

分别移取 $100\mu L$ 低浓度标准系列溶液或高浓度标准系列溶液置于样品舟中，按照仪器参考条件依次进行标准系列溶液的测定，记录吸光度值。以各标准系列溶液的汞含量为横坐标，以其对应的吸光度值为纵坐标，分别建立低浓度或高浓度标准曲线。根据实际样品浓度可选择建立不同浓度的标准曲线。

（5）试样的测定

称取 0.1g（精确到 0.0001g）土壤样品于样品舟中，按照与标准曲线建立的相同的仪器条件进行样品的测定。取样量可根据样品浓度适当调整，推荐取样量为 0.1～0.5g。

（6）空白试验

用石英砂（75～150μm，置于马弗炉 850℃灼烧 2h，冷却后装入具塞磨口玻璃瓶中密封保存）代替土壤样品，按照与样品测定相同的测定步骤进行空白试验。

（7）结果计算

土壤样品中总汞的含量 ω_1（Hg，$\mu g/kg$）按公式(2-11)进行计算：

$$\omega_1 = \frac{m_1}{m \times w_{dm}} \qquad (2\text{-}11)$$

式中，ω_1 为样品中总汞的含量，$\mu g/kg$；m_1 为由标准曲线所得样品中的总汞含量，ng；m 为称取样品的质量，g；w_{dm} 为样品干物质含量，%。

当测定结果小于 $10.0\mu g/kg$ 时，结果保留小数点后一位；当测定结果大于等于 $10.0\mu g/kg$ 时，结果保留三位有效数字。

（8）质量保证和质量控制

每次实验前需对所用的全部样品舟进行空白测定，样品舟的空白值应低于方法检出限，否则，将样品舟置于马弗炉中，于 850℃灼烧 2h 后，再次测定空白值，直至样品舟空白低于方法检出限。

每 20 个样品或每批次（少于 20 个样品/批）须做一个空白实验，测定结果中总汞的含量不应超过方法检出限。

标准曲线应至少包含 5 个非零浓度点，相关系数 $r \geqslant 0.995$。每次开机后，按照与标准曲线建立的相同的仪器条件，测定标准曲线浓度范围内的 1 个有证标准样品的汞含量，测量值应在证书标准值范围内。否则，应重新建立标准曲线。

每 20 个样品或每批次（少于 20 个样品/批）应分析一个平行样，平行样品测定结果的相对偏差应≤25%。

（9）注意事项

应避免在汞污染的环境中操作。分析高浓度样品（≥400ng）之后，汞会在系统中产生残留，须用 5%硝酸作为样品分析，当其分析结果低于检出限时，再进行下一个样品分析。

实验过程中仪器排放的含汞废气可使用碘溶液、硫酸、二氧化锰溶液或5%的高锰酸钾溶液吸收，须及时更换吸收液。

2.7.6.3 王水提取-ICP法测定土壤总砷

土壤中的总砷含量还可以采用王水提取-ICP法测定。根据《土壤和沉积物 12种金属元素的测定 王水提取-电感耦合等离子体质谱法》(HJ 803—2016)，具体操作步骤同上述土壤中镉、铅等元素的测定。

2.7.7 土壤重金属的赋存形态分析

2.7.7.1 土壤重金属赋存形态的概念

广义上讲，土壤重金属形态是指土壤中重金属存在的价态、化合物或矿物的类型，即重金属元素在土壤环境中以某些离子或分子状态存在的实际形式。例如，土壤中镉的存在形态大致分为水溶性镉和非水溶性镉，其中水溶性镉常以简单离子或简单配离子的形式存在。如Cd^{2+}、$CdCl^+$、$CdSO_4$，石灰性土壤中还有$CdHCO_3^+$，其他形态如$CdNO_3^+$、$CdOH^+$、$CdHPO_4$及镉的有机配合物等则很少；非水溶性镉主要为CdS、$CdCO_3$及胶体吸附态镉等。表2-22列出了土壤中主要金属元素的化学形态与特征。然而，直接分析土壤中各种重金属的具体化合物形态是非常困难的。

表2-22 土壤中主要金属元素的化学形态与性质（引自宁东峰，2016）

重金属	形态特征
铅(Pb)	Pb有Pb^0与Pb^{2+} 2种价态，Pb^{2+}是最常见和活跃的形态。Pb^{2+}与无机离子(Cl^-、CO_3^{2-}、SO_4^{2-}、PO_4^{3-})或腐殖酸、富里酸、EDTA、氨基酸结合生成溶解性低的化合物
铬(Cr)	Cr在土壤中有Cr^0、Cr^{3+}、Cr^{6+} 3种价态。Cr^{6+}的毒性和移动性最强，主要以铬酸盐(CrO_4^{2-})和重铬酸盐($Cr_2O_7^{2-}$)的形态存在。Cr^{6+}在环境中可以被有机质、S^{2-}、Fe^{2+}等还原为毒性和移动性弱的Cr^{3+}。Cr^{6+}淋洗浓度随着pH的升高而增加
镉(Cd)	Cd有Cd^0与Cd^{2+} 2种价态。环境pH对Cd的活性有很大影响，在酸性条件下(pH 4.5~5.5)，土壤中Cd^{2+}的活性较高；在高土壤pH条件下，Cd^{2+}与OH^-、CO_3^{2-}形成沉淀。Cd^{2+}也可与PO_4^{3-}、$Cr_2O_7^{2-}$、AsO_4^{3-}、S^{2-}形成沉淀
铜(Cu)	Cu有0、+1、+2等3种价态，以二价态的毒性最强。Cu^{2+}的活性对pH的依赖很大，提高土壤pH其活性极低，碳酸盐、磷酸盐及黏土矿物可通过吸附作用调节Cu^{2+}的活性
锌(Zn)	Zn有0、+2等2种价态。在环境中，Zn^{2+}可与OH^-、CO_3^{2-}、SO_4^{2-}、PO_4^{3-}等阴离子结合生成沉淀，也可以与有机酸结合为络合物。在还原条件下，Zn与Fe/Mn等水合氧化物生成共沉淀
砷(As)	As有-3、0、$+3$、$+5$等4种价态。有氧条件下，通常以As(V)(AsO_4^{3-})形态存在，在酸性条件下，与铁氢氧化物以共沉淀或吸附的形式结合。在还原条件下，主要以As(Ⅲ)(AsO_3^{3-})形态存在，移动性与毒性较强
汞(Hg)	Hg有0、+1、+2等3种价态。Hg^{2+}和Hg_2^{2+}在氧化条件下比较稳定。随着pH增加，土壤对汞离子的吸附增强。在一定的Eh和pH条件下可发生甲基化

狭义上的重金属形态是指用不同的化学提取剂对土壤中重金属进行连续浸提，并根据所使用浸提剂对重金属形态进行分析，即操作定义上的重金属形态。目前，Tessier连续提取法和欧共体标准物质局BCR法是最常用的多级连续提取法。连续提取法中各级提取步骤得到的结果与重金属所结合的某一特定化学组分（如碳酸盐、氢氧化铁、氢氧化锰）或重金属的赋存方式（如溶解态、交换态、吸附态）密切相关，根据此固相形态的含量或比例可推测

重金属在环境中的迁移性和生物有效性。但这只是操作上的定义，化学提取剂缺乏选择性，各形态之间存在一定程度的重叠，提取过程中存在重金属的再吸附与再分配问题，而且缺乏对重金属在环境中动态变化的研究。因此，这种方法无法表示重金属在土壤中的真实化学形态。

2.7.7.2　Tessier 连续提取法

1979 年，Tessier 等提出了基于沉积物中重金属形态分析的五步连续提取法。该方法将金属元素按提取顺序分为五种形态：可交换态、碳酸盐结合态、铁锰氧化物结合态、有机物结合态和残渣态。可交换态是指交换吸附在土壤黏土矿物、腐殖质及其他成分上的重金属，其对环境变化敏感，移动性和生物有效性高，易被作物吸收，因此会对作物和食物链产生巨大影响。碳酸盐结合态是指与土壤中碳酸盐沉淀结合的重金属，其对土壤环境变化（尤其是 pH）敏感。当土壤 pH 降低时，碳酸盐结合态重金属很容易释放出来，其生物有效性和移动性显著增加；相反，土壤 pH 升高有利于碳酸盐结合态的形成。铁锰氧化物结合态是指被土壤中氧化铁锰或黏粒矿物的专性交换位置所吸附的部分，不能用中性盐溶液交换，只能被亲和力相似或更强的金属离子置换。土壤 pH 和氧化还原电位变化对铁锰氧化物结合态有显著影响，当 pH 和氧化还原电位较高时，有利于铁锰氧化物结合态的形成。有机物结合态是指与土壤中各种有机质（动植物残体、腐殖质等）及矿物颗粒的包裹层结合的重金属。残渣态金属一般存在于硅酸盐、原生和次生矿物等土壤晶格中，是自然地质风化过程的结果，在正常情况下很难释放且不易被植物吸收，能长期稳定存在。

Tessier 连续提取法的具体操作步骤如下。

可交换态：准确称取 1.0000g（精确到 0.0001g）风干土壤样品（100 目），放入 50mL 塑料离心管中，加入 8mL 1mol/L 的 $MgCl \cdot 6H_2O$，室温条件下 200r/min 振荡 1h 后，4000r/min 下离心 10min，小心移出上清液，定容到 10mL，采用 AAS 或 ICP 法测定重金属浓度。

碳酸盐结合态：用 5mL 去离子水洗涤上一步的残渣，离心，弃去上清液，加入 8mL 1mol/L 的乙酸钠溶液（pH 5.0），200r/min 下振荡 8h，4000r/min 下离心 10min，小心移出上清液，定容到 10mL，采用 AAS 或 ICP 法测定重金属浓度。

铁锰氧化物结合态：用 5mL 去离子水洗涤上一步的残渣，离心，弃去上清液，加入 20mL 0.04mol/L 的盐酸羟胺（$NH_2OH \cdot HCl$）的 25%（体积分数）的乙酸溶液中，恒温（90℃±3℃）间歇振荡 4h，取出冷却，4000r/min 下离心 10min，小心移出上清液，定容到 10mL，采用 AAS 或 ICP 法测定重金属浓度。

有机物结合态：用 5mL 去离子水洗涤上一步的残渣，离心，弃去上清液，加入 3mL 0.02mol/L 硝酸和 5mL 30%（体积分数）过氧化氢，将混合物加热到 85℃±2℃，保温 2h，加热过程中间歇振荡几次；再加入 5mL 过氧化氢将 pH 调至 2，将混合物在 85℃±2℃ 加热 3h，并间断振荡。冷却后，加入 5mL 3.2mol/L 的乙酸铵，用 20%（体积分数）硝酸溶液稀释至 10mL，振荡 30min，在 4000r/min 下离心 10min，小心移出上清液，定容到 10mL，采用 AAS 或 ICP 法测定重金属浓度。

残留态：用 5mL 去离子水洗涤上一步的残渣，离心，弃去上清液，加入硝酸-盐酸-氢氟酸进行消煮（体积比为 3∶1∶1），共 18mL，消煮完进行赶酸，赶酸至 1mL，将消煮液移入 25mL 容量瓶定容，采用 AAS 或 ICP 法测定重金属浓度。

2.7.7.3　BCR 连续提取法

1987 年，欧共体标准局提出了 BCR 三步连续提取法，通过了国际实验室的验证工作，最终得到了一份正式的分析流程标准和用于质量控制的参考标准样品。Rauret（2009）对四步 BCR 连续提取法进行了适当改进，即在提取第二个形态时，所用提取剂 $NH_2OH \cdot HCl$ 的浓度从 0.1mol/L 增加到 0.5mol/L，并把酸度调节到 pH=1.5，该法被称为修正的 BCR 法。修正后的 BCR 方法将金属元素按提取顺序分为四种形态：酸可溶态、可还原态、可氧化态和残渣态，重现性得到明显改善，尤其是针对金属元素 Cd、Cu、Pb，且较原方案能更好地减少基体效应，适应更大范围土壤、沉积物的分析。

改进的 BCR 连续提取法的操作步骤如下。

酸可溶态：用精确度 0.0001g 的分析天平准确称取 1.0000g 风干土壤样品（100 目），放入 50mL 泡酸清洗过的离心管中，加入 10mL 0.11mol/L 的 CH_3COOH 溶液，恒温（22℃±5℃）（300±10）r/min 振荡 16h，静置 3～5min，轻摇离心管使管壁的所有样品均进入溶液中，然后以 4000r/min 的转速离心 15min。将上清液移入 25mL 泡酸清洗过的聚乙烯瓶中，于 4℃条件下保存、待测。采用 AAS 或 ICP 法测定重金属浓度。

可还原态：用 10mL 去离子水洗涤上一步残渣，振荡 15min，静置 3～5min，轻摇离心管使管壁的所有样品均进入溶液中，以 4000r/min 的转速离心 15min，小心弃去上清液。加入现配的 10mL 0.5mol/L 的盐酸羟胺溶液（该溶液要现配现用，2mol/L HNO_3 酸化，pH 1.5），22℃±5℃下振荡 16h，静置 3～5min 后轻摇离心管使管壁的所有样品均进入溶液中，然后以 4000r/min 的转速离心 15min。将上清液移入 50mL 泡酸清洗过的聚乙烯瓶中，于 4℃条件下保存、待测。采用 AAS 或 ICP 法测定重金属浓度。

可氧化态：用 10mL 去离子水洗涤上一步残渣，振荡 15min，静置 3～5min 后轻摇离心管使管壁的所有样品均进入溶液中，以 4000r/min 的转速离心 15min，小心弃去上清液。残渣中加入 5mL 8.8mol/L 的双氧水原液（pH 值 2～3），盖上盖子但不要拧紧，利用振荡器间歇 5min 摇动离心管，在室温下消化 1h，然后将其移至水浴锅中，于 85℃±2℃下消化 1h（前半小时要间歇性地进行手摇振荡以防止样品溢出），打开离心管盖，继续在 85℃±2℃下加热至管内溶液剩余 3mL 以下。再加入 5mL 双氧水原液，在 85℃±2℃下继续加热至溶液近干（1mL 以下）。待离心管冷却后，加入 5mL 1mol/L 乙酸铵溶液（浓 HNO_3 酸化 pH 2.0），22℃±5℃下振荡 16h，静置 3～5min 后，轻摇离心管使管壁的所有样品均进入溶液中，然后以 4000r/min 的转速离心 15min，将上清液定容至 10mL，转入泡酸清洗过的聚乙烯瓶中 4℃条件下保存、待测。采用 AAS 或 ICP 法测定重金属浓度。

残渣态：用 10mL 去离子水洗涤上一步残渣，振荡 15min，静置 3～5min 后轻摇离心管使管壁的所有样品均进入溶液中，以 4000r/min 的转速离心 15min，小心弃去上清液。借助旋涡振荡仪用 6mL 浓 HNO_3 分两次（每次 3mL）洗出离心管中剩余的样品到聚四氟乙烯消煮管，再先后用 2mL HF 和 3mL HCl 将离心管剩余残渣洗涤后转移至消煮管中，用微波消解仪对土壤进行消解后，赶酸至消煮管中剩余液体体积如黄豆大小，然后借助旋涡振荡仪用 1% HNO_3 洗涤消煮管，液体转移至聚乙烯瓶定容到 25mL。采用 AAS 或 ICP 法测定重金属浓度。

2.7.8　土壤重金属生物有效性的测定

土壤中的有效态重金属并非某一特定的形态，它因土壤 pH 值、有机质含量、粒径组成、植物种类、重金属来源等不同而有所差异，因此准确提取和测定土壤中重金属有效态含量对评价重金属生物有效性具有重要意义。目前，物理化学法和生物学评价法是两类主要评价方法，前者主要包括化学提取法、自由离子活度法（道南膜技术法），后者主要有植物指示法、微生物学评价法等。然而，各种方法间往往相互独立，尚未形成被研究者一致接受的方法。

2.7.8.1 化学提取法

化学提取法是目前使用最广泛的评价重金属生物有效性的方法。它的原理是根据不同形态重金属生物有效性的差异，采用不同的化学试剂或其组合将土壤中不同形态的重金属提取出来。但是，提取的特定形态重金属含量并不等同于其生物有效性，它和生物有效性的相关性要通过统计分析来衡量。该法的核心是提取剂的选择，不同提取剂的提取机制不同，对于不同土壤其提取效率也有一定的差异。因此，提取剂的选择不但要考虑提取率，更要评估和分析提取量与植物体吸收量之间的相关程度。过去 40 年，科学家在开发、优化、验证测定土壤中重金属生物有效性的方法上开展了大量的工作。众多研究表明，土壤可提取态重金属浓度与植物累积重金属浓度间存在良好的相关性。

目前，美国、日本和欧洲一些国家已接受一步提取法为重金属有效性评价的标准方法，采用提取剂包括 NH_4NO_3、$CaCl_2$、EDTA、DTPA、$NaNO_3$ 等（表 2-23）。我国农田土壤重金属有效态测定的标准方法主要有《土壤 8 种有效态元素的测定　二乙烯三胺五乙酸浸提-电感耦合等离子体发射光谱法》（HJ 804—2016）、《土壤有效态锌、锰、铁、铜含量的测定　二乙三胺五乙酸（DTPA）浸提法》（NY/T 890—2004）、《土壤　有效态铅和镉的测定　原子吸收法》（GB/T 23739—2009）。

表 2-23　一些欧洲国家的标准化提取方法（引自赵云杰等，2015）

国家	提取方法	目的
德国	1.0mol/L NH_4NO_3	确定可迁移的元素
法国	0.01mol/L Na_2-EDTA＋1.0mol/L CH_3COONH_4（pH＝7.0） 0.005mol/L DTPA＋0.1mol/L TEA＋0.01mol/L $CaCl_2$（pH＝7.2）	用于施肥目的,确定土壤中的有效态铜、锌、钼含量
意大利	0.02mol/L EDTA＋0.5mol/L CH_3COONH_4（pH＝4.6）	确定酸性土壤中的有效态铜、锌、铁、钼
荷兰	0.1mol/L $CaCl_2$	确定被污染的土壤中重金属的有效性和迁移能力
瑞士	0.1mol/L $NaNO_3$	确定溶解态的重金属(铜、锌、镉、铅、镍)及其生态毒性评估
英国	0.05mol/L EDTA(pH＝4.0)	确定有效态铜

（1）DTPA 浸提法

国际标准化组织（International Organization for Standardization，ISO）于 2001 年公布实施了标准《土壤质量　通过缓冲的 DTPA 溶解作用提取痕量元素》（*Soil Quality-extraction of Trace Elements by Buffered DTPA Solution*）（ISO 14870—2001），标准规定了用缓冲溶液二乙烯三胺五乙酸（DTPA）提取土壤样品中痕量元素的方法。该方法主要用于测定土壤中植物有效态铜、铁、锰和锌元素的含量，较适用于 pH＞6 的土壤。提取出的痕量元素可用火焰或电热原子吸收光谱法、电感耦合等离子体发射光谱法或其他相关技术测定。

我国在 2016 年颁布了《土壤　8 种有效态元素的测定　二乙烯三胺五乙酸浸提-电感耦合等离子体发射光谱法》(HJ 804—2016)。具体实验步骤如下。称取 10.0g（准确至 0.01g）风干土壤样品（20 目），置于 100mL 三角瓶。加入 20.0mL 浸提液（将 14.92g 三乙醇胺、1.967g 二乙烯三胺五乙酸、1.470g 二水合氯化钙完全溶解于约 800mL 去离子水，用 1∶1 盐酸溶液调整 pH 值为 7.3±0.2，定容至 1000mL），将瓶塞盖紧。在 20℃±2℃ 条件下，以 160～200r/min 的振荡频率振荡 2h。将浸提液缓慢倾入 50mL 离心管中，5000r/min 离心 10min，上清液经中速定量滤纸重力过滤。在 48h 内，采用 ICP 或 AAS 测定滤液中重金属镉、铅、铬、锌、铜、镍元素的浓度，采用原子荧光方法测定汞和砷的浓度。

（2）Mehlich-3 提取法

Mehlich-3 方法是由美国科学家 A. Mehlich 于 1982 年在一份备忘录《综合土壤测试方法》中提出的，1984 年在国际刊物上正式发表，现已广泛应用于美国的土壤测试中。研究表明，该法不仅适用于酸性和中性土壤元素的浸提，也适用于碱性和石灰性土壤元素的浸提（刘肃等，1995）。

Mehlich-3 通用浸提剂的成分包括：0.2mol/L CH_3COOH、0.25mol/L NH_4NO_3、0.015mol/L NH_4F、0.013mol/L HNO_3 和 0.001mol/L EDTA，pH 为 2.5±0.1。提取条件是土液比 1∶10，温度为 25℃，振荡 5min。浸提剂中乙酸根的存在主要是为了使提取剂对土壤酸碱性有较大的缓冲能力，NH_4^+ 和 H^+ 主要是为了浸提交换性 Ca、Mg、K、Na 等，浸提剂中加入 EDTA 主要是为了更有效地通过螯合作用提取微量元素。

Mehlich-3 浸提剂具有浸提溶液性质稳定，便于配置和长期贮存；浸提时间短；比较容易取得清亮的浸提液；一次可以浸提多种元素；用 ICP 或 AAS 测定各元素含量时不留"盐疤"，没有基质的影响；干扰因素也比较少等的优点。

（3）氯化钙提取法

2017 年 10 月 23 日，相关部门联合发布了《全国土壤污染状况详查土壤样品分析测试方法技术规定》(环办土壤函〔2017〕1625 号)，在该技术规定中明确了土壤有效态的检测方法为氯化钙提取-ICP/MS 和 AFS 法。

具体步骤如下：称取 10.0g（精确至 0.01g）土壤试样（20 目），置于 100mL 具塞离心管中，准确加入 100mL 氯化钙溶液（0.01mol/L）至离心管中，拧紧管塞，放置于振荡器中，在 20℃±2℃ 恒温室中以 25r/min 翻转振荡或 180 次/min 水平振荡提取 120min。在 1000g 或更高离心力下离心 10min。上清液经中速定量滤纸重力过滤。在 48h 内，采用 ICP 或 AAS 测定滤液中重金属镉、铅、铬、锌、铜、镍元素的浓度，采用原子荧光方法测定汞和砷的浓度。

2.7.8.2　道南膜技术（DMT 技术）

大多数情况下，土壤溶液中自由态重金属离子浓度是决定其生物有效性的关键因素。根据道南平衡原理，Fitch 等最早提出利用阳离子交换膜把供出（donor）端溶液和接受（acceptor）端溶液分开，来测定溶液体系中自由态重金属离子浓度的方法。但最初设计中的 acceptor 容积较小，到达平衡需时短，无法测定溶液 pH，也不足以用电感耦合等离子（ICP）方法同时测定多种元素。Minnich 和 Mcbride（1987）对该方法进行了改进，增大 acceptor 端溶液体积，从而能够测定 acceptor 端溶液的 pH 以及各种离子浓度，通过蠕动泵推动溶液在离子交换室中的循环，从而缩短由 acceptor 溶液体积增大而带来的平衡时间延长，并将此方法命名为瓦赫宁根道南膜技术（WDMT）。Weng 等（2001）将 donor 端与土柱相连，真正实现了 DMT 测定土壤溶液中自由态重金属离子浓度。

（1）技术原理

DMT 技术的核心为离子交换池，由供出液池、接受液池和阳离子交换膜组成，供出液和接受液利用阳离子交换膜分开（图 2-9）。实验初始时，阳离子交换膜与接受液中的背景溶液处于平衡状态，供出液与交换膜之间的阳离子浓度差将推动接受液与供出液中的阳离子进行交换。阳离子交换膜表面带负电荷，这样阴离子无法穿过交换膜。经过一段时间后，当交换膜两边的盐离子浓度达到平衡时两相中的重金属离子活度相等，达到的平衡称为道南平衡。这一方法能够用来测定复杂水溶液中的自由金属离子浓度。

（2）实验步骤

将 100g 风干土样装入土柱中，装样过程中应注意土壤分布均匀，避免出现分层，土柱底部垫有两层滤纸。如图 2-9 所示，容器 E 中装有 200mL $Ca(NO_3)_2$ 溶液，利用蠕动泵将 $Ca(NO_3)_2$ 溶液从土柱底部抽吸穿过土壤，之后从土柱顶部抽吸至交换室，最后流回至容器 E。容器 G 中装有 10mL $Ca(NO_3)_2$ 溶液，该容器通过蠕动泵与交换小室相连，同样利用蠕动泵抽吸 $Ca(NO_3)_2$ 溶液至交换小室，最后流回至容器 G。接受液和供出液使用的是相同浓度的 $Ca(NO_3)_2$ 溶液。

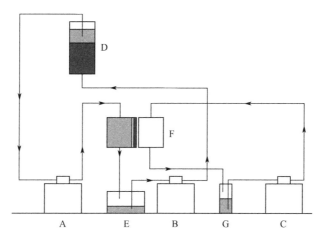

图 2-9　道南膜装置示意图（引自赵磊等，2005）

A—蠕动泵 1；B—蠕动泵 2；C—蠕动泵 3；D—土柱；E—供出液池；

F—交换小室，左为供出小室，右为接受小室；G—接受液池

在交换小室中装有一个阳离子交换膜以分开供出液和接受液。使用之前，膜要用 0.1mol/L HNO_3 和 0.002mol/L $Ca(NO_3)_2$ 浸泡振荡。

反应 24h、36h 和 48h 后，分别从供出液中取 10mL 样品，从接受液中取 5mL 样品。测定样品 pH 值。供出液样品用 0.45μm 滤膜过滤，用 TOC 仪测定溶解性有机碳浓度。剩余的供出液和接受液样品用硝酸酸化，用于测定各种金属离子浓度，其中利用 ICP-AES 测定金属元素 K、Ca、Na 和 Mg，利用 ICP-MS 测定重金属 Cd、Zn、Pb 和 Cu 等。

（3）自由态重金属浓度的计算

只有当供出液和接受液的盐浓度相等时，供出液和接受液中的自由阳离子浓度才会相等，但是保持供出液和接受液的离子强度相等很困难，需要在计算中校正由于离子强度差别带来的误差。根据 Davies 公式（2-12）：

$$\lg f_a = -AZ_j^2 \left[\frac{I^{\frac{1}{2}}}{1+I^{\frac{1}{2}}} - 0.3I \right] \tag{2-12}$$

式中，f_a 为活度系数；A 为常数，在 25℃时为 0.512；Z_j 为离子电荷数；I 为溶液离子强度。当溶液离子强度小于 0.01 时，强电解质的活度系数大致相同，而与所存在的盐类的本性无关，则公式(2-12) 可简化为公式(2-13)：

$$\lg f_{\pm} = -AZ^+Z^- \sqrt{I} \tag{2-13}$$

式中，$f_{\pm}$ 为平均活度系数；A 为常数，在 25℃时为 0.512；Z^+ 为阳离子电荷数；Z^- 为阴离子电荷数；I 为溶液离子强度。

土壤溶液的离子强度大约为 0.01，适用于土壤溶液。根据活度计算公式(2-14)：

$$\alpha_j = f_{\pm} c_j \tag{2-14}$$

式中，α_j 为离子活度；c_j 为自由离子浓度；$f_{\pm}$ 为平均活度系数。

当达到道南平衡时，供出液和接受液中同一金属离子活度相等，由式(2-14) 得知由于供出液和接受液离子强度的差别，供出液和接受液的平均活度系数不同，自由离子浓度不同。将式(2-14) 代入式(2-15) 得到式(2-16)：

$$\left(\frac{C_{i\,\mathrm{don}}}{C_{i\,\mathrm{acc}}} \right)^{1/Z_i} = \left(\frac{C_{j\,\mathrm{don}}}{C_{j\,\mathrm{acc}}} \right)^{1/Z_j} = \lambda \tag{2-15}$$

$$[C_{i\,\mathrm{don}}]^{1/Z_i} = \left[\frac{C_{i\,\mathrm{don}}}{C_{j\,\mathrm{acc}}} \right]^{1/Z_j} [C_{i\,\mathrm{acc}}]^{1/Z_i} \left(\frac{f_a}{f_d} \right)^{Z_i/Z_j} \tag{2-16}$$

式中，f_a 为接受液平均活度系数；f_d 为供出液平均活度系数；$C_{i\,\mathrm{don}}$ 为供出液中 i 阳离子自由浓度，mol/L；$C_{i\,\mathrm{acc}}$ 为接受液中 i 阳离子自由浓度，mol/L；$C_{j\,\mathrm{don}}$ 为供出液中 j 阳离子自由浓度，mol/L；$C_{j\,\mathrm{acc}}$ 为接受液中 j 阳离子自由浓度，mol/L；Z_i 为 i 阳离子的电荷数；Z_j 为 j 阳离子的电荷数；λ 为道南分配系数。

由式(2-16) 可知，接受液和供出液平均活度系数的比值等于两者离子强度比值的平方，在本实验中供出液是利用 0.002mol/L $Ca(NO_3)_2$ 提取的土壤溶液，接受液为 0.002mol/L $Ca(NO_3)_2$ 溶液，两者的离子强度很接近，因此在式(2-16) 中可忽略活度系数比值项。

如果溶液中存在一种络合能力很小的离子，其测定所得浓度即为自由态浓度，从而得到该离子在接受液和供出液中的自由离子浓度。利用式(2-16) 便可计算得到所有自由态金属离子浓度。K^+ 在土壤中广泛存在，并且络合能力很小，在土壤溶液中很少络合，几乎全部以自由态存在，这样 K^+ 在供出液和接受液中均以自由态存在，因此我们选用 K^+ 来校正离子强度。所用公式(2-17) 如下：

$$[M^{2+}]_d = [M^{2+}]_a \left(\frac{[K^+]_d}{[K^+]_a} \right)^2 \tag{2-17}$$

式中，$[M^{2+}]_d$ 为供出液中二价自由态金属离子浓度，$\mu g/L$；$[M^{2+}]_a$ 为接受液中二价自由态金属离子浓度，$\mu g/L$；$[K^+]_d$ 为供出液中钾离子浓度，mg/L；$[K^+]_a$ 为接受液中钾离子浓度，mg/L。

公式(2-17)可用于计算供出液中自由态重金属浓度。

（4）DMT 技术的优缺点

DMT 技术在测定土壤溶液中的重金属自由离子浓度时，对土壤溶液化学平衡干扰小，能够测定较广的浓度范围并能够同时测定多种自由离子浓度。此外，该方法的测定值与模型计算值吻合度较好，可以通过模型计算预测土壤中重金属的生物有效性。王瑜和董晓庆（2013）的研究发现，自由态 Cd 离子浓度与重金属结合（WinHumicV）模型计算的结果具有较高的一致性，且番茄的生物量及其对 Cd 的吸收量均与自由态 Cd 离子浓度有较好的相关性。

相对于其他方法，DMT 所需的平衡时间较长，能否通过提高循环速度来缩短平衡时间有待进一步研究。目前，该方法并不适用于含氧量通常较低的地下水体系及氧化还原敏感的变价重金属（如 Fe 等）形态研究，因此探索适用于不同含氧条件下重金属形态分析的DMT 装置值得关注（刘畅等，2019）。

2.7.8.3 薄膜扩散梯度技术

（1）技术原理

薄膜扩散梯度技术（diffusive gradients in thin-films technique，简称 DGT）是一种新型原位测量土壤和沉积物中重金属有效态的方法，由英国科学家 Davison 和张昊在 1994 年首次提出（Davison and Zhang，1994）。DGT 技术主要基于自由扩散原理（Fick 第一定律），通过定义扩散层的梯度扩散及其关联过程研究，获得目标离子在土壤、水体和沉积物等环境介质中的扩散通量、（生物）有效态含量和固-液交换动力学的信息。DGT 装置由固定层（即固定膜）和扩散层（扩散膜和滤膜）叠加组成，目标离子以扩散方式穿过扩散层，随即被固定膜捕获，并在扩散层形成线性梯度分布（图 2-10）。目标离子在 DGT 装置放置时间段的扩散通量（FDGT）可用公式(2-18)和公式(2-19)计算。

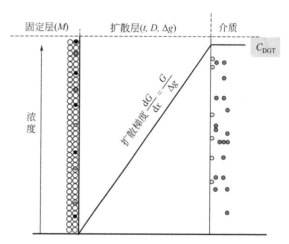

图 2-10　薄膜扩散梯度原理示意图
（引自李财等，2018）

$$F_{DGT} = \frac{M}{A \times t} \qquad (2\text{-}18)$$

$$F_{DGT} = \frac{D \times C_{DGT}}{\Delta g} \qquad (2\text{-}19)$$

式中，t 为 DGT 装置放置时间，min；M 为 DGT 装置放置时间段固定膜对目标离子的积累量，μg；A 为 DGT 装置暴露窗口面积，cm^2；Δg 表示扩散层厚度，cm；D 为目标离子在扩散层中的扩散系数，cm^2/s；C_{DGT} 为扩散层线性梯度靠近环境介质一端的浓度，mg/L。

将公式(2-18)和公式(2-19)结合，得到 C_{DGT} 的计算公式(2-20)：

$$C_{DGT} = \frac{M \times \Delta g}{D \times A \times t} \tag{2-20}$$

固定膜中目标离子积累量（M）一般采用溶剂提取的方法，根据公式（2-21）计算得到：

$$M = \frac{C_e \times (V_e + V_g)}{f_e} \tag{2-21}$$

式中，C_e 为提取液浓度，$\mu g/mL$；V_e 为提取剂体积，mL；V_g 为固定膜体积，土壤圆片一般记为 0.2mL，切片固定膜体积根据分辨率计算；f_e 为提取剂对固定膜上目标离子的提取率。

（2）实验步骤

DGT 在旱作土壤中的检测流程如图 2-11。

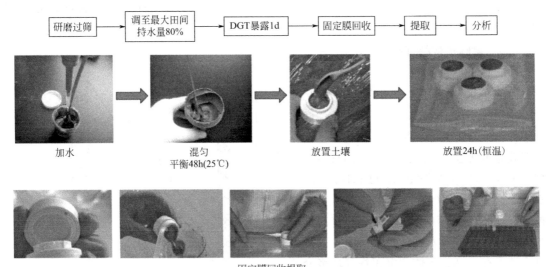

图 2-11　DGT 土壤检测流程图

土壤田间持水量的测定：供试土壤经风干或冷冻干燥过 2mm 尼龙筛，使用环刀法测定土壤的最大田间持水量。

土壤的预平衡：称取 10～30g 土样加入塑料容器中（每个装置检测需土壤 10g 左右，如同时收集土壤溶液，土壤样品量需适当加大），加入最大田间持水量 80% 的去离子水，使用电动搅拌器搅拌 3～5min，土壤表面可看到光滑平整的水膜，然后将保鲜膜覆盖在塑料容器的表面，防止水分蒸发，在恒温下（一般 25℃）放置平衡 48h。

土壤样品的放置：待土壤加水平衡后，用干净塑料勺取少量处理好的土壤（约 3g）放入 DGT 装置的内腔中，在桌面上轻轻抖动，使得土壤与 DGT 装置暴露面充分接触，继续添加土壤直至填满内腔。将装好的 DGT 装置转移到事先放有少量去离子水的自封袋中，袋口处于半封闭状态。

DGT 装置回收：DGT 装置在恒温条件下放置 24h 后，取出膜心（DGT Core），利用去离子水冲洗膜心表面，然后将膜心撬开，取出固定膜，直接放入离心管中提取，或者将固定膜放入自封袋中，并滴入少量去离子水密封后 4℃ 条件下保存待分析。

将固定膜放入 2mL 的离心管中（膜的沉淀面与提取液接触），加入 1.8mL 1.0mol/L 的

HNO_3 提取液，室温下静置提取 24h，离心，ICP-MS 测定上清液中金属离子的浓度。

按照公式(2-20) 和公式(2-21) 计算 DGT 浓度（C_{DGT}）。

（3）DGT 技术的优缺点

DGT 技术在测定重金属的生物有效性方面不一定比化学浸提法更精确，但仍有着不同于化学分析方法的优势：DGT 技术引入了一个动态概念，其所测定的有效态浓度不仅包括土壤溶液中重金属含量，还包括监测期间从土壤固相动态释放到土壤溶液中的重金属含量。由于植物根系对重金属的吸收，根际土壤溶液中的重金属浓度下降，从而促使土壤颗粒态重金属补充给土壤溶液。这个动态反应过程模拟了生物吸收重金属的过程，可用于研究重金属形态与重金属可被植物吸收程度的相关性。此外，DGT 技术是一项原位分析技术，操作简单，可以选择性地吸收检测特定形态的重金属，不仅能很好地预测土壤重金属的生物有效性，其测定结果还可以提供更多的关于土壤重金属的信息，包括获取重金属在土壤中从固相到液相释放的动力学过程，其测量值不易受土壤理化性质的影响。

DGT 技术目前还基本处于实验室研究阶段，并不是在所有条件下都能有效地预测重金属的生物有效性，这是因为 DGT 技术并不能完全包含生物生长过程中所受的各种影响因素，如植物根际区域的微生物、根部分泌物等方面的作用，而这些作用对植物吸收金属有着不容忽视的影响。

2.7.8.4 同位素稀释法

（1）实验原理

金属元素的同位素离子具有相同的物理、化学性质，当外源标记的同位素离子加入土壤悬浮液时，其与内源同位素离子一起参与土壤多相体系中的平衡反应，并在土壤溶液与土壤可交换固相间达到动态平衡，此时两相间的同位素比活度或丰度（放射性或稳定性同位素）趋于相同。利用同位素稀释原理，测定土壤溶液中同位素的比活度或丰度的变化，即可得到土壤可交换态金属的含量（包括土壤悬浮液中的离子、吸附态离子及土壤固相表面晶格边缘固定的离子），该物理量称为土壤重金属同位素可交换值（E 值）。

（2）实验步骤

准确称取约 3.000g 土壤样品于 50mL 塑料离心管中，加入 15mL 超纯水。于室温下振荡（40r/min）24h 后，加入一定量 ^{206}Pb 和 ^{112}Cd 富集同位素试剂，以加入同位素试剂的时刻开始计时。土壤溶液在室温下继续振荡，分别于不同采集时间点（1min、10min、30min、1h、3h、6h、12h、1d、3d、5d、10d、15d 和 25d）取出离心（4000r/min，15min），取上清液并加入 0.5mL 浓硝酸保存。ICP-MS 测定上述上清液中同位素比值 R（$^{208}Pb/^{206}Pb$、$^{112}Cd/^{111}Cd$）。

根据同位素稀释原理，可以利用放射性同位素或者稳定性同位素来测定 E 值［公式(2-22)］。

$$E_t = \frac{M}{M_s} \times \frac{m_s}{m} \times \frac{A_s - B_s \times R_t}{B \times R_t - A} \tag{2-22}$$

式中，A、B 分别为土壤样品中待测元素（如 Pb、Cd）的参比同位素（如 ^{208}Pb、^{111}Cd）和富集同位素（^{206}Pb、^{112}Cd）的天然丰度；A_s、B_s 为待测元素（Pb、Cd）的参比同位素（^{208}Pb、^{111}Cd）和富集同位素（^{206}Pb、^{112}Cd）在富集同位素试剂中的丰度；R_t 为 t 时间下测定的同位素比值；M 为样品中待测元素的原子质量；M_s 为富集同位素试剂中待测元素的原子质量；m 为土壤样品的质量，g；m_s 为所加入的富集同位素试剂的元素质量，μg；E_t 为 t 时间下土壤中待测元素（Pb、Cd）活性态含量，μg/g。

（3）同位素稀释法的优缺点

同位素稀释法不会干扰离子在土壤多相组分之间的平衡，测定污染土壤中重金属的可交换态含量时具有较高的准确性和灵敏度；在研究土壤-植物系统中重金属的生物有效性时，较其他方法能提供更精确和更直接的信息。

但是，同位素稀释法的前提假设是放射性同位素或稳定同位素可以 100% 用于交换，而不被土壤固定，且有足够长的时间达到平衡。

2.8　耕地土壤重金属污染状况调查报告的编制

调查工作完成后，应以电子和书面方式提交相关工作成果，包括调查报告、图件、附件材料等。耕地土壤污染状况调查报告应包括总论、区域概况、调查布点方案、质量控制、结果与分析、耕地污染特征和成因分析、结论与建议等内容，报告提纲可以参见附录 B。

2.8.1　总论

简要概述任务来源、调查对象、参加的调查单位和调查人员、调查时间、调查依据（调查区域的基础数据、国家相关法律法规、地方相关政策法规、农用地土壤环境监测规范、评价标准）等。

2.8.2　区域概况

主要内容包括：调查区域气候、水文、土壤、地质地貌、地形、土地利用现状及未来土地利用规划等；调查区域工农业生产及排污、污灌、化肥农药施用情况；调查区域工业园区、水源保护区和农业种植区等情况；调查区域的土壤环境背景值或土壤环境本底资料；调查区域已有的土壤环境及农产品监测数据和监测结果；调查区域污染源特征等。

2.8.3　调查布点方案

重点阐述调查范围、布点和采样方案、土壤与农产品的采样方法和数量等。

2.8.4　结果与分析

采用单因子指数法、内梅罗综合污染指数法、富集因子法、地质累积指数法和表层土壤重金属富集因子法评价土壤重金属污染现状，得出主要污染物及其污染程度与范围。采用潜在生态危害指数法和人体健康风险评价进行风险评价。具体方法见第 3 章。进行耕地土壤环境质量类别的划分，具体方法见第 3 章。

2.8.5　重金属污染成因分析

根据调查结果，分析耕地土壤污染状况、分布、面积、成因及来源等。

2.8.6　结论与建议

明确耕地土壤污染状况及存在的主要问题，给出下一步土壤环境管理的建议。

2.8.7　附件与附图

图件应包括调查区域地理位置图、调查区域卫星平面图或航拍图、土地利用现状图、周边环境示意图、农用地地理位置分布图、农作物种植分布图、土壤类型分布图、土壤污染源分布图、监测布点图、污染物含量分布图等。

附件材料应包括相关历史记录、现场状况及周边环境照片、工作过程照片、手持设备日常校准记录、原始采样记录、现场工作记录、检测报告、实验室质量控制报告、专家咨询意见等。

第3章　耕地土壤重金属污染评价与质量分级技术

3.1　耕地土壤重金属污染现状的评价方法

科学的评价方法能较好地评价土壤中重金属污染的程度或空间分布、相应的生态效应等，是保障粮食安全和生态健康的基础。对于耕地土壤而言，更关系到土地利用可能性、作物种植类型选择、重金属在作物中积累而产生的农产品安全问题等。

目前土壤重金属污染状况评价的方法众多，其中以指数法最为常见，如单因子指数法、内梅罗综合污染指数法、富集因子法和地质累积指数法；也有以指数法为基础的模糊数学模型、灰色聚类法等模型指数法。各种方法在实际应用中或多或少地存在一定的局限和不足，在评价过程中往往需要多种评价方法联合运用，才能达到预期的效果。

3.1.1　单因子指数法

单因子污染指数法是以《土壤环境质量　农用地土壤污染风险管控标准（试行）》（GB 15618—2018）中的重金属风险筛选值（表3-1）或风险管控值（表3-2）为评价标准来评价单个重金属元素的污染程度。计算公式(3-1) 如下：

$$P_i = \frac{C_i}{S_i} \quad \text{或} \quad P_i = \frac{C_i}{G_i} \tag{3-1}$$

式中，P_i 为土壤中重金属元素 i 的单因子污染指数；C_i 为重金属元素 i 的实测值，mg/kg；S_i 为重金属元素 i 的风险筛选值，mg/kg；G_i 为重金属元素 i 的风险管控值，mg/kg。

基于表层土壤中镉（Cd）、汞（Hg）、砷（As）、铅（Pb）、铬（Cr）的含量 C_i，评价耕地土壤重金属污染的风险，并将其土壤环境质量类别分为三类。

Ⅰ类：$C_i \leqslant S_i$，土壤污染风险低，可忽略，划分为优先保护类；

Ⅱ类：$S_i < C_i \leqslant G_i$，可能存在土壤污染风险，但风险可控，划分为安全利用类；

Ⅲ类：$C_i > G_i$，存在较高污染风险，划分为严格管控类。

对某一点位，若存在多项重金属污染，分别采用单因子污染指数法计算后，取单因子污染指数中最大值。即公式(3-2)：

$$P = \text{MAX}(P_i) \tag{3-2}$$

式中，P 为土壤中多项污染物的污染指数；P_i 为土壤中重金属元素 i 的单因子污染指数。

表 3-1　农用地土壤重金属风险筛选值（基本项目）　　　　单位：mg/kg

序号	污染物项目[①②]		风险筛选值			
			pH≤5.5	5.5＜pH≤6.5	6.5＜pH≤7.5	pH＞7.5
1	镉	水田	0.3	0.4	0.6	0.8
		其他	0.3	0.3	0.3	0.6
2	汞	水田	0.5	0.5	0.6	1.0
		其他	1.3	1.8	2.4	3.4
3	砷	水田	30	30	25	20
		其他	40	40	30	25
4	铅	水田	80	100	140	240
		其他	70	90	120	170
5	铬	水田	250	250	300	350
		其他	150	150	200	250
6	铜	果园	150	150	200	200
		其他	50	50	100	100
7	镍		60	70	100	190
8	锌		200	200	250	300

① 重金属和类金属砷均按元素总量计。

② 对于水旱轮作地，采用其中较严格的风险筛选值。

表 3-2　农用地土壤风险管控值（基本项目）　　　　单位：mg/kg

序号	污染物项目	风险管控值			
		pH≤5.5	5.5＜pH≤6.5	6.5＜pH≤7.5	pH＞7.5
1	镉	1.5	2.0	3.0	4.0
2	汞	2.0	2.5	4.0	6.0
3	砷	200	150	120	100
4	铅	400	500	700	1000
5	铬	800	850	1000	1300

根据以风险筛选值为评价标准的 P_i 值大小，可以将农用地土壤单项重金属超标程度分为 3 级（表 3-3），并按重金属项目统计不同质量类别的点位数和比例。如果点位能代表确切的面积，可同时统计面积比例。

表 3-3　单因子土壤污染风险评价及环境质量分类

等级	质量类别	C_i	风险级别	点位数/个	点位比例/%
Ⅰ	优先保护类	$C_i \leq S_i$	风险低		
Ⅱ	安全利用类	$S_i＜C_i \leq G_i$	可能存在风险，但风险可控		
Ⅲ	严格管控类	$C_i＞G_i$	存在较高污染风险		

3.1.2　内梅罗综合指数法

内梅罗综合指数法（Nemerow index）是一种应用于土壤重金属污染评价的传统指数评

价法，不仅能反映出各个重金属元素对于土壤的不同作用，还能够突出反映污染较重的重金属对土壤环境的影响。

计算公式(3-3)如下：

$$P_{综} = \sqrt{\dfrac{\left(\dfrac{C_i}{S_i}\right)^2_{\max} + \left(\dfrac{1}{n}\sum\limits_{i=1}^{n}\dfrac{C_i}{S_i}\right)^2}{2}} \tag{3-3}$$

式中，$P_{综}$ 为内梅罗综合指数；C_i 为 i 种金属的实测值，mg/kg；S_i 为 i 种金属在《农用地土壤污染风险管控标准（试行）》(GB 16518—2018)中的风险筛选值或管控值，mg/kg；$\dfrac{C_i}{S_i}$ 为单项污染指数；$\left(\dfrac{C_i}{S_i}\right)_{\max}$ 为 i 种金属的单项污染指数的最大值。

从内梅罗综合指数法计算公式可知，其既涵盖了各单项污染指数，又突出了高浓度污染在评价结果中的权重。相比单项污染指数法，可以避免由于平均作用削弱污染重金属权值，并提升了评价方法的综合评判能力。

随着研究者对重金属在环境中赋存形态、迁移转化和毒性等方面认知的深入，发现仅仅提升高浓度污染在其中的比重，可能导致最大值或不规范合理设置采样点以及后续分析检测所带来的异常值对所得结果的影响过大，人为夸大了该元素的影响作用，从而降低了该评价方法的灵敏度。同时，某种金属的单项污染指数的最大值的应用，并不具有生态毒理学依据。该方法中也没有消除重金属区域背景值的差异，使所得综合指数在区域间比较时不尽合理。因此，在实际运用中，需要同其他评价方法联用，才能使评价结果更加全面合理。

3.1.3 地质累积指数法

地质累积指数（I_{geo}）最早是由 Müller 于 20 世纪 70 年代基于沉积物中重金属污染程度的研究而提出，随后被国内外土壤学家应用于土壤重金属污染评价。地质累积指数的计算见公式(3-4)。

$$I_{geo} = \log_2^{\left(\frac{C_i}{1.5B_i}\right)} \tag{3-4}$$

式中，I_{geo} 为地质累积指数；C_i 为样品中第 i 种元素的实测值，mg/kg；B_i 为第 i 种元素的背景值，mg/kg；1.5 为 B_i 的修正指数。

该方法既可以用于单个金属元素评价，也可用于多个金属元素综合评价。在进行单个金属元素评价时，以 I_{geo} 大小来衡量污染程度，I_{geo} 越大，土壤污染越严重（表3-4）。在进行综合评价时，一般按照"从劣不从优"原则来确定土壤污染等级，即以各重金属元素地质累积指数最大的一项所对应的污染等级定为该采样点的综合污染等级。

表 3-4　地质累积指数与污染程度的关系

级别	指数值	污染程度
0	$I_{geo} < 0$	无污染
1	$0 \leqslant I_{geo} < 1$	无污染到中度污染
2	$1 \leqslant I_{geo} < 2$	中度污染
3	$2 \leqslant I_{geo} < 3$	中度污染到重度污染
4	$3 \leqslant I_{geo} < 4$	重度污染
5	$4 \leqslant I_{geo} < 5$	重度污染到极度污染
6	$I_{geo} \geqslant 5$	极度污染

通过诸多地质累积指数在土壤重金属污染中的应用发现，公式(3-4)中原本用于沉积物重金属污染评价中的表征沉积特征、岩石地质及其他影响的修正系数，直接被应用于土壤重金属污染的评价中。然而，重金属在土壤中的迁移能力与土壤物理化学性质紧密相关，同沉积物有较大差异。虽然有学者在文章中提出该修正系数应在土壤相关实际应用中加以调整，但尚未说明如何调整及调整幅度。这些原因使得应用该方法所得的累积指数在原污染指数分级框架下的评价结果偏离实际。

3.1.4 富集因子法

富集因子法最初于1974年由Zoller提出，用于溯源南极上空大气颗粒物中的化学元素，通过选择代表地壳成分的Al和海洋成分的Na作为参考物质，并用目标元素与参考物质在大气中质量浓度比值与二者在地壳中的比值相比较。若该值在一个单位左右，则南极大气颗粒物中元素来源于地壳（自然源），若比值较高则除此之外还有其他来源。该方法在土壤重金属污染评价中得到较为广泛的应用。

该方法通过选择标准化元素对样品浓度进行标准化，再将二者比率同参考区域中两种元素比率相比较，得到一个在不同元素间可相比较的因子［公式(3-5)］。通过该指数可有效地判断人类活动等方式带来的重金属在土壤环境中的累积，并可有效地避免天然背景值对评价结果的干扰。其计算公式见式(3-5)：

$$EF = \frac{\left(\dfrac{C_n}{C_{ref}}\right)_{sample}}{\left(\dfrac{B_n}{B_{ref}}\right)_{background}} \tag{3-5}$$

式中，EF为富集因子；C_n为土壤样品中某种重金属元素的实测浓度，mg/kg；C_{ref}为土壤样品中参比元素的实测浓度，mg/kg；B_n为土壤参比系统中某种重金属元素的浓度，mg/kg；B_{ref}为土壤参比系统中参比元素浓度，mg/kg；sample和background分别表示样品和背景。

根据EF数值的大小可将土壤划分不同的污染等级（表3-5）。

表3-5 富集因子与重金属污染程度等级对照

级别	EF 值	污染程度
0	EF<2	<1为无污染,1～2为轻微污染
1	2≤EF<5	中度污染
2	5≤EF<20	重度污染
3	20≤EF<30	严重污染
4	EF≥30	极严污染

研究者通常选择地壳中普遍大量存在、人为污染源很小、化学稳定性好和挥发性较低的元素作为参比元素。国际上常选Fe、Al或Si做参考元素，后来也有研究者选择Sc、Zr、Ti、Fe等元素作为参考元素。

然而，富集因子法在实际土壤重金属污染评价中还存在不少问题。由于土壤中重金属污染来源复杂，富集因子仅能反映重金属的富集程度，不能追溯到具体污染源及迁移途径。其次是参考元素的选择，文献中曾采用Al、Fe、Zr、Sc、Ti或TOC等，并没有统一的选择规范，该方法尤其在对受 Al、Fe 或者有机污染物污染的土壤评价过程中受到限制。此外，岩石风化或者不同的成土过程会使地壳或背景区域中目标元素与参考元素比值难以稳定，在应用中可能出现土壤不受污染，但富集因子可能差异较大的现象，造成评价失实。

3.1.5 表层土壤累积性指数法

以同一点位的表层土壤与深层土壤中重金属含量的比值，或者以表层土壤重金属含量与同一区域（3km 之内）最近点位深层土壤重金属含量的比值，判定表层土壤重金属累积程度。计算公式为式(3-6)：

$$A_i = \frac{C_i}{B_i} \tag{3-6}$$

式中，A_i 为土壤中重金属 i 的单因子累积系数；C_i 为表层土壤中重金属 i 的测定值，mg/kg；B_i 为深层土壤（一般为 100cm 以下）中重金属 i 的测定值，mg/kg。

如果同一点位同时采集了表层与深层土壤样品，采用同点位表层与深层的数据计算累积指数；如果调查时未采集深层土壤样品，则采用多目标区域地球化学调查获得的深层土壤样品的数据，按照就近原则选择与表层土壤数据匹配的深层土壤数据（3km 内最近的深层数据），计算累积指数。

根据 A_i 值的大小，进行土壤调查点位单项重金属累积性分析，见表 3-6。

表 3-6　土壤单项重金属累积程度分级

累积程度分级	A_i 值
无明显累积	$A_i \leqslant 1.5$
轻度累积	$1.5 < A_i \leqslant 3$
中度累积	$3 < A_i \leqslant 6$
重度累积	$A_i > 6$

3.1.6 模型指数法

3.1.6.1 模糊数学法

土壤重金属污染级别的定义是一类模糊概念，而解决这些具有模糊边界问题最为有效的方法是模糊综合评价法，该评价方法来源于模糊数学。模糊数学法是基于重金属元素实测值和污染分级指标之间的模糊性，通过隶属度的计算首先确定单种重金属元素在污染分级中所属等级，进而经权重计算确定每种元素在总体污染中所占的比重，最后运用模糊矩阵复合运算，得出污染等级。

确定各指标权重是运用模糊数学法的关键步骤，一般采用污染物浓度超标赋权法，即采用土壤环境中污染物因子实测值与其相应分级标准的比值来计算权重。该方法的计算一般分 4 步（兰鹏鹏，2019）。①评价因子及其标准值的选取。根据土壤调查结果与分析结果，确定研究对象的污染评价因子集合 U，同时选择评价等级标准 A。②建立评价因子的隶属度函数和模糊关系矩阵。隶属度函数是模糊数学模型运用的基础，实质是反映函数的渐变性。土壤重金属污染状况是渐变、模糊的，目前使用模糊数学模型评价土壤污染状况应用最广泛的隶属度函数有梯形和半梯形分布函数。根据评价因子集合 U，以及评价等级标准 A 和隶属度函数，求得模糊关系矩阵，即建立 1 个 $m \times n$ 的隶属矩阵（其中 m 为重金属项目数，n 为类别标准）。③计算各污染物权重。确定各指标权重是运用模糊数学法的关键步骤，常规的综合评价函数主要有 4 种：加权平均型、几何平均型、单因素决定型、主因素突出型。目前，土壤污染模糊综合评价方法主要采用污染物浓度超标赋权法，即采用土壤环境中污染物因子实测值与其相应分级标准的比值来计算权重。④建立评价结果矩阵并计算。

影响模糊综合评价结果的因素包括指标的选取、隶属函数的确定、权重的赋值及综合评价原则的选取。应用模糊综合评价法对土壤重金属污染进行评价的关键在于对各污染因子权重进行准确赋值，传统的模糊综合评价法通常采用污染物超标赋权法得到权重，这种方法得出的结果比较片面，容易受到最大污染指标的影响，还可能弱化某浓度低但毒性危害大的污染物的影响程度（张金婷等，2016）。因此，一些研究者提出了基于污染物浓度超标倍数和污染物毒性的双权重因子的模糊数学法（张金婷等，2016）。例如，张超等（2009）采用双权重因子改进型模糊综合评判模型，综合考虑重金属浓度和毒性作用，从定性和定量两方面进行分析来寻找各指标的最佳权重，比较客观地反映出各污染因子对土壤环境质量的影响，从而使评价结果更全面、更真实地反映土壤重金属污染的实际状况，提高评价结果的分辨率和准确率。

3.1.6.2　灰色聚类法

灰色聚类法是在模糊数学法基础上发展起来的，但与模糊数学法又有所不同，特别是在权重处理上更趋于客观合理。灰色聚类法认为：土壤重金属各因子的"重要性"隐含在其分级标准中，因而同一因子在不同级别的权重以及不同因子在同一级别的权重都可能不同。通过计算不同因子在不同级别中的权重，确定聚类系数，再根据"最大原则法"或"大于其上一级别之和"的原则确定土壤环境质量级别。聚类系数值越大表示污染程度越高。

灰色聚类法能消除指数法和模糊数学法的不足，有更高的分辨率和准确率。在实际应用中可以与指数法和模糊数学法综合使用进行相互补充，是当下比较先进的评价方法。但一般灰色聚类法最后是按聚类系数最大值，即"最大原则"来进行分类，忽略比它小的上一级别的聚类系数，没有考虑聚类系数之间的关联性，从而导致分辨率降低、评价结果出现不合理的现象。

3.2　耕地土壤重金属污染的风险评价技术

生态风险评价与人体健康风险评价的主体与内容不同。前者的主体是生态过程及物种种群，是对其受到不良影响后所出现风险程度的评估。后者的主体是人类自身，是对其周围环境中一些因素的改变所导致人体生命健康会受到某种现存或潜在威胁的风险程度的评价。然而两者之间又密不可分。

3.2.1　生态风险评价技术

3.2.1.1　潜在生态危害指数法

（1）潜在生态危害指数法的计算方法与评价等级

潜在生态危害指数法（the potential ecological risk index）是由 Håkanson 从沉积学角度出发，根据重金属在"水体-沉积物-生物区-鱼-人"这一迁移累积主线，将重金属含量和环境生态效应、毒理学有效联系到一起。潜在生态危害指数法的计算公式为式(3-7)、式(3-8)、式(3-9)：

$$C_f^i = \frac{C^i}{S^i} \tag{3-7}$$

$$E_r^i = T_r^i \times C_f^i \tag{3-8}$$

$$RI = \sum_{i=1}^{n} E_r^i \tag{3-9}$$

式中，C_f^i 为某金属的污染系数；C^i 为样品中 i 元素的实测值，mg/kg；S^i 为元素 i 的评价标准，mg/kg；E_r^i 为某金属潜在生态风险系数；T_r^i 为金属毒性响应系数；RI 为多种重金属综合潜在生态危害指数（表3-7）。Håkanson 提出的重金属毒性水平顺序为：Hg＞Cd＞As＞Pb＝Cu＞Cr＝Ni＞Zn，给出的毒性响应系数分别为：Hg＝30、Cd＝30、As＝10、Pb＝Cu＝Ni＝5、Zn＝1 和 Cr＝2。

表 3-7　重金属污染潜在生态风险指数及等级（引自宋恒飞等，2017）

等级	E_r^i 值	单个金属的生态风险程度	RI 值	环境潜在生态风险程度
1	$E_r^i < 5$	低风险(LR)	RI<30	低风险(LR)
2	$5 \leqslant E_r^i < 10$	中风险(MR)	$30 \leqslant RI < 60$	中风险(MR)
3	$10 \leqslant E_r^i < 20$	较重风险(CR)	$60 \leqslant RI < 120$	较重风险(CR)
4	$20 \leqslant E_r^i < 30$	重风险(HR)	RI≥120	重风险(HR)
5	$E_r^i \geqslant 30$	严重风险(VHR)		

我国著名学者陈静生在1987年介绍了 Håkanson 指数法的计算方法，随后我国众多学者在重金属污染评价中广泛应用了这一方法。有学者统计发现，国内外对于重金属污染土壤的潜在生态风险评价的研究，近90％都采用了该方法（史明易，2019）。例如，徐光辉等（2017）对四平市城郊蔬菜地土壤中 Pb、Cu、Cd、As 和 Hg 的含量特征及潜在生态风险进行了分析，结果表明研究区土壤重金属处于中等生态风险水平，其中 Hg 处于较高生态风险水平。邓呈逊等（2019）运用 Håkanson 指数法对安徽省某硫铁矿尾矿区农田土壤进行重金属污染程度评价，结果显示研究区土壤总体为轻微综合潜在生态危害，但67％以上检测点的 Cd 为中等风险水平，10％检测点的 Cd 表现为强风险水平。

（2）潜在生态危害指数法的不足

Håkanson 潜在生态危害指数法综合考虑了沉积物中污染物的种类、环境丰度、沉积效应、毒性敏感性等多因素的影响，是沉积物生态风险评价的经典方法。该方法中的毒性系数推导完全基于重金属在水体-沉积物-生物区-鱼-人的主线中的迁移转化规律，与重金属在自然界中的丰度、在水体和沉积物中的分配规律及湖泊的生产力密切相关。但土壤环境与水体沉积环境差异显著，将 Håkanson 法直接用于土壤生态风险评价，可能导致评价结果与实际差距较大，尤其可能高估农田土壤的 Hg 生态风险；同时，土壤的污染物种类和数量与 Håkanson 法所评价的污染物存在差异，原有 Håkanson 法的污染风险等级划分标准也不再适用（刘文慧等，2020）。因此，近年来，一些学者针对耕地土壤重金属污染情况，对该法进行了一些改进，如 C^i 和 C_r^i 参数的修正、T_r^i 和 E_r^i 的计算方法改进（史明易，2019）。

（3）潜在生态危害指数法的改进

① C^i 和 $C_{r,i}$ 参数的修正　土壤中重金属的生物毒性不仅与其总量和本身毒性水平有关，更大程度上取决于它们的化学形态，如重金属的可交换态与碳酸盐结合态含量在植物中易富集，进入食物链从而对生态系统造成危害，而残渣态不易富集，危害较低。因此，许多学者进而对 Håkanson 指数法中的 C^i 和 $C_{r,i}$ 进行了调整，使评价结果更加可靠。例如，李小平等（2015）在对宝鸡城市土壤重金属研究中，利用 Tessier 连续提取方法进行重金属形态的分级，取可交换态（F_1）与碳酸盐结合态（F_2）之和，即 $C_i = [F_1] + [F_2]$；卢聪等（2015）在对小秦岭金矿区农田土壤研究中，$C_{r,i} = \theta_1 C_{r,i可交换态} + \theta_2 C_{r,i碳酸盐态} + C_{r,i铁锰态} + C_{r,i有机态} + C_{r,i残渣态}$，以 $|C_{r,i} - C_{0,i}| - C_{0,i}$ 代替 Håkanson 指数模型中的 $C_{r,i}$（即原式中的 C_i）。其中 $C_{r,i}$ 为修正后的土壤重金属总浓度；$C_{r,i可交换态}$、$C_{r,i碳酸盐态}$、$C_{r,i铁锰态}$、$C_{r,i有机态}$、$C_{r,i残渣态}$ 分别为土壤中重金属可交换态、碳酸盐结合态、铁锰氧化物结合态、有机结合态、残渣态的含量；$C_{0,i}$ 为各重金属浓度参考值（多为土壤背景值）；θ_1、θ_2 分别为可交换态、碳酸盐结合态重金属的生物可利用性毒性系数，$\theta_1 = 1.6$，$\theta_2 = 1.4$。显然当实测重金属元素含量高于参考值时，公式形式与 Håkanson 指数模型类似；当实测重金属元素含量低于参考值时，利用新 Håkanson 指数模型能更好地表现出含量低于参考值时对于生态风险的影响。

为了反映特定区域土壤的分异性和避免大尺度的平均参考值的偏差，我国大多数学者采用研究区域当地的土壤重金属背景为 $C_{r,i}$，少数学者采用邻区同类型未污染区域的土壤重金属含量，避免由于参照土壤的物理化学性质不同而导致评价结果的不确定性，通过单项污染系数真实地反映重金属染污累积的程度。此外，为了排除由于地质高背景或低背景带来的评价结果偏低或偏高现象，一些学者采用不同地质单元深层土壤平均值代表相应表层土壤未受污染的参比值，这样既排除了不同区域土壤元素初始含量差异的干扰，又保证了评价的合理性（史明易，2019）。

② T_r^i 和 E_r^i 的计算方法的改进　对于毒性响应系数 T_r^i，陈静生在1989年根据 Håkanson 指数法介绍了7种重金属元素的毒性系数的计算方法，并给出相应的毒性系数。徐争启等（2008）结合陈静生的方法，重新计算并给出了12种重金属的毒性系数，它们分别是 Hg(40)＞Cd(30)＞As(10)＞Cu＝Pb＝Co＝Ni(5)＞Cr＝V(2)＞Zn＝Mn＝Ti(1)。但需要注意的是，徐争启等（2008）计算出的毒性响应系数与 Håkanson 所给出的 RI 计算公式中的毒性响应系数是两个概念，如果真正要计算 RI 值，必须要考虑生物生产指数的影响。由于这一方法引进土壤研究后，无法考虑对最初公式应用于水体生物生产指数的校正，因此需要以其他方法对此公式进行校正修改，从而更好地应用于土壤重金属污染风险评价。

Kumar 等（2018）在评价印度土壤重金属的污染程度和生态风险时，根据 Håkanson 指数法的 E_r^i 是建立在 C_f^i 基础之上这一事实，将 E_r^i 改良为建立在富集因子 EF 之上，EF＝mE_r^i，其中 EF 主要用于找出潜在污染源以及人类活动对土壤污染和人类健康的影响，单项重金属的修正潜在生态危害风险指数 mE_r^i 模型表述为公式(3-10)：

$$mE_r^i = T_r^i \times EF^i, \quad EF = \frac{(C_n / C_{Fe})}{(B_n / B_{Fe})} \tag{3-10}$$

式中，T_r^i 为毒性响应系数；EF 为单项重金属的富集因子；C_n 为待测元素在所测土壤中的浓度，mg/kg；B_n 为背景环境中的浓度，mg/kg；C_{Fe} 为样品中 Fe 的含量，mg/kg；B_{Fe} 为背景环境中 Fe 的含量，mg/kg。

李泽琴等（2008）认为污染指数 C_f^i 并不能相对准确和灵敏地表征污染土壤的潜在风险，在引用前人所给毒性响应系数（T_e^i）的同时，对原公式的 T_r^i 进行了修正；同时考虑到只有土壤中可能为农作物所吸收的那部分重金属含量（环境生物可利用性）才能对生物构成风险，还增加了环境生物可利用性对生态风险贡献（T_b^i）作为权重，其模型表述为公式(3-11)：

$$E_r^i = T_b^i \times T_e^i \times C_f^i, \quad T_b^i = \left(\frac{R_b^i}{P_b^i} \right)^{1/2} \tag{3-11}$$

式中，T_b^i 为土壤重金属元素的环境生物毒性响应系数；R_b^i 为样品中某元素生物可利用相态占总含量的百分比；P_b^i 为参照土壤的相应比值。

该改进方法创新性地将环境生物可利用性引入原模型中对毒性响应系数进行修正，其依据是虽然重金属总量对于土壤存在生态风险，但对应污染指数的强度并不能相对准确和灵敏地表征污染土壤的潜在风险，只有被农作物所吸收的部分重金属才能对生物构成风险。

③ E_r^i 和 RI 的分级方法改进 在利用 Håkanson 指数法评价土壤重金属潜在生态风险时，不能完全照搬 Håkanson 分级标准，因为土壤中重金属种类和数量与沉积物并不一致，而 RI 值小与参评污染物的种类和数量有关，污染物的数目越多、毒性越强。因此部分学者应用 RI 进行生态风险评价时根据参评重金属的种类和毒性大小，科学地调整单项潜在生态风险指数（E_r^i）和综合潜在生态风险指数（RI）的风险等级划分标准，提出可操作性的分级调整方法，对土壤环境评价具有一定参考价值。例如，李小平等（2015）在对宝鸡城市土壤重金属研究中，由于其研究仅涉及 6 种重金属，与 Håkanson 所研究的 8 种污染物不一致，对评价指标的分级标准进行了调整，Cd(30)＞Sb(10)＞Pb＝Cu(5)＞Cr(2)＞Zn(1)，E_r^i 最低级上限值由 C_f^i 最低级上限值（为 1）与最大毒性系数 T_r^i 值相乘得到（1×30＝30），其余级别上限值依次加倍，得出相应的 E_r^i 分级标准。他们对 RI 分级标准的最低级上限值由各污染物 T_r^i 值之和与 C_f^i 最低级别上限值（为 1）相乘后取十位数上的整数得到（5＋5＋30＋10＋2＋1＝53≈50），其余级别依次加倍，得到 RI 的等级划分标准。

3.2.1.2 环境风险指数法

环境风险指数法是 Rapant 和 Kordik 于 2003 年提出的，它能定量评价重金属污染土壤环境风险程度（表 3-8），计算公式(3-12)、公式(3-13) 如下：

$$I_{ERi} = \frac{AC_i}{RC_i} - 1 \tag{3-12}$$

$$I_{ER} = \sum_{i=1}^{n} I_{ERi} \tag{3-13}$$

式中，I_{ERi} 为超临界限量的第 i 种元素的环境风险指数；AC_i 为第 i 种元素的分析含量，mg/kg；RC_i 为第 i 种元素的临界限量，mg/kg；I_{ER} 为待测样品的环境风险。

如果 $AC_i < RC_i$，则定义 I_{ERi} 的数值为 0。

表 3-8 环境风险指数与风险程度（引自宋恒飞等，2017）

I_{ER} 的值	风险程度
$I_{ER}=0$	无风险
$0 < I_{ER} \leqslant 1$	低风险
$1 < I_{ER} \leqslant 3$	中等风险
$3 < I_{ER} \leqslant 5$	高风险
$I_{ER} > 5$	极高风险

环境风险指数法能定量反映重金属污染风险程度的大小，能用数值来反映污染物对环境现状的危害程度，但这种方法不能反映出重金属污染在这个时间和空间的变化特征。

3.2.1.3 生态风险商法

生态风险商可以表示为环境浓度（EC）超过生物敏感浓度（SS）的概率。这里的生物敏感浓度即为土壤生态毒理学数据，如无效应浓度（NOEC）。因此，风险可以表示为公式（3-14）：

$$\text{Risk} = P(\text{EC} > \text{SS}) \tag{3-14}$$

式中，Risk 为风险；P 为概率。

风险商（risk quotient）的计算公式为（3-15）：

$$\text{RQ} = \frac{\text{EC}}{\text{SS}} \tag{3-15}$$

从概率角度来说，EC 与 SS 可以看作是具有概率分布的随机变量而不是一个值，因此 RQ 也是具有概率分布的变量。EC 超过 SS 的概率可认为是污染物给土壤生态物种或土壤生态过程带来的负效应概率，即 EC/SS>1 的概率，可以表示为公式（3-16）：

$$\text{Risk} = P(\text{EC} > \text{SS}) = P\left(\frac{\text{EC}}{\text{SS}} = \text{RQ} > 1\right) \tag{3-16}$$

分别对土壤污染浓度和生物敏感浓度取对数，即公式（3-17）。

$$\text{Risk} = P[\lg(\text{EC} > \text{SS}) > 0] = P[\lg(\text{EC}) - \lg(\text{SS})] > 0 \tag{3-17}$$

当 EC 与 SS 为对数正态分布时，其分布的均值分别为 $\mu_{\lg(\text{EC})}$、$\mu_{\lg(\text{SS})}$，其正态分布的标准差分别为 $\sigma_{\lg(\text{EC})}$、$\sigma_{\lg(\text{SS})}$。这两个独立正态分布的变量之差仍然符合正态分布，因此，$\lg(\text{RQ})$ 仍为正态分布，其分布参数均值 $\mu_{\lg(\text{RQ})}$、$\sigma_{\lg(\text{RQ})}$ 分别为公式（3-18）和公式（3-19）：

$$\mu_{\lg(\text{RQ})} = \mu_{[\lg(\text{EC}) - \lg(\text{SS})]} = \mu_{\lg(\text{EC})} - \mu_{\lg(\text{SS})} \tag{3-18}$$

$$\sigma_{\lg(\text{RQ})} = \sigma_{[\lg(\text{EC}) - \lg(\text{SS})]} = [\sigma_{\lg(\text{EC})}^2 + \sigma_{\lg(\text{SS})}^2]^{1/2} \tag{3-19}$$

因此，概率风险的计算如公式（3-20）：

$$P[\lg(\text{RQ})] > 0 = P[\lg(\text{EC}) - \lg(\text{SS})] = 1 - \phi[(\mu_{\lg(\text{EC})} - \mu_{\lg(\text{SS})}), (\sigma_{\lg(\text{EC})}^2 + \sigma_{\lg(\text{SS})}^2)]$$

$$\tag{3-20}$$

式中，$\phi[(\mu_{\lg(\text{EC})} - \mu_{\lg(\text{SS})}), (\sigma_{\lg(\text{EC})}^2 + \sigma_{\lg(\text{SS})}^2)]$ 表示均值为 $(\mu_{\lg(\text{EC})} - \mu_{\lg(\text{SS})})$、方差为 $(\sigma_{\lg(\text{EC})}^2 + \sigma_{\lg(\text{SS})}^2)$ 的正态分布概率。

如果研究区域有少数重污染点位的存在，致使网格化采样样品的土壤重金属含量有少数高峰值。由于这些高峰值的存在，使研究区域土壤样品重金属含量数据具有高度偏斜度，剔除这些高峰值可以降低其偏斜度使其符合对数正态分布或正态分布。这些高峰值可以在某种程度反映污染源的存在，但对研究区域土壤重金属污染状况的描述不具典型代表性。因此，在利用生态风险商法对研究区域进行生态风险评价时，剔除土壤重金属含量数据中的高峰值，不仅可以显著降低数据的偏倚性，还可以使求出的概率密度函数更可能与实际接近。

某种污染物的概率密度函数可以表示为公式（3-21）：

$$f(R) = \frac{1}{\sqrt{2\pi}\delta} \exp\left[-\frac{(\lg x - \mu)^2}{2\delta^2}\right] \tag{3-21}$$

式中，x 为该种污染物的环境浓度，mg/kg；μ 为期望值；δ 为标准差。

3.2.2 人体健康风险评价技术

人体健康风险评价具体是指通过测定研究区域居民所处环境中的有害重金属的含量，定量计算人体所能接触并摄入的有害重金属含量，以这种方式将人体和环境关联起来并针对性地评价每种重金属对人体的毒害作用。重金属进入土壤后，可能通过饮食、饮用水、呼吸和皮肤吸收暴露于人体。重金属的摄入可能会导致人体的皮肤、体内的神经系统以及心脑血管出现问题，同样可能会使肝、脾、消化道和脑神经产生损伤，严重时会导致突变、畸形，甚至会致癌。健康风险评估用于表征环境污染的潜在健康影响，评估对人体健康造成的危害。

耕地土壤中的重金属进入人体的方式主要通过食物链以及日常皮肤接触、呼吸摄入食物以及土壤中的重金属。主要可以分为以下4种模式：①经口摄入受污染土壤；②通过食物链，作物（一般主要考虑大米、小麦、玉米和蔬菜等）中的重金属进入人类的食物链中，最终进入人体的方式；③通过人类呼吸，土壤中的重金属以浮沉形式在沉降的过程中被吸收进入体内的方式；④直接接触，土壤中的重金属通过浮沉接触或直接接触人体皮肤的方式进入人体。所以，对于人体健康风险的评价主要可以从这4个方面考虑。

3.2.2.1 经口摄入土壤途径

对于单一污染物的非致癌效应，考虑人群在儿童期暴露受到的危害，经口摄入土壤途径暴露量采用公式(3-22)：

$$OISER_{nc} = \frac{OSIR_c \times ED_c \times EF_c \times ABS_o}{BW_c \times AT_{nc}} \times 10^{-6} \tag{3-22}$$

式中，$OISER_{nc}$ 为计算得到八种重金属通过口腔食入土壤所累积的含量，$kg/(kg \cdot d)$；$OSIR_c$ 为居民在儿童时期每天所食入的土壤量，mg/d；ED_c 为居民在儿童时期与土壤的接触时间，a；EF_c 为居民在儿童时期与土壤接触的频率，d/a；ABS_o 为居民通过口腔食入土壤后带来的重金属累积后真正被人体吸收部分的参数；BW_c 为幼儿的平均体重，kg；AT_{nc} 是造成非致癌风险的平均期限，d。

根据公式(3-23)计算经口摄入土壤途径的重金属非致癌危害风险评价：

$$HQ_{ois} = \frac{OISER_{nc} \times C_{sur}}{RfD_o \times SAF} \tag{3-23}$$

式中，HQ_{ois} 为经口摄入土壤途径的危害系数，无量纲；SAF 为暴露于土壤的参考计量分配系数，无量纲；$OISER_{nc}$ 参考公式(3-22)；C_{sur} 为表层土壤中污染物浓度，mg/kg；RfD_o 为经口摄入参考剂量，$mg/(kg \cdot d)$。

对于单一污染物的致癌效应，考虑人群在儿童期和成人期暴露的终生危害，经口摄入土壤途径的土壤暴露量采用公式(3-24)计算：

$$OISER_{ca} = \frac{\left(\dfrac{OSIR_c + ED_c + EF_c}{BW_c} + \dfrac{OSIR_a + ED_a + EF_a}{BW_a} \right)}{AT_{ca}} \times 10^{-6} \tag{3-24}$$

式中，$OISER_{ca}$ 为计算得到的通过口腔食入土壤所带来的重金属累积量（致癌效应），$kg/(kg \cdot d)$；$OSIR_c$ 为当地居民在儿童时期的土壤食入量，mg/d；ED_c 为居民在儿童时期与土壤的接触时间，a；EF_c 为居民在儿童时期与土壤的接触频率，d/a；$OSIR_a$ 为居民在成人后的每日土壤食入量，mg/d；ED_a 为居民在成人时期与土壤的接触时间，a；EF_a 为居民在成人时期与土壤的接触频率，d/a；BW_c 为居民在儿童时期的平均体重，kg；BW_a 为居民在成人后的平均体重，kg；AT_{ca} 为产生致癌作用的平均天数，d。

经口摄入土壤途径的致癌风险采用公式(3-25)进行计算：

$$CR_{ois} = OISER_{ca} \times C_{sur} \times SF_o \tag{3-25}$$

式中，CR_{ois} 为经口摄入土壤途径的致癌风险值；$OISER_{ca}$ 为通过口腔食入土壤所带来的重金属累积量（致癌效应），$kg/(kg \cdot d)$；C_{sur} 为表层土壤中污染物浓度，mg/kg；SF_o 为污染物的致癌斜率因子，$(kg \cdot d)/mg$。

3.2.2.2 经口摄入作物途径

对于通过食物途径摄入的单一污染物的量，采用公式(3-26) 计算：

$$PDI = \frac{IR \times C \times EF_f \times ED_f \times ABS_o}{BW \times AT_{nc}} \times 10^{-6} \tag{3-26}$$

式中，PDI 为居民每日通过口腔摄入重金属的含量，$kg/(kg \cdot d)$；IR 为居民每天食用食物的量，mg/d；ED_f 为居民食用食物的时间，a；EE_f 为居民食用食物的频率，d/a；ABS_o 为口腔摄入的食物中重金属真正被吸收的部分，无量纲；BW 为体重，kg；AT_{nc} 为非致癌效应平均时间，d。

经口摄入作物途径的非致癌风险采用公式(3-27) 进行计算：

$$HQ_f = \frac{PDI}{R_fD_f} \tag{3-27}$$

式中，HQ_f 为经口摄入食物途径的危害系数，无量纲；PDI 为每日经口摄入的食物途径的重金属含量，$kg/(kg \cdot d)$；R_fD_f 为经口摄入参考剂量，$mg/(kg \cdot d)$。

当 HQ<1 时，表明当地居民没有面临重金属所导致的健康风险；当 HQ>1 时，表明当地居民可能面临致癌风险，且随着 HQ 值的增加，风险值也随之提高。

经口摄入作物途径的致癌风险采用公式(3-28) 进行计算：

$$CR_f = PDI \times SF_o \tag{3-28}$$

式中，CR_f 为经口摄入食物途径的致癌风险，无量纲；PDI 为每日经口摄入的食物途径的重金属含量，$kg/(kg \cdot d)$；SF_o 为致癌风险斜率因子。

美国环境保护署（USEPA）所规定的致癌风险系数应在 $1.0 \times 10^{-6} \sim 1.0 \times 10^{-3}$ 之间，而国际放射防护委员会（ICRP）所制定的标准更为严苛，设定的最大可接受风险水平为低于 5.0×10^{-5}。

3.2.2.3 皮肤直接接触土壤途径

对于通过土壤接触皮肤摄入的单一污染物，其摄入土壤的暴露量采用公式(3-29) 进行计算：

$$DCSER_{ca} = \frac{SAE_c \times SSAR_c \times EF_c \times ED_c \times E_v \times ABS_d}{BW_c \times AT_{ca}} \times 10^{-6}$$
$$+ \frac{SAE_a \times SSAR_a \times EF_a \times ED_a \times E_v \times ABS_d}{BW_a \times AT_{ca}} \times 10^{-6} \tag{3-29}$$

式中，$DCSER_{ca}$ 为皮肤接触途径的土壤暴露量，$kg/(kg \cdot d)$；SAE_c 为儿童暴露皮肤表面积，cm^2；SAE_a 为成人暴露皮肤表面积，cm^2；$SSAR_c$ 为儿童皮肤表面土壤黏附系数，mg/cm^2；$SSAR_a$ 为成人皮肤表面土壤黏附系数，mg/cm^2；EF_c 为居民在儿童时期与土壤的接触频率，d/a；EF_a 为居民在成人时期与土壤的接触频率，d/a；ED_c 为居民在儿童时期与土壤的接触时间，a；ED_a 为居民在成人时期与土壤的接触时间，a；ABS_d 为皮肤接触吸收效率因子，无量纲；E_v 为每日皮肤接触时间频率，次/d。

公式(3-29) 中的 SAE_c 和 SAE_a 分别为儿童和成人的暴露皮肤表面积，分别根据公式

（3-30）和公式（3-31）来进行计算：

$$SAE_c = 239 \times H_c^{0.417} \times BW_c^{0.517} \times SER_c \tag{3-30}$$

$$SAE_a = 239 \times H_a^{0.417} \times BW_a^{0.517} \times SER_a \tag{3-31}$$

式中，H_c 为儿童平均身高，cm；H_a 为成人平均身高，cm；BW_c 为儿童平均体重，kg；BW_a 为成人平均体重，kg；SER_c 为儿童暴露皮肤所占面积比；SER_a 为成人暴露皮肤所占面积比。

皮肤接触土壤途径的非致癌风险计算根据公式（3-32）：

$$HQ_{dcs} = \frac{DCSER_{ca} \times C_{sur}}{R_f D_r \times SAF} \tag{3-32}$$

式中，HQ_{dcs} 为皮肤接触土壤途径的非致癌风险，无量纲；C_{sur} 为研究区域土壤中的重金属含量，mg/kg；$R_f D_r$ 为皮肤接触摄入参考剂量，mg/(kg·d)；SAF 为暴露于土壤的参考计量分配系数，无量纲。

对于皮肤接触土壤途径的致癌风险计算根据公式（3-33）：

$$CR_{dcs} = DCSER_{ca} \times C_{sur} \times SF_d \tag{3-33}$$

式中，CR_{dcs} 为皮肤接触土壤途径的致癌风险，无量纲；$DCSER_{ca}$ 为皮肤接触途径的某种重金属的土壤暴露量，kg/(kg·d)；C_{sur} 为研究区域土壤中的重金属含量，mg/kg；SF_d 为重金属的致癌斜率，无量纲。

3.2.2.4 通过吸入土壤颗粒物途径

通过吸入土壤颗粒物对应的土壤暴露量通过公式（3-34）计算：

$$PISER_{ca} = \frac{PM_{10} \times DAIR_c \times ED_c \times PIAF \times (f_{spo} \times EFO_c + f_{spi} \times EFI_c)}{BW_c \times AT_{ca}} \times 10^{-6}$$
$$+ \frac{PM_{10} \times DAIR_a \times ED_a \times PIAF \times (f_{spo} \times EFO_a + f_{spi} \times EFI_a)}{BW_a \times AT_{ca}} \times 10^{-6}$$

$$\tag{3-34}$$

式中，$PISER_{ca}$ 是通过直接摄入土壤颗粒物所摄入的重金属量，kg/(kg·d)；PM_{10} 是大气中可吸入小分子颗粒物的量，mg/m³；$DAIR_a$ 是居民在成人后每日吸入的空气量 m³/d；$DAIR_c$ 为居民在儿童时期每日吸入的空气量 m³/d；ED_c 为居民在儿童时期与土壤的接触时间，a；ED_a 为居民在成人时期与土壤的接触时间，a；PIAF 为吸入土壤颗粒物在体内滞留占比，0.75；f_{spi} 是土壤颗粒物在每日所吸入空气中所占的比例（室内）；f_{spo} 是户外空气中土壤在每日所吸入空气中所占的比例；EFI_a 为居民在成人后吸入室内空气的频率，d/a；EFI_c 为居民在儿童时期吸入室内空气的频率，d/a；EFO_a 为居民成人后在一天内吸入室外空气的频率，d/a；EFO_c 为居民在儿童时期一天内吸入室外空气的频率，d/a。

利用公式（3-35）计算通过吸入土壤颗粒物途径的非致癌风险系数：

$$HQ_{pis} = \frac{PISER_{ca} \times C_{sur}}{RfD_i \times SAF} \tag{3-35}$$

式中，HQ_{pis} 为呼吸吸入土壤颗粒物途径的非致癌风险，无量纲；C_{sur} 为研究区域土壤中的重金属含量，mg/kg；RfD_i 为呼吸土壤颗粒摄入参考剂量，mg/(kg·d)；SAF 为暴露于土壤的参考计量分配系数，取值 0.2，无量纲。

通过呼吸吸入土壤颗粒物途径摄入的重金属致癌风险系数使用公式（3-36）进行计算：

$$CR_{pis} = PISER_{ca} \times C_{sur} \times SF_i \tag{3-36}$$

式中，CR_{pis} 为呼吸吸入土壤颗粒物途径的致癌风险，无量纲；C_{sur} 为研究区域土壤中的重金属含量，mg/kg；SF_i 为重金属的致癌斜率，无量纲。

表 3-9 所列为各评价模型参数。

表 3-9 评价模型参数

因素	定义	单位	数值	来源
C_{sur}	土壤重金属含量	mg/kg		研究测定
$OSIR_c$	儿童摄入量	mg/d	100	USEPA 2011
$OSIR_a$	成人摄入量	mg/d	100	USEPA 2011
ED_c	儿童暴露时间	a	30	USDOE 2011
ED_a	成人暴露时间	a	30	USDOE 2011
EF_c	儿童暴露频率	d/a	350	USDOE 2011
EF_a	成人暴露频率	d/a	350	USDOE 2011
BW_c	儿童平均体重	kg	61.8	MHC 2008
BW_a	成人平均体重	kg	61.8	MHC 2008
H_a	成人平均身高	cm	156.3	USEPA 2011
H_c	儿童平均身高	cm	99.3	USEPA 2011
AT_{ca}	平均作用时间	d	$365 \times ED$ 365×73.8	USEPA 1989 MHC 2012
AT_{nc}	平均作用时间	d	$365 \times ED$ 365×73.8	USEPA 1989 MHC 2012
$DAIR_a$	成人每日空气呼吸量	m^3/d	13.5	USEPA 2011
$DAIR_c$	儿童每日空气呼吸量	m^3/d	7.5	USEPA 2011
E_v	每日皮肤接触事件频率	次/d	1	USEPA 2011
f_{spi}	室内空气来自土壤颗粒物所占比例	无量纲	0.8	USEPA 2011
f_{spo}	室外空气来自土壤颗粒物所占比例	无量纲	0.5	USEPA 2011
SAF	暴露于土壤的参考计量分配比例	无量纲	0.2	USEPA 2011
SER_a	成人暴露皮肤所占体表面积比	无量纲	0.32	USEPA 2011
SER_c	儿童暴露皮肤所占体表面积比	无量纲	0.36	USEPA 2011
ABS_o	吸收效率因子	—	10^{-6}	USEPA 2002

3.3 土壤和农产品综合质量指数法

农田土壤中重金属污染关乎农产品安全，粮食作物中可食用部分重金属的累积对人体健康具有重大影响。现有的土壤重金属污染评价方法尚未将土壤和农产品元素含量紧密联系起来，其科学性和可靠性往往受到质疑。王玉军等（2017）提出了一种农田土壤重金属影响评价的新方法——土壤和农产品综合质量指数法。该方法将农田土壤和农产品中重金属的含量有效结合，综合考量了元素价态效应、土壤环境质量标准、土壤元素背景值、特定土壤负载容量和农产品污染物限量标准等，可应用于评价农田中重金属的单独和复合污染。

3.3.1 污染元素和数量的确定

在构建该综合质量指数法时，首先确立污染元素种类和数量。通过比较土壤样品元素测定值与评价标准值和背景值的大小，以确认土壤样品超过标准值和背景值的数 X 和 Y 值；比较农产品样品元素测定值和食品中污染物限量标准，确认农产品样品超过污染物限量标准的数目 Z 值。简单的方法可采用指数判别法：

求土壤 X 值：$P_{ssi}=C_i/C_{si}$。式中，P_{ssi} 为样品元素 i 的测定值与评价标准值的指数值。当 $P_{ssi}\leqslant1$ 时，取 $x_i=0$；当 $P_{ssi}>1$ 时，取 $x_i=1$；X 值为 x_i 之和。

求土壤 Y 值：$P_{SBi}=C_i/C_{Bi}$。式中，P_{SBi} 为样品元素 i 测定值与背景值的指数值。当 $P_{SBi}\leqslant1$ 时，取 $y_i=0$；当 $P_{SBi}>1$ 时，取 $y_i=1$；Y 值为 y_i 之和。

求农产品 Z 值：$P_{APi}=C_{APi}/C_{LSi}$。式中，P_{APi} 为农产品样品元素 i 测定值与食品中污染物限量值的指数值；C_{APi} 是土壤相应点位农产品中元素 i 的浓度；C_{LSi} 是农产品中元素 i 的限量标准（污染物限量标准；卫生标准）。当 $P_{APi}\leqslant1$ 时，取 $z_i=0$；当 $P_{APi}>1$ 时，取 $z_i=1$；Z 值为 z_i 之和。

3.3.2 土壤相对影响当量、土壤元素测定浓度偏离背景值程度和总体上土壤标准偏离背景值程度的计算

在对土壤中重金属含量的评价中引入土壤相对影响当量（relative impact equivalent，RIE）、土壤元素测定浓度偏离背景值程度（deviation degree of determination concentration from the background value，DDDB）和总体上土壤标准偏离背景值程度（deviation degree of soil standard from the background value，DDSB）三个指标。

RIE 的计算公式为（3-37）：

$$\text{RIE}=\left[\sum_{i=1}^{N}(P_{ssi})^{\frac{1}{n}}\right]/N=\left[\sum_{i=1}^{N}\left(\frac{C_i}{C_{si}}\right)^{\frac{1}{n}}\right]/N \tag{3-37}$$

式中，N 是测定元素的数目；C_i 是测定元素 i 的浓度，mg/kg；C_{si} 是元素 i 的土壤环境质量筛选值（评价参比值），mg/kg；n 为测定元素 i 的氧化数。

RIE 数值越大，表明外源物质的影响愈明显。对于变价元素，应考虑其价态与毒性的关系。由于土壤环境质量标准值已经考虑了元素氧化数与毒性的关系，故在实际评价中一般采用元素在土壤中的稳定态，例如 As(Ⅲ) 和 As(Ⅴ) 一般取氧化数为 5，Cr(Ⅲ) 和 Cr(Ⅵ) 一般取氧化数为 3。如有可能，应根据土壤中的实际情况进行选择。

DDDB 的计算公式为（3-38）：

$$\text{DDDB}=\left[\sum_{i=1}^{N}(P_{SBi})^{\frac{1}{n}}\right]/N=\left[\sum_{i=1}^{N}\left(\frac{C_i}{C_{Bi}}\right)^{\frac{1}{n}}\right]/N \tag{3-38}$$

式中，C_{Bi} 是元素 i 的背景值，mg/kg；其余符号意义同上。

DDDB 越大，表明外源物质的影响越明显。

DDSB 的计算公式为（3-39）：

$$\text{DDSB}=\left[\sum_{i=1}^{N}\left(\frac{C_{Si}}{C_{Bi}}\right)^{\frac{1}{n}}\right]/N \tag{3-39}$$

式中各符号的意义同上。

DDSB 越大，表明土壤标准偏离背景值的程度愈大，则特定土壤的负载容量愈大，对外源物质的缓冲性愈强。

3.3.3 农产品品质指数

该方法在表征农产品质量的指标中引入农产品品质指数（quality index of agricultural products，QIAP），表达式为：

$$\text{QIAP} = \left[\sum_{i=1}^{N} (P_{\text{AP}i})^{\frac{1}{n}} \right] / N = \left[\sum_{i=1}^{N} (C_{\text{AP}i}/C_{\text{LS}i})^{\frac{1}{n}} \right] / N \tag{3-40}$$

式中，$C_{\text{AP}i}$ 为土壤重金属采样点位对应的农产品中元素 i 的浓度，mg/kg；$C_{\text{LS}i}$ 为农产品中元素 i 的限量标准，mg/kg；$P_{\text{AP}i}$ 为农产品样品重金属含量测定值与食品中污染物限量值的指数值。

指标 QIAP 可以用于表征重金属对农产品质量状况的影响。

3.3.4 构建综合质量影响指数

综合质量影响指数（IICQ）为土壤综合质量影响指数（IICQS）和农产品综合质量影响指数（IICQAP）之和。令：

$$\text{IICQ}_\text{s} = X(1+\text{RIE}) + Y \times \frac{\text{DDDB}}{\text{DDSB}} \tag{3-41}$$

$$\text{IICQ}_\text{AP} = Z\left(1+\frac{\text{QIAP}}{k}\right) + \frac{\text{QIAP}}{k \times \text{DDSB}} \tag{3-42}$$

$$\text{IICQ} = \text{IICQ}_\text{s} + \text{IICQ}_\text{AP} = \left[X(1+\text{RIE}) + Y \times \frac{\text{DDDB}}{\text{DDSB}} \right] + \left[Z\left(1+\frac{\text{QIAP}}{k}\right) + \frac{\text{QIAP}}{k \times \text{DDSB}} \right] \tag{3-43}$$

式中，k 为背景校正因子，一般取 5；其余含义同上文。在公式（3-43）中，土壤和农产品质量之间可能有多种状况：

当 $X=0$、$0 < \text{IICQ}_\text{s} < 1$、$Z=0$、$\text{IICQ}_\text{AP} < 1$ 时，表明土壤和农产品均无超标现象，意味着在特定指标下土壤环境质量健康、良好。

当 $X=0$、$0 < \text{IICQ}_\text{s} < 1$、$Z \geqslant 1$ 或者 $\text{IICQ}_\text{AP} > 1$ 时，表明土壤虽然没有超标，但农产品已有超标现象，意味着在特定指标下土壤环境质量处于亚健康或者亚污染（亚超标）状态，已不能用作特定农产品的生产，必须追踪污染物的来源。

当 $X \geqslant 1$ 或者 $\text{IICQ}_\text{s} > 1$、$Z=0$、$\text{IICQ}_\text{AP} < 1$ 时，表明土壤已经有超标现象，但农产品仍旧符合所规定的质量标准，此亦意味着土壤环境质量处于亚健康或者亚污染（亚超标）状态，需要密切关注。

当 $X \geqslant 1$、$Z \geqslant 1$ 时，为污染（超标）状态。

通过综合质量影响指数（IICQ），可以较为方便地将特定利用条件下的土壤环境质量状况划分为清洁（未超标）（Ⅰ）和污染（超标）两种状态，而污染（超标）状态可参照《全国土壤污染状况调查公报》和《土壤环境质量评价技术规范（二次征求意见稿）》中的方法进行等级划分（表 3-10）。需要特别强调的是，当土壤和农产品之一超标时称为亚污染（亚超标）(sub-)，其等级划分同样依据 IICQ 的数值，可用 sub-Ⅱ-Ⅴ 进行描述。

表 3-10   土壤环境质量状态描述与等级划分（引自王玉军等，2017）

类别	指标	状态及等级描述					
		清洁（Ⅰ）	(sub-)	（Ⅱ）	（Ⅲ）	（Ⅳ）	（Ⅴ）
样点	综合质量指数 IICQ	≤ 1	sub-①	$1 < IICQ \leq 2$	$2 < IICQ \leq 3$	$3 < IICQ \leq 5$	>5
区域	综合质量指数 avIICQ	①＝Ⅱ～Ⅴ					

① 亚污染或亚超标指土壤或农产品之一超标，依据数值指标划分等级，例如 sub-Ⅱ、sub-Ⅲ 等。

农田土壤重金属影响的评价方法是由土壤重金属影响综合指数和农产品重金属影响综合指数构成，体现了土壤和农产品重金属与农田土壤环境质量之间的相互影响，其构成考虑了离子冲量和土壤重金属负载容量等多种因素，计算步骤较多，较之《土壤环境质量评价技术规范（二次征求意见稿）》中建议的评价方法复杂，但其对农田土壤环境质量重金属影响的评价较为客观、可靠，特别是在编制简单的计算程序后，将有可能在监测数据的基础上，方便、快捷而准确地获得所需要的结果。

3.4 耕地土壤环境质量类别划分技术

2016 年 5 月，国务院印发《土壤污染防治行动计划》（以下简称《土十条》），要求对农用地实施分类管理，保障农业生产环境安全。《农用地标准》为我国开展农用地分类管理提供技术支撑，对于贯彻落实《土十条》，保障农产品质量和人居环境安全具有重要意义。《土十条》要求将农用地划分为优先保护类、安全利用类和严格管控类。生态环境部联合农业农村部已制定发布《农用地土壤环境质量类别划分技术指南（试行）》（以下简称《指南》）。《指南》由 7 个部分和 3 个附件组成，主要适用于耕地土壤环境质量类别划分，园地、牧草地等土壤环境质量类别划分。

3.4.1 划分原则

3.4.1.1 科学性原则

以全国农用地土壤污染状况详查（以下简称"详查"）、全国农产品产地土壤重金属污染普查（以下简称普查）结果为基础，充分考虑土壤与农产品协同监测数据，进行耕地土壤环境质量类别划分。

3.4.1.2 相似性原则

对受污染程度相似的耕地，综合考虑耕地的物理边界（如地形地貌、河流等）、地块边界或权属边界等因素，原则上划分为同一类别。

3.4.1.3 动态调整原则

根据最新土地用途变更情况、耕地土壤环境质量及食用农产品质量的变化情况（如突发事件等导致的新增受污染耕地或已完成治理与修复的耕地等），及时调整类别。

3.4.2 技术路线

耕地土壤环境质量类别划分主要技术环节包括：基础资料和数据收集、基于详查结果开展耕地土壤环境质量类别初步划分、优化调整、边界核实、划分成果汇总与报送、动态调整等（图 3-1）。

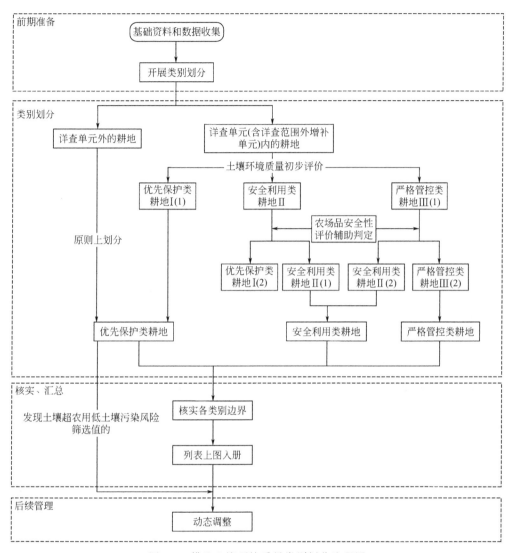

图 3-1　耕地土壤环境质量类别划分流程图

3.4.3　耕地土壤基础资料和数据的收集

3.4.3.1　图件资料

主要包括行政区域（到行政村级别）、土地利用现状、土壤类型（土种图 1∶5 万或更大比例尺图）、地形地貌、河流水系、道路交通等矢量图件及最新高分遥感影像数据。

3.4.3.2　土壤污染源信息

主要包括行政区域内工矿企业所属行业类型（重点是全国土壤污染状况详查确定的重点行业企业）、空间位置分布；农业灌溉水质量，农药、化肥、农膜等农业投入品的使用情况及畜禽养殖废弃物处理处置情况，固体废物堆存、处理处置场所分布等。

3.4.3.3　土壤环境和农产品质量数据

主要是土壤详查数据，以及其他数据，包括普查、国家土壤环境监测网农产品产地土壤环境监测、多目标区域地球化学调查（或土地质量地球化学调查）、土壤环境背景值及生态环境、自然资源、农业农村、粮食等部门的相关历史调查数据。要依据相关标准和规范，对有关数据质量进行评价，剔除无效数据，保障数据质量。

3.4.3.4　社会经济资料

主要包括人口状况、农业生产、工业布局、农田水利和农村能源结构情况，当地人均收入水平、种植制度和耕作习惯等。

3.4.4　确定重点关注区域

对基础资料和数据进行分析和评估，确定重点关注区域，主要包括土壤点位超标区、土壤重点污染源影响区和土壤污染问题突出区域。土壤重点污染源影响区是指土壤污染重点行业企业通过大气、水等污染扩散途径，对土壤环境造成影响。土壤污染问题突出区域是指受污染的耕地，主要包括：①信访、投诉、社会舆论和媒体高度关注的受污染耕地；②有关检测、调查和科学研究已发现的受污染耕地；③历史上因环境事故而污染的耕地；④工业固体废物长期堆放而污染的耕地；⑤其他有明显证据表明受污染的耕地。

对重点关注区域外的耕地，原则上可直接划分为优先保护类耕地。

分析和评估发现不能支撑耕地土壤环境质量类别划分的，要进一步收集资料和数据，必要时要按照相关技术规定进行补充监测调查。

3.4.5　评价单元确定

对重点关注区域内的耕地，根据土壤污染程度的空间分布，划分土壤环境质量类别评价单元。原则上，对受同一污染源影响且污染程度相似的，应划分为同一评价单元，具体边界应统筹耕地的物理边界、地块边界或权属边界等因素，综合确定。

当数据无法支撑评价单元划分时，可根据污染源类型及其影响范围，按照相关规定补充监测数据。污染源类型一般包括：灌溉水污染型、大气污染型、固体废物堆存污染型、尾矿库溃坝污染型、洪水泛滥淹没污染型以及污染成因不明型等。

3.4.6　按土壤污染状况初步划分评价单元类别

每个评价单元内参与土壤环境质量类别划分的土壤点位数，原则上不少于3个。从保护农产品质量安全的角度，依据《土壤环境质量农用地土壤污染风险管控标准（试行）》（GB 15618—2018）以及《食品安全国家标准食品中污染物限量》（GB 2762—2017）关于农产品重金属污染物指标的规定，选择镉、汞、砷、铅、铬5种重金属划分评价单元类别。

3.4.6.1　按单项污染物划分评价单元类别

（1）对评价单元内各点位土壤的各项污染物逐一分类

根据《土壤环境质量　农用地土壤污染风险管控标准（试行）》，分为三类：低于（或等于）筛选值（A类）、介于筛选值和管制值之间（B类）和高于（或等于）管制值（C类）。示例见表3-11。

表 3-11　各土壤点位的各项污染物分类示例

项目	镉	汞	砷	铅	铬
点位 1	A	B	C	B	A
点位 2	A	B	B	B	A
点位 3	B	B	C	A	A
...					

（2）根据各单项污染物分别判定该污染物代表的评价单元类别

当各点位土壤某单项污染物的分类结果一致时，用以下方法判定该单项污染物所代表的评价单元类别：全部低于（或等于）筛选值的，划分为优先保护类；全部介于筛选值和管制值之间的，划分为安全利用类；全部高于（或等于）管制值的，划分为严格管控类。示例见表 3-12，镉代表的评价单元类别为优先保护类，汞代表的评价单元类别为安全利用类。

表 3-12　各污染物代表评价单元类别划分示例（单项污染物分类结果一致时）

项目	镉	汞	砷	铅	铬
点位 1	A	B	C	C	A
点位 2	A	B	B	C	A
点位 3	A	B	C	C	A
点位 4	A	B	B	C	A
点位 5	A	B	B	C	A
点位 6	A	B	B	C	A
分类	优先保护类	安全利用类	安全利用类	严格管控类	优先保护类

当各点位土壤某单项污染物的分类结果不一致，存在 2 种及以上情况时（示例见表 3-13），可按以下 3 种方法之一判定该单项污染物所代表的评价单元类别。原则上对点位数大于（或等于）10 个的评价单元，选择方法一进行判定；对点位数小于 10 个的评价单元，视情况选择方法二或方法三进行判定。

表 3-13　各单项污染物的分类结果不一致的示例（存在 2 种及以上情况）

项目	镉	汞
点位 1	A	B
点位 2	A	A
点位 3	B	A
点位 4	B	A
点位 5	A	B
点位 6	C	B

方法一：计算评价单元内各土壤点位单项污染物浓度均值的 95％置信区间。对周边无污染源（在产或关闭搬迁重点行业企业、固体废物堆存和处理处置场所等）且历史上未发生土壤污染事件的，取置信区间下限；对周边存在污染源或历史上曾发生土壤污染事件的，取置信区间上限。用置信区间值与筛选值和管制值进行比较，判定该项污染物所代表的评价单元类别。即：低于（或等于）筛选值的，农用地土壤污染风险较低，一般情况下可以忽略，

划分为优先保护类；介于筛选值和管制值之间的，可能存在食用农产品不符合质量安全标准等土壤污染风险，原则上应当采取农艺调控、替代种植等安全利用措施，划分为安全利用类；高于（或等于）管制值的，食用农产品不符合质量安全标准等农用地土壤污染风险高，且难以通过安全利用措施降低食用农产品不符合质量安全标准等农用地土壤污染风险，原则上应当采取禁止种植食用农产品、退耕还林等严格管控措施，划分为严格管控类。

方法二：按照主导性原则，若每项污染物 80% 以上的土壤点位分类结果一致，则采用该结果判定该项污染物所代表的评价单元类别。

方法三：地方根据实际情况确定的其他经科学论证后的判断方法。

3.4.6.2　判断评价单元土壤环境质量类别

按照上述方法判定每项污染物代表的评价单元类别后，取最严格的作为该评价单元的类别。如某评价单元存在镉、铬两种污染物，根据污染物镉，该评价单元划分为安全利用类；根据污染物铬，该评价单元划分为优先保护类；综合评价，该评价单元应当划分为安全利用类。

3.4.7　评价单元内农产品质量评价

农产品质量评价所选取的农作物种类，应以评价单元所在区域常年主种植的农作物为准。农产品质量评价选取的污染物，应与判定该评价单元类别时依据的土壤污染物保持一致。按照《食物安全国家标准食品中污染物限量》(GB 2762—2017)（表 3-14），以及农业部门规定的有关技术方法，对该评价单元内农产品超标情况进行评价。

表 3-14　主要食用农产品中 5 种重金属国家标准限制值

项目	农产品种类	标准限制值/(mg/kg)
镉	糙米、大米、叶菜蔬菜、芹菜、黄花菜、豆类	0.2
	新鲜蔬菜(叶菜蔬菜、豆类蔬菜、块根和块茎蔬菜、茎类蔬菜、黄花菜除外)、新鲜水果	0.05
	豆类蔬菜、块根和块茎蔬菜、茎类蔬菜(芹菜除外)	0.1
	花生	0.5
汞	糙米、大米、玉米、玉米面(渣、片)、小麦(小麦粉)	0.05
	新鲜蔬菜	0.01
总砷	谷物(稻谷除外)、谷物碾磨加工品(糙米、大米除外)、新鲜蔬菜	0.5
无机砷	稻谷、糙米、大米	0.2
铅	新鲜蔬菜(芸薹类蔬菜、叶菜蔬菜、豆类蔬菜、薯类蔬菜除外)	0.1
	芸薹类蔬菜、叶菜蔬菜	0.3
	豆类蔬菜、薯类、水稻、小麦	0.2
铬	谷物、豆类	1.0
	新鲜蔬菜	0.5

3.4.8　综合确定评价单元类别

以按土壤污染状况初步划分的土壤环境质量类别为基础，结合农产品质量评价结果，综合确定该评价单元土壤环境质量类别，具体划分依据见表 3-15。

表 3-15　耕地土壤环境质量类别划分依据

序号	划分依据	质量类别
1	根据土壤污染程度划分为优先保护类	优先保护类
	根据土壤污染程度划分为安全利用类且农产品不超标	
2	根据土壤污染程度划分为安全利用类且农产品轻微超标	安全利用类
	根据土壤污染程度划分为严格管控类且农产品不超标	
3	根据土壤污染程度划分为严格管控类且农产品超标	严格管控类
	根据土壤污染程度划分为安全利用类且农产品严重超标	

3.4.9　评价单元优化调整

为便于耕地土壤环境管理，县（市、区）或乡镇要对行政区域内类别一致的相邻单元进行归并、整合。当同一单元跨乡镇的行政边界时，为落实属地责任应按照行政边界对单元进行拆分。

3.4.10　划分成果

编制耕地土壤环境质量类别划分报告（附录 C），建立耕地土壤环境质量类别分类清单（附录 D），制作耕地土壤环境质量类别划分图件（附录 E）。

3.4.11　动态管理

省级农业主管部门会同环境保护主管部门，组织开展耕地土壤环境质量类别划分工作，划分结果报省级人民政府审定，并根据土地利用变更和土壤环境质量变化情况，结合实际，对各类别农用地面积、分布等信息及时进行更新共享，数据上传至农用地环境信息系统。

第4章　耕地土壤重金属污染源调查与解析技术

耕地土壤重金属安全利用与修复的首要工作是查明土壤中重金属来源，并进行重金属输入输出平衡分析。耕地土壤重金属污染源主要包括污水灌溉、重金属超标肥料的施用以及大气沉降等。

4.1　耕地土壤重金属污染源

耕地土壤中重金属的来源十分复杂，可分为自然来源和人为来源。自然来源主要包括成土母质、岩石风化、火山喷发等；人为来源包括工业源（如采矿、冶炼、燃煤、交通等）、生活源（交通、废水、生活垃圾、燃煤等）和农业源（肥料、农药、灌溉水等）。表4-1列出了土壤中几种重金属的主要来源。不同来源重金属进入土壤的途径也不同，主要途径包括岩石风化形成的成土母质、大气沉降、灌溉和径流、固废堆置和施用肥料与农药等（图4-1）。调查结果表明，我国局域性耕地土壤污染严重的主要原因是由工矿企业排放的废水、废渣和废气造成的，较大范围的耕地土壤污染主要受农业生产活动的影响，一些区域性和流域性耕地土壤重金属污染则是工矿活动与自然背景叠加的结果。

表 4-1　土壤中重金属的主要来源（引自李娇等，2018）

重金属	主要来源
汞	氯碱工业、仪器仪表工业、造纸工业等,含汞农药,煤和化石燃料燃烧
镉	电镀、电池、颜料、塑料、涂料等的工业生产,采矿和冶炼,农业施肥
铜	冶炼、铜制品生产等,采矿业,含铜农药
锌	电镀、金属制造、皮革、化工等工业,含锌农药,磷肥,采矿业
铅	油漆、颜料、冶炼等工业,冶炼,铅蓄电池,汽车排放,含铅农药化肥
铬	冶炼、电镀、制革、印染等工业
镍	冶炼、电镀、炼油、燃料等工业,含镍电池生产
砷	硫酸、化肥农药、医药、玻璃等工业

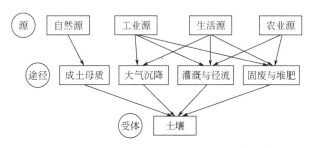

图 4-1 土壤中重金属的来源与累积途径（引自陈雅丽等，2019）

4.1.1 成土母质

成土母质是地表岩石经风化作用使岩石破碎形成的松散碎屑，物理性质改变，形成疏松的风化物，是形成土壤的基本的原始物质，是土壤形成的物质基础和植物矿物养分元素（除氮外）的最初来源。土壤是由岩石经过风化过程和成土作用形成的，土壤母质决定了土壤中最初的元素含量，形成土壤重金属背景值。例如，韩志轩等（2018）利用同位素示踪技术对重金属元素的来源研究指出，土壤 Cu、Ni、Cr 主要受地质背景控制，高含量的 Cd、Zn 与背景值具有较大相关性。徐夕博等（2018）对沂源县土壤重金属来源分析中指出，Hg、Cd、Zn、Pb、As、Co、Cu、Mn 主要受到成土母质影响，属于自然来源，Ni 和 Cr 主要来源于成土母质。

不同岩石的成土过程也影响着土壤中的重金属含量，如石英质岩石对发育于其上的土壤重金属含量起控制作用，而碳酸盐类岩石对其上发育的土壤中重金属含量控制作用则不强。因此，土壤中重金属的自然来源是受母质重金属含量与成土过程的共同影响。我国西南、中南地区分布着大面积的有色金属成矿带，镉、汞、砷、铅等元素的自然背景值较高，加上金属矿冶、高镉磷肥施用等，导致这些地区耕地土壤重金属普遍超标，加剧了区域性的土壤重金属污染（庄国泰，2015）。云南省岩溶区为砷、镉高值异常区，土壤中的砷、镉主要来源于碳酸盐岩的高背景含量，而碳酸盐岩土壤具有高 pH 值和高 CEC 值，质地黏重，造成碳酸盐岩土壤中的砷、镉高度富集（王宇等，2012）。

4.1.2 大气沉降

工业与交通运输业的发展，产生了含有重金属的气体和粉尘，经过长距离的迁移最后颗粒物通过干湿沉降进入农田生态系统，最终沉降并累积在土壤表层。其累积程度与所在地区的工业、交通、人口密度及气象条件有紧密的联系，距污染源越近，重金属含量就越高，且大气流动使重金属的污染范围更广。例如，Yi 等（2018）通过研究 4 种功能区（工矿区、畜牧区、郊区和风险管控区）的水稻土，发现大气沉降输入的重金属占总输入的 51.21%～94.74%，远超过施肥和灌溉等农业生产活动的影响。童文彬等（2020）以浙江省某典型 Cd、Pb 中轻度复合污染农田为研究对象，对其主要输入源（大气沉降、灌溉、肥料和农药）的 Cd、Pb 输入通量以及输出通量（水稻秸秆与籽粒移出）开展了长期监测与定量平衡分析。结果表明，大气沉降通量无显著季节变化，由大气沉降导致的 Cd、Pb 年均输入量分别为 $3.18g/hm^2$ 和 $54.46g/hm^2$，输入量占比分别达到 34.98% 和 34.95%。

4.1.3　污水灌溉

污水灌溉是指用城市下水道污水、工业废水、排污河污水以及超标的地面水等对农田进行灌溉。通常，化工、矿山开采与冶炼、电镀等行业排放的污水中重金属含量较高，污水未经处理而直接灌溉农田会造成土壤重金属污染。水资源匮乏推动污灌在我国广泛使用，我国农业自 1947 年便开始采用污水灌溉，1972 年后得到快速发展，到 20 世纪 90 年代污灌区域面积达到 360 万 hm^2。据农业部对全国污灌区农田土壤的调查，约 $1.4 \times 10^6 hm^2$ 的污灌区中，重金属污染占总面积的 64.8%，其中轻度、中度和严重污染分别占 46.7%、9.7% 和 8.4%（肖冰等，2020）。

4.1.4　农用物质的施用

农业生产过程中会投入大量的化肥（氮肥、磷肥、钾肥）、粪肥、有机肥和农药，可导致农田土壤重金属污染。一些农药中含有 Hg、As、Cu、Zn 等，如随着西力生消毒种子进入土壤的 Hg 为 $6 \sim 9 mg/hm^2$；美国密歇根州由于经常施用含 As 农药，其土壤中 As 的含量高达 112mg/kg。目前，含 As、Hg 和 Pb 的农药已在大部分国家禁用（如中国、美国、日本及欧洲各国等），但含 Cu 和 Zn 的各种杀菌剂（如波尔多液、多宁、碱式氯化铜、福美锌、噻唑锌、代森锌等）还在世界各国农业生产中广泛使用，每年随农药进入农田的 Cu 和 Zn 不容忽视。施用含铜农药和含砷农药（如亚砷酸钠、砷酸钙）成为农业土壤特别是果园土壤中重金属污染的主要来源之一。

有机肥和磷肥是土壤重金属污染的重要来源，其他肥料中也有不同含量的重金属，大量施用会对农田土壤造成潜在威胁。有机肥原料来源广泛，包括畜禽粪便、农业废弃物、加工废弃物等，这些原料不可避免地含有一定量重金属等有害物质。Cu、Zn 等微量元素常作为饲料添加剂使用，大部分随排泄积累在畜禽粪便中。研究发现，猪粪、牛粪、鸡粪和鸭粪中均存在 Cu、Zn、As、Cd、Cr 和 Pb 中一种或几种超标问题，猪粪 Cu、Zn、As 超标最为严重（贾武霞等，2016）。王美和李书田（2014）对肥料中重金属的含量状况进行了系统分析和总结，发现过磷酸钙中 Zn、Cu、Cd、Pb 含量高于氮肥、钾肥和三元复合肥，有机-无机复混肥料中的 Pb 含量高于其他化肥；有机肥如畜禽粪便、污泥及其堆肥中的重金属含量高于化肥，猪粪中的 Cu、Zn、As、Cd 含量明显高于其他有机废弃物，鸡粪中 Cr 含量高；污泥和垃圾堆肥中 Pb 或 Hg 含量高；商品有机肥 Zn、Pb 和 Ni 含量高于堆肥，Hg 含量高于畜禽粪便。Rao 等（2018）通过 30 年的长期施肥定位试验发现，长期施用有机肥会导致土壤镉的积累，低量有机肥处理表层土壤（0～10cm）的镉全量比对照增加了 36.2%，高量有机肥处理的则增加了 81.2%，两个处理土壤有效态镉（DTPA 提取）含量分别比对照增加了 17.3% 和 87.8%。我国磷肥使用量逐年增加，近 30 年累积使用量达到 1.63 亿吨，通过磷肥进入耕地土壤中的磷总量高达数百吨（庄国泰，2015）。刘树堂等（2005）通过 26 年的长期定位试验发现，长期施用过磷酸钙，土壤中镉含量增加了 38 倍左右。

此外，农用薄膜等其他农用物资中往往也含有一定量的 Cd 和 Pb，在大量使用塑料薄膜的温室大棚和保护地中，如果不及时清除残留在土壤中的农膜，其中的重金属可能在土壤中积累。

4.1.5　固体废物堆放与处置

固体废物中重金属极易移动，以辐射状、漏洞状向周围土壤、水体扩散。对苏北某垃圾堆放场、杭州铬渣堆放区附近农田土壤中重金属质量分数进行测定,发现 Cd、Hg、Cr、Cu、Zn、Pb 等质量分数均高于当地土壤背景值(包丹丹等,2011)。电子电器及其废弃物中含有大量 Cu、Zn、Cr、Hg、Cd 和 Pb 等,对其拆解、回收利用及处置过程中会产生重金属污染。Tang 等(2010)对某市电子废物拆解点附近农田土壤进行监测分析,发现重金属超标率为 100%,主要超标元素依次为 Cd、Cu、Hg 和 Zn。

4.2 耕地土壤重金属污染源的调查技术

开展耕地土壤周边污染源的调查工作,主要包括污染源名称、污染源位置、污染源类型、排放的污染物种类及排放量等。

4.2.1 工业污染源的调查

工业污染源调查内容包括企业基本登记信息,原材料消耗情况,产品生产情况,产生污染的设施情况,各类污染物产生、治理、排放和综合利用情况,各类污染防治设施建设、运行情况等。可以采用监测数据法、产排污系数法及物料衡算法核算工业污染源重金属的产生量和排放量。

废气重金属排放量优先采用产排污系数法。大气沉降物样品采集可以参考《环境空气质量监测点位布设技术规范(试行)》(HJ/T 664—2013)和《农区环境空气质量监测技术规范》(NY/T 397—2000)等,检测指标包括镉、汞、砷、铅、铬、铜、锌、镍和沉降量等,评价标准可以参考《食用农产品产地环境质量评价标准》(HJ/T 332—2006)、《环境空气质量标准》(GB 3095—2012)等,评价方法可以采用单因子污染指数法。

对于排水去向类型为城镇污水处理厂的企业,不考虑城镇污水处理厂对其重金属的削减,重金属(砷、镉、铅、汞、铬)排放量一律按企业车间(或车间处理设施)排口的排放量核算、填报。排水去向类型为工业废水集中处理厂和进入其他单位的企业,根据接纳其废水的单位废水处理设施是否具有去除重金属的工艺,确定重金属排放量核算方法:若接纳其废水的工业废水集中处理厂(或其他单位)废水处理设施具有去除重金属的工艺,则按接纳其废水的工业废水集中处理厂(或其他单位)出口废水重金属浓度及接纳废水量核算排放量;若接纳其废水的工业废水集中处理厂(或其他单位)废水处理设施无去除重金属工艺,则该企业重金属排放量按车间(或车间处理设施)排口的排放量核算。

工业固体废物的点位布设和样品采集参照《工业固体废物采样制样技术规范》(HJ/T 20—1998),检测指标包括浸出液中 pH 值和重金属含量,测定方法参照标准《固体废物 浸出毒性浸出方法 硫酸硝酸法》(HJ/T 299—2007)和《固体废物 浸出毒性浸出方法 翻转法》(GB 5086.1—1997),浸出液(HJ/T 299—2007)中污染物含量的评价标准参考《危险废物鉴别标准 浸出毒性鉴别》(GB 5085.3—2007),浸出液(GB 5086.1—1997)中重金属含量的评价标准参考《污水综合排放标准》(GB 8978—2015)。

4.2.2 农业污染源的调查

农业污染源的普查范围包括种植业、畜禽养殖业和水产养殖业。种植业的普查内容包括县级种植业基本情况,包括县区名称、行政区划代码、农户数量、农村劳动力人口数量、耕地和园地总面积等;主要作物播种面积情况和农药、化肥、地膜等生产资料投入情况;主要种植模式及污染防治措施、地膜回收利用情况；主要作物收获方式、秸秆利用方式与利用量。

对于规模化养殖场，普查内容包括：①基本情况，包括养殖场名称、代码、位置信息、联系方式、畜禽种类、养殖规模、养殖设施类型、饲养周期、饲料投入情况等；②废水处理方式、利用去向及利用量，粪便处理利用方式及利用量、粪便去向及利用量，配套农田面积、种植作物品种与种植面积。

对于非规模化养殖场（户），普查内容包括：①县域畜禽养殖业基本情况，包括县区名称、代码、各类养殖场（户）数量、养殖规模、产量，各类畜禽的饲料投入量、养殖设施类型、粪便清理方式及对应的养殖数量、粪便、废水产生量；②粪便处理利用方式及利用量、粪便去向及利用量，配套农田面积；③废水处理利用方式及处理、利用量等。水产养殖业的普查内容包括县区名称、代码、规模化养殖场与养殖专业户数量、养殖水体、养殖模式、投苗量与产量、养殖面积等。

农业污染源采用产排污系数法核算污染物产生量和排放量。产排污系数统一由国务院第二次全国污染源普查领导小组办公室提供，原则上不得采用其他各类产排污系数或经验系数。

为了了解和判断农业投入品是否存在对耕地土壤的重金属污染输入的贡献。布点采样目前无相关标准方法，选取代表性的样品进行采样可以参照 GB/T 6679、GB/T 6680。检测指标包括镉、汞、砷、铅、铬、铜、锌、镍等。肥料中重金属的评价可参照《肥料中砷、镉、铅、铬、汞生态指标》（GB/T 23349—2009）。《耕地污染治理效果评价准则》（NY/T 3343—2018）中要求"耕地污染治理措施不能对耕地或地下水造成而二次污染。治理所用的有机肥、土壤调理剂等耕地投入品中镉、汞、铅、铬、砷 5 种重金属含量，不能超过 GB 15618—2018 规定的筛选值，或者治理区域耕地土壤中对应元素的含量"。

农业灌溉水的点位布设和样品采集参考《农用水源环境质量监测技术规范》（NY/T 396—2000），检测指标包括 pH 值、镉、汞、砷、铅、铬（六价）、铜、锌和镍等，评价标准参考《农田灌溉水质标准》（GB 5084—2005），评价方法可以采用单因子污染指数法。

4.2.3　生活污染源的调查

生活污染源调查的主要内容包括从事第三产业的单位的基本情况和污染物的产生、排放、治理情况，机动车污染物排放情况，城镇生活能源结构和能源消费量，生活用水量、排水量以及污染物排放情况等。

对于城镇污水，根据城镇供水统计数据，利用排水系数核算城镇生活污水产生量，并通过城镇污水处理厂枯水期进水水质数据及入河（海）排污口水质监测结果，核算水污染物产生量。根据工业污染源和集中式污染治理设施普查结果，估算工业废水集中处理设施和城镇污水处理厂对生活污染源水污染物的削减量，获取城镇生活污水与重金属的排放量。

对于农村污水，根据农村常住人口、农村人均生活用水量以及厕所类型、粪尿与生活污水排放去向等信息，利用产排污系数，核算农村生活水污染物产生量；根据集中式污水治理设施普查结果，估算对农村生活源水污染物的削减量，获取农村生活污水与污染物的排放量。

通过普查获取城镇居民和第三产业能源使用情况，采用抽样调查获取农村居民能源使用情况，结合生活源锅炉普查结果，利用排污系数核算城乡居民能源使用的重金属排放量。

4.3 耕地土壤重金属污染源的解析技术

了解土壤重金属的污染来源，从而制定和采取相应的源头削减与阻控措施，是保护耕地土壤质量和农产品安全的根本措施。目前对源解析的认识存在两个层次，第一个层次只需定性判断出环境介质中主要污染物的来源类型，称为源识别（source identification）；第二个层次是在源识别的基础上，定量计算出各类污染源的贡献大小，称为源解析（source apportionment），很多研究人员将两者统称为源解析（李娇等，2018）。

污染物源解析的研究最早起源于 20 世纪 60 年代的美国，主要采用以污染源为对象的扩散模型和以污染区域为对象的受体模型进行定性或者定量分析。扩散模型是以污染源为研究对象，根据已知各个污染源排放量、排放源与研究区域距离、污染物的理化性质以及研究区域中风向、风速和湍流等自然环境要素来研究污染源对该区域的影响程度的一种源解析方式。受体模型则以污染区域作为研究对象，直接通过分析排放源和受体样品本身的理化性质来分析污染源对受体的影响，从而定性识别污染源并定量确定每一类污染源的贡献率。受体模型可以避免由于地形或气象数据的复杂性和不确定造成的源解析结果的偏差，越来越得到广泛的应用。

按照技术手段，土壤重金属源解析技术主要有扩散模型中的污染源排放清单法（emission inventory method），受体模型中的化学质量平衡模型法（chemical mass balance，CMB）、混合方法（hybrid approach）、正定矩阵因子分解法（positive matrix factorization，PMF）、UNMIX 模型、同位素比值法以及先进统计学算法中的条件推断树（conditional inference tree）、有限混合分布模型（finite mixture distribution model，FMDM）、随机森林（random forest）等。

4.3.1 污染源排放清单法

污染源排放清单法是一种基于污染源重金属投入通量的解析方法，通过调查和统计各污染源的状况，根据不同污染源的活动水平和排放因子模型，建立污染源清单数据库，从而对不同污染源的排放量进行评估，确定主要污染源。

建立污染源排放清单包括以下几步。①确定区域土壤重金属污染源输入途径。耕地土壤重金属主要的输入途径包括大气沉降、灌溉和施用化肥、畜禽粪便、污水污泥等。②数据收集。清单编译的准确性取决于相关数据的有效性和可靠性。建立清单的数据可以通过统计年鉴、科研文献、区域农业统计数据、土壤信息系统和模型计算等途径获取。收集的数据主要包括研究区域的耕地面积、化肥施用量、农作物播种面积、灌溉定额和主要农作物产量等。农作物、化肥、畜禽粪便等输入源重金属的浓度数据来自已有研究报道或样品采集和化学分析。利用数据建立清单时，为了保证结果的可靠性，需要处理数据空间尺度上的差异性。例如大气沉降的数据一般是区域尺度，施肥或灌溉的数据一般是局部地区范围。为了使估测的结果便于比较，所有输入输出通量都表示为整个研究区单位耕地面积的量。③计算各种污染源的输入量。

到目前为止，我国关于土壤重金属输入清单的研究还很有限，仅有零星的、在小范围开展的研究案例，海南、黑龙江、湖南、天津、南京以及珠江三角洲建立了清单评估农田土壤重金属的平衡。例如，Shi 等（2018）汇总了我国农田土壤重金属输入和输出清单，分析了因地理、气候、社会经济因素、工农业生产等造成的不同地区间重金属输入输出清单的差异性，得出大气沉降是全国范围内重金属输入农田土壤的主要途径。Yi 等（2018）对湖南长株潭城市群 4 种污染区（矿区、养殖区、郊区和控制区）土壤的研究发现，4 个污染区土壤中大气沉降输入的 Cd、As、Pb、Cr 和 Hg 总量占总输入量的 51.21%～94.74%，显著高于肥料和灌溉水，但在畜禽养殖区，粪肥的贡献率与大气沉降几乎相同。Shi 等（2019）对浙江省农田土壤中重金属输入输出清单的研究发现，大气沉降分别占总 Cr 和总 Pb 输入总量的 47.88%和 76.87%；牲畜粪肥约占 As、Cu 和 Zn 输入总量的 54%～85%；畜肥和灌溉是土壤汞的主要来源，分别占总输入量的 50.25%和 38.63%；Ni 主要来源于大气沉降（57.86%），其次来源于灌溉（22.69%）；大气沉降、灌溉和畜禽粪便对土壤 Cd 的相对贡献相似。

污染源排放清单法能够直接地反映不同来源的投入情况，且能找出重点污染源及其进入土壤的途径。但是，该方法存在一些局限性（陈雅丽等，2019）：①采集全面、可靠的数据存在困难，要耗费大量的时间和精力；②排放因子不确定性大、人类污染活动水平资料缺乏、排放清单往往具有不完整性，导致分析结果存在不确定性；③不同来源的重金属在土壤中的累积能力也有差异，难以准确统计各种污染源对土壤重金属累积量的贡献。

4.3.2 化学质量平衡模型法

化学质量平衡模型是一种基于质量守恒定律来构建一组线性方程，首先获得每种化学组分的受体浓度与各类排放源成分谱中这种化学组分的含量，从而计算各类排放源对受体的贡献浓度。应用化学质量平衡法进行污染源解析的前提包括：①从排放源到受体之间，排放的污染物不发生削减反应；②存在对受体中污染物有贡献的若干污染源；③各种污染源排放的污染物质之间相互不发生反应；④源谱不存在共线性问题（李娇等，2018），即土壤受体中重金属的浓度等于各个主要污染源中重金属浓度的线性加和，用公式(4-1) 表达：

$$C_i = \sum_{j=1}^{p} f_j x_{ij} + \alpha_i \qquad (4-1)$$

式中，C_i 为受体土壤样品中第 i 种重金属的浓度，mg/kg；x_{ij} 为第 j 类污染源中第 i 种重金属的浓度，mg/kg；f_j 为污染源 j 对受体土壤的贡献值；α_i 为测量误差；p 为污染源个数。

当 $i \geqslant j$ 时，可求得源 j 对受体的贡献值 f_j，则源 j 的相对贡献率 η 可用式(4-2) 表示：

$$\eta = \frac{f_i}{\sum_{j=1}^{p} f_j \eta} \qquad (4-2)$$

化学质量平衡模型是目前国内外应用最广泛的受体模型，也是美国环境保护署推荐使用的模型。该方法原理简单，使用参数较少，源类信息的物理意义明确，需要的受体数据量不大，在分析中考虑到了源成分谱的误差，可以定量评价各污染源的贡献率。但该法也有一定的局限性：①它需要较完整的污染源指纹图谱，并且要事先判断出污染源的数量和类型，存在一定的主观性，有可能丢失污染源的信息；②它不能得到一个较长时期内污染源对受体的长期贡献；③模型对于共线源问题敏感，解析效果较差。该方法需要经常监测研究区域的污染源和土壤样品，列出排放清单，不断更新研究区域的排放源成分谱。

4.3.3　同位素比值法

同位素比值法基于同位素的质量守恒原理，利用不同污染源中某重金属元素的不同同位素的比值具有差异性的特点，通过测定受体样品中相应同位素的组成来对污染物的来源及贡献程度进行定量区分。由于金属同位素受后期地质地球化学作用影响小，该方法的精确度高、需要的样品量少、具有较高的辨别能力，目前已有 Pb、Cd、Cu、Zn、Hg 的同位素被用于土壤中重金属的溯源研究。例如，李霞等（2016）利用同位素比值法分析了天津某郊区农田土壤中 Cd 和 Hg 的空间分布特征和污染来源，得出 Cd 的主要污染源是工业废弃物（46%）和灌溉水（29%），大气降尘、无机肥、有机肥、农药对土壤 Cd 的污染贡献率均在10%以下，平均值分别为 9.2%、7.3%、4.3% 和 4.2%；Hg 的污染来源以大气降尘（37%）、有机肥（25%）及灌溉水（22%）为主，工业废弃物、农药及无机肥对土壤 Hg 贡献率最低，平均值分别为 5.9%、3.1% 和 7.1%。

铅同位素比值法是目前研究最多也是最成熟的方法。Pb 在自然界中存在 4 种稳定同位素，即 ^{204}Pb、^{206}Pb、^{207}Pb 和 ^{208}Pb（表 4-2）。常用的铅同位素比值测定法有 IDMS（同位素稀释质谱法）、TIMS（热电离质谱）和 MC-ICP-MS（多接收电感耦合等离子体质谱法）。三种测定方法均能满足一般所要求的同位素测试精度，但前两种方法存在样品前处理复杂、耗时长等缺点，而 MC-ICP-MS 是在 ICP-MS 的基础上，结合了 TIMS 的同位素丰度测量技术的优良特征和电、磁双聚焦功能，可进行快速元素同位素比值测定分析，具有检测限低、干扰少、精度高等优点，近年来成为一种常用的环境监测手段，被广泛地应用于铅同位素比值测定（Ettler et al.，2011）。

表 4-2　铅稳定同位素的种类（引自宣斌等，2017）

铅同位素	丰度变化/%	核裂变常数/a^{-1}	半衰期/a	衰变反应
^{204}Pb	1.04～1.65	—	1.40×10^{17}	—
^{206}Pb	20.84～27.48	$1.551\,25 \times 10^{-10}$	4.466×10^9	$^{238}_{92}$U $\longrightarrow$ $^{206}_{82}$Pb$+8^4_2$He$+6\beta^-$
^{207}Pb	17.62～23.65	$9.848\,5 \times 10^{-10}$	0.704×10^9	$^{235}_{92}$U $\longrightarrow$ $^{207}_{82}$Pb$+7^4_2$He$+4\beta^-$
^{208}Pb	51.28～56.21	$4.947\,5 \times 10^{-10}$	1.401×10^{10}	$^{232}_{90}$Th $\longrightarrow$ $^{208}_{82}$Pb$+6^4_2$He$+4\beta^-$

目前，铅稳定同位素多是通过绘制铅稳定同位素组成图来识别源类。具体来说，就是将样品的铅稳定同位素组成与潜在污染源的铅稳定同位素组成绘制在同一张散点围上，然后根据样品与潜在污染源之间的相对位置，定性识别样品中的铅来源。在定性识别出环境样品中铅的来源之后，则可进一步定量化各源的贡献。由于铅有 4 个稳定同位素，理论上可以求解小于等于 4 个潜在来源的贡献。由于 ^{204}Pb 在自然界中丰度较低，测定精度较差，研究者通常选择 ^{206}Pb、^{207}Pb 和 ^{208}Pb 三者中任意两者丰度比（比值）来研究铅的来源。因此，研究者常将土壤中的铅来源缩小到 2～3 个，使用二或三源混合模型求解各源的贡献。当主要污染源为两个（假设污染源 1、污染源 2）时，某一污染源 1 对样品铅的相对贡献率可根据二元模型计算 [式(4-3)]：

$$X_1 = \frac{R_S - R_2}{R_1 - R_2} \times 100\%$$ (4-3)

式中，X_1 为污染源 1 对样品中的铅的相对贡献率；R_S 为样品的铅同位素 ^{206}Pb/^{207}Pb

值；R_2 为污染源 2 的铅同位素^{206}Pb/^{207}Pb 值；R_1 为污染源 1 的铅同位素^{206}Pb/^{207}Pb 值。该公式仅适用于两个污染源的定量分析。

如果已知三个主要污染源（污染源 1、污染源 2、污染源 3）的铅同位素特征值，可以建立三元模型，具体式（4-4）如下：

$$R_S = f_1R_1 + f_2R_2 + f_3R_3$$
$$N_S = f_1N_1 + f_2N_2 + f_3N_3$$
$$f_1 + f_2 + f_3 = 1 \tag{4-4}$$

式中，R_S 为样品^{206}Pb/^{207}Pb 值；N_S 为样品^{208}Pb/^{206}Pb 或者^{208}Pb/^{207}Pb 的值；R_1、R_2、R_3 和 N_1、N_2、N_3 分别表示污染源 1、2、3 的^{206}Pb/^{207}Pb 及^{208}Pb/^{206}Pb 或者^{208}Pb/^{207}Pb 值；f_1、f_2、f_3 分别代表污染源 1、2、3 的相对贡献率。

一般来说，自然来源^{206}Pb/^{207}Pb 的值在 1.2 以上，人为来源^{206}Pb/^{207}Pb 的值在 0.96～1.20 之间（杨皓等，2015）。赵多勇等（2015）以陕西省某工业区为研究对象，采用 ICP-MS 测定大气降尘、耕层土壤（0～20cm）和背景土壤样品中铅元素质量、^{206}Pb/^{207}Pb 和^{208}Pb/^{206}Pb 值，结合二元混合模型计算各污染源对耕层土壤铅污染的相对贡献率。研究表明：铅锌冶炼活动、焦化厂燃煤、热电厂燃煤和背景土壤对耕层土壤铅污染的贡献率分别为 18.43%、9.36%、19.71% 和 52.50%。Chen 等（2018）利用 Pb 同位素对江苏宜兴市太湖西部农田表层土壤中的 Pb 进行了污染源解析，指出大气沉降对研究区农田土壤中 Pb 的贡献率为 57%～93%（平均为 69.3%），而灌溉水和肥料的贡献率均在 0～10%。

同位素比值法能较准确区分不同污染源的贡献值，但只能针对个别重金属（Pb、Cd、Cu、Zn、Hg）进行溯源，且也需要收集各个排放源样品的相关同位素特征值，该方法样品处理与分析复杂、昂贵，不适于大量样品的分析。

4.3.4　传统多元统计方法

传统的多元统计方法是目前土壤重金属污染源解析研究中的常用方法。这类方法通过识别具有相似分布特征的重金属来定性判定某些重金属的来源，即假设来自同一污染源的重金属之间具有相关性。常用的多元统计方法主要有：相关性分析法、聚类分析法、因子分析法、主成分分析法等。

相关性分析法是用于统计分析不同变量之间是否具有某种共同变化关系的方法。不同重金属元素间的相关性可用于反映这些元素的来源及迁移途径，如果元素间没有相关性，则表明这些元素并不是受单一因素的影响。Pearson 相关系数是土壤重金属源解析中常用的相关性分析方法。

聚类分析法（CA）是根据不同重金属元素间的相似程度找出两种或两种以上能够衡量不同元素间相似程度的变量，然后以这些变量为分类依据，对元素间的相关程度进行分类，采用聚类树状图形象地反映元素之间的远近关系。

因子分析法（FA）可以将一系列具有复杂关系的变量归结为少数几个综合因子，该方法将土壤中各元素的浓度值看作是各种污染源贡献的线性组合，然后根据受体样品（n）各化学成分（i）之间的相关关系，从 $n \times i$ 个数据集合中归纳出公因子（又称主因子），然后由此计算出各个因子载荷，结合因子载荷情况和污染源的特征元素定性推断出各因子可能代表的污染源类型。

主成分分析法（PCA）是最常用的源识别方法之一，其主要思想是将彼此之间可能相关的一组变量，转化为彼此线性无关的变量，这些线性无关的变量称为主成分。主成分分析是基于矩阵的正交分解，因而各个主成分对于数据变异的解释程度依次递减。在污染源识别中，根据主成分的因子载荷来解译各个主成分所代表的源类。使用 PCA 进行污染源识别的时候，关键的问题在于潜在源类数目的确定。目前，常采用特征值大于 1 的主成分数目、能解释一定量（如 80%）的总变异的主成分数目等准则，以及利用碎石图（scree plot）来确定潜在源类的数目。主成分分析受原始数据的数量级影响较大，且假定数据是服从正态分布的。然而，土壤中重金属的浓度数据往往并不服从正态分布。对于不满足正态分布的数据，往往需要先将数据进行对数转换或 Box-Cox 转换，使之服从正态分布，利用转换后的数据进行 PCA 分析。

PCA 的结果与源贡献相关，但是只能定性地推测潜在的污染源而不能直接用于源解析。主成分分析/绝对主成分得分（PCA/APCS）受体模型是在 PCA 的基础上，得到归一化的重金属浓度的因子分数 APCS，再将 APCS 转化为每个污染源对每个样本的浓度贡献。该模型不但可以定量确定每个变量对每个源的载荷，还可以定量确定源对其重金属的平均贡献量和在每个采样点的贡献量。主要计算步骤如下。

① 对所有重金属元素含量进行标准化，从 PCA 得到归一化的因子分数：

$$Z_i = \frac{C_i - \overline{C_i}}{\sigma_i} \tag{4-5}$$

式中，Z_i 为重金属元素 i 标准化后的浓度值（无纲量）；C_i 为重金属元素 i 浓度实测值，mg/kg；$\overline{C_i}$ 为元素 i 的平均浓度，mg/kg；σ_i 为元素 i 的标准偏差。

② 对所有元素引入 1 个浓度为 0 的人为样本，计算得到该 0 浓度样本的因子分数：

$$(Z_0)_i = \frac{0 - \overline{C_i}}{\sigma_i} = -\frac{\overline{C_i}}{\sigma_i} \tag{4-6}$$

③ 每个样本的因子分数减去 0 浓度样本的因子分数得到每个重金属元素的 APCS。

④ 用重金属浓度数据对 APCS 做多元线性回归，得到的回归系数可将 APCS 转化为每个污染源对每个样本的浓度贡献，对 C_i 的源贡献量可由 1 个多元线性回归得到：

$$C_i = b_{0i} + \sum_{p=1}^{n} (\mathrm{APCS}_p \times b_{pi}) \tag{4-7}$$

式中，b_{0i} 为对金属元素 i 做多元线性回归所得的常数项；b_{pi} 是源 p 对重金属元素 i 的回归系数；APCS_p 为调整后的因子 p 的分数；$\mathrm{APCS}_p \times b_{pi}$ 表示源 p 对 C_i 的质量浓度贡献，所有样本的 $\mathrm{APCS}_p \times b_{pi}$ 平均值表示源平均绝对贡献量。

瞿明凯等（2013）利用 PCA/APCS 模型研究了武汉市东湖高新技术开发区内表层土壤中 Cd 源的贡献量，按大小依次为电子工业源（67%）、土壤母质（16%）、其他源（9%）和城市大气沉降源（主要为汽车尾气，8%）。

传统多元统计方法不需要提前对污染源进行调查分析，但是其筛选出的公共因子与污染源之间的关系常具有一定的主观性，且难以区分出相似的污染源；此外，该方法需要大量的样品且需借助统计分析软件，对于污染源数目较多的体系，计算比较烦琐。

4.3.5 正定矩阵因子分解法

正定矩阵因子分解法（PMF）是由芬兰科学家 Paatero 和 Tapper 在 FA 的基础上发展

起来的，也是美国环境保护署推荐的源解析方法之一。该方法不依赖于污染源的化学成分谱分析，而是将多个（土壤）样品、多种重金属元素的数据集当作是一个矩阵，然后将矩阵分解为源的贡献率矩阵和源成分谱矩阵，通过非负约束因子分析，利用最小二乘法迭代计算，使目标函数最小化，以解决所测量的重金属浓度和污染源之间的化学质量平衡（CMB）。

在 PMF 模型中，将受体样品浓度数据矩阵（X）分解为因子得分矩阵（G）、因子载荷矩阵（F）和残差矩阵（E），矩阵形式描述如公式(4-8)：

$$\begin{cases} \underset{n \times m}{X} = \underset{n \times p}{G} \times \underset{p \times m}{F} + \underset{n \times m}{E} \\ G \geqslant 0, F \geqslant 0 \end{cases} \tag{4-8}$$

式中，n 为受体样品个数；m 为所测的化学物质种类；p 为主因子数（即主要源个数）。该矩阵形式［式(4-8)］可用具体方程式(4-9) 表示：

$$x_{ij} = \sum_{k=1}^{p} g_{ik} f_{kj} + e_{ij}, (i=1,2,\cdots,n; j=1,2,\cdots,m) \tag{4-9}$$

式中，x_{ij} 表示样本 i 中第 j 个重金属的浓度，mg/kg；g_{ik} 是样本 i 中第 k 个污染源的贡献率；f_{kj} 是污染源 k 对第 j 个重金属浓度的特征值。

PMF 模型基于加权最小二乘法进行限定和迭代计算，不断地分解矩阵 X，来得到最优的矩阵 G 和 F，最优化目标是使目标函数 Q 最小化。目标函数 Q 定义如式(4-10)：

$$Q = \sum_{i=1}^{n} \sum_{j=1}^{n} \left(\frac{x_{ij} - \sum_{k=1}^{p} g_{ik} f_{kj}}{u_{ij}} \right)^2 = \sum_{i=1}^{n} \sum_{j=1}^{m} \left(\frac{e_{ij}}{u_{ij}} \right)^2 \tag{4-10}$$

式中，u_{ij} 指的是 i 样本中第 j 个重金属的不确定度。

应用 PMF 模型时，可以对每一个单独的数据点进行权重处理，赋予每个数据点合适的不确定性大小。

常用的两种不确定度值算法见表 4-3。方法 1 和方法 2 都考虑了样品浓度和仪器检测特性对数据不确定度的影响。当重金属浓度大于 MDL 时，采用方法 1；当重金属浓度小于 MDL 时，采用方法 2。

表 4-3　两种不确定度值算法的比较

方法	算法	相关参数
1	$U_{nc} = \sqrt{(\theta \times C)^2 + (MDL)^2}$	U_{nc} 为不确定度；θ 为标准差；C 为实测重金属含量；MDL 为方法检出限
2	$U_{nc} = 0.1C + \dfrac{MDL}{3}$	C 为实测重金属含量；MDL 为方法检出限

近年来，PMF 方法应用于农田土壤重金属污染源的解析。例如，魏迎辉等（2018）以湖南水口山铅锌矿周边农田土壤为例，探究了异常值剔除和地壳元素引入对 PMF 模型源解析结果的影响，结合元素浓度空间分布图，得出土壤 Pb、Zn、Cd 和 Sb 主要来自铅锌矿的采选及冶炼等工业活动源（26.81%），As 和 Hg 主要来自污水灌溉和农药化肥施用等农业活动源（14.68%），Cr、Ni、Co 和 Mo 主要来自土壤母质源（24.41%），Mn 和 Fe 主要来自铁矿石开采和交通运输源（16.39%），Al 和 Ca 主要来自矿石风化源（17.72%）。陈志凡等（2020）运用正定矩阵因子分析法（PMF）对某市城郊土壤 9 种重金属污染来源及其贡献率进行了解析。结果表明：工业污染源贡献率 29.74%，农业与污灌复合污染源贡献率

19.93%，自然母质源贡献率35.98%，大气沉降源贡献率14.35%；其中土壤 Hg 主要来源于大气沉降源（67.23%），Pb、Cu 和 Zn 主要来源于工业污染源，工业污染源对三种重金属贡献率分别为67.58%、40.65%、35.51%，Ni、Cr 和 Mn 主要来源于自然母质源，贡献率分别为68.82%、67.16%、72.32%，Cd、As 主要来源于农业与污灌复合源的影响，贡献率分别为71.30%、47.53%。

然而，PMF 受体模型法极大程度上依赖大量样品的采集和准确分析，模型输入变量由于易受环境条件多变性和环境系统复杂性的影响而存在较大不确定性，模型结果往往难以验证，从而导致源解析结果的可靠性存在一些争议。

4.3.6 UNMIX 模型

UNMIX 模型由 Henry 于2003年提出，也是美国环保署推荐的受体模型。UNMIX 模型并不对数据进行中心化处理，其使用奇异值分析来减小数据的维度，进而对公式(4-8)进行求解。UNMIX 模型的运算建立在不同污染源对于受体的源贡献是各个源组分的线性组合，源中组分对受体的贡献为正值，样品中有一些源贡献很少甚至没有，将这些没有贡献或贡献很低的样点组成的超平面看作是边缘，利用这些边缘确定各源贡献大于等于0的区域，该区域的各个顶点代表了各个污染源。其计算原理可用公式(4-11)表示：

$$C_{ij} = \sum_{k=1}^{m} F_{jk} S_{jk} + E \qquad (4-11)$$

式中，C_{ij} 为第 i 个区域样品（土壤）的第 j 个物种中重金属的含量，mg/kg；F_{jk} 为第 j 个样品重金属含量在源 $k(k=1,\cdots,m)$ 中的质量分数，代表源的组成；S_{ik} 为源 k 在第 i 个样品中的总量，也就是代表源的贡献率大小；E 为分析过程的不确定度或者各个源组成的标准偏差。

UNMIX 模型运行操作简单，可直接读取格式符合的 Excel 数据文件。导入数据后，UNMIX 模型能够利用自带的数据分析功能，分析数据的统计特征，在数据处理窗口（data processing）中可以通过（view/edit points and observations）功能观察含量的边缘分布图或者通过（suggest exclusion）功能对不符合的数据进行剔除，然后通过选择初始物种（select initial species）以及建议附加物种（suggest additional species）功能，选择最优于 UNMIX 模型运算的物种。模型解析出的源成分谱需符合可以用该模型进行解释的最低系统要求（拟合相关系数 Min Rsq>0.8，信噪比 Min Sig./Noise>2）。

UNMIX 模型并不利用受体浓度的不确定度信息，仅需要受体的浓度数据便可运行。其也对模型做了非负限定，但其并不是总能找到一个解，且其对于贡献较少的源类并不能给出很好的结果，在一定程度上限制了其使用。UNMIX 模型在土壤污染物方面的应用主要针对有机污染物，针对重金属方面的研究报道相对较少。卢鑫等（2018）采集了云南省会泽县铅锌矿区周边42个农田土壤样品，测定了14种元素的含量，利用 UNMIX 模型解析出的3个土壤重金属污染来源，分别为工业污染源，贡献率为16.32%，燃煤和施肥导致的污染源，源贡献率为68.26%，矿山开采导致的人为污染源及土壤母质造成的自然污染源的综合污染源，源贡献率15.42%。研究区的农田土壤重金属污染的空间分布格局与当地的土地利用类型和 UNMIX 模型解析的结果基本吻合，表明 UNMIX 模型可以很好地应用于矿区周边农田土壤重金属源解析研究。段淑辉等（2018）利用 UNMIX 解析湘中南农田土壤重金属来源，结果表明，在郴州和衡阳区域，土壤表层 Cd 污染主要由工业活动（贡献率分别为66.15%

和 64.88%）引起，Pb 污染同时受工业活动（贡献率分别为 49.10% 和 54.28%）和交通运输及自然污染（贡献率分别为 43.24% 和 50.23%）共同影响；在长沙区域，土壤表层 Cd 污染受农业源影响最大（61.40%），Pb 污染主要与交通运输及自然污染综合源（94.29%）有关。

4.3.7　空间分析法

空间分析法基于地理信息系统，利用地统计结果和采样点之间的空间关系，从有限样本对土壤重金属含量的空间分布进行数字制图，从而预测未采样点的数据。该方法不仅可以使预测的误差方差达到最小值，同时也减少了调研采样的工作量。当研究区受到明显的人为影响时，土壤中某些重金属异常高值的分布通常会与工业、城镇、农业等的分布出现较好的相关性。因此，重金属在空间上的变异尺度可作为判断各重金属来源的重要依据。通常，自然因素作用造成的空间变异尺度较大，而人为的贡献主要体现在中小空间的尺度上。该方法涉及的插值法有反距离加权插值法（IDW）、克里格插值法（Kriging）、自然邻点插值法（natural neighbor）等，在空间分析过程中需要根据实际情况合理选择和运用插值法，其中以克里格插值法最为常见。

空间分析法常与传统的多元统计方法、PCA/APCS 等源解析方法联用，尤其是在污染源未知的情况下，可直观获得污染源对重金属贡献率的空间分布。例如，乔胜英等（2005）运用相关分析、多元统计方法结合空间分布对漳州市不同功能区的表层土壤样品进行重金属来源解析表明：土壤中 Cd、Pb 含量受人为污染影响较强；As、Cr 和 Ni 主要受成土母质影响，Cu 来源于地球化学作用的比例较大。谢小进等（2010）运用多元统计学、空间分析和地统计学相结合的方法，对上海市宝山区农用表层土壤中重金属的来源研究表明：Cd、Pb、Zn、Cu、Cr 主要源于人为活动，而 As 主要与成土母质有关。陈丹青等（2016）结合相关性分析、PCA/APCS 受体模型和地统计学分析得出，8 种重金属元素可被辨识为 3 种主成分，PC1(Cd、As、Zn、Cu、Cr 和 Ni) 为自然源，PC2(Pb、Cd 和 Hg) 为交通源，PC3(Hg) 为工业源。源 1、2、3 对土壤 Cd 的平均贡献率分别为 46.1%、42.8% 和 1.1%，其他源占 10.0%；源 1、2、3 对土壤 Hg 源平均贡献量占 13.6%、36.1% 和 45.4%，其他源占 4.9%。

4.3.8　先进统计学算法

近年来，随着其他学科和技术的发展，新方法不断应用于土壤重金属源解析的研究，如基于概率和统计分析的随机模型、基于非监督分类技术的有限混合分布模型、基于机器学习和数据挖掘数学方法的条件推断树等。这类算法也属于受体模型的范畴，计算速度较快，在处理大量数据时具有优势，可以更好地解释传统统计学方法不能解释的复杂空间关系。

条件推断树通过条件推断框架中二元递归分裂来划分并预测自变量和土壤重金属浓度之间的回归关系。该方法根据统计检验来确定自变量和选择分裂点，即先假设所有自变量与因变量均独立，再对它们进行卡方独立检验，检验 P 值小于阈值的自变量加入模型，相关性最强的自变量作为第一次分裂的自变量。自变量选择好后，用置换检验来选择分裂点，当显著性检验发现自变量对重金属含量不再有显著影响时，分裂即会自动停止，避免出现过拟合。土壤重金属源解析中，影响土壤中重金属含量的因素即为自变量，如土壤类型、土地利用类型、人口密度、土壤有机质、道路交通状况等；土壤中重金属含量的分布概率即是上述自变量的条件分布函数。

有限混合分布模型用于获得背景区域和污染区域中土壤重金属浓度混合观测值的概率密度函数，它是将一个大群体的概率分布模型分解为若干个子群体的概率分布模型。建立该模型的前提是要确定子群体的数目、权重及其概率密度函数的选择和参数设定，并且该模型假设所观测的土壤重金属含量数据可随机地从由多个子群体概率密度函数代表的混合分布模型中产生。例如，Hu 等（2013）利用条件推断树和有限混合分布模型对珠三角地区的土壤重金属污染进行源解析，有效地克服了区域尺度下土壤背景及人为贡献的空间变异性带来的不确定性，并对天然来源和人为来源的贡献进行定量解析，成功识别了珠三角地区影响表层土壤中重金属含量的主要因素和作用机制。

随机森林可以被看作是一个包含了多个条件推断树的分类器，是由 Breiman 基于统计学理论开发的一种数据挖掘方法，它的提出是基于决策树分类器的融合算法。该算法利用 bootstrap 重抽样方法从原始样本中抽取多个样本，对每个 bootstrap 样本构建决策树，然后将所有决策树预测平均值作为最终预测结果。随机森林在不显著提高运算量的前提下提高了预测精度，可用于估算各环境变量的重要性系数，从而进一步识别影响重金属含量的主要因素。例如，宋志廷等（2016）则利用随机森林构建了天津武清区表层土壤重金属源-汇量化关系。

第5章 重金属污染耕地的安全利用技术

5.1 我国关于污染耕地安全利用的法规政策

自 2016 年以来，全国各地区、各部门全面实施《土十条》，土壤污染预防与治理工作取得了阶段性进展，一些地区耕地污染加重趋势得到初步遏制，耕地土壤环境风险得到进一步管控。《土壤污染防治法》将我国耕地土壤污染防治纳入法制化轨道。农业农村部会同原环保部出台了《农用地土壤环境管理办法（试行）》，进一步加强农用地土壤环境监督管理。在政策指引上，2017 年 3 月 6 日，农业部发布了《农业部关于贯彻落实〈土壤污染防治行动计划〉的实施意见》；2019 年 3 月 27 日，农业农村部办公厅印发了《轻中度污染耕地安全利用与治理修复推荐技术名录（2019 年版）》（农办科〔2019〕14 号）；2019 年 4 月 8 日，农业农村部办公厅和生态环境部办公厅印发《关于进一步做好受污染耕地安全利用工作的通知》（农办科〔2019〕13 号）。此外，农业农村部会同生态环境部门出台一系列耕地污染防治类技术文件或标准规范，如《稻米镉控制 田间生产技术规范》《耕地污染治理效果评估准则》《受污染耕地治理与修复导则》《土壤环境质量 农用地土壤污染风险管控标准（试行）》和《受污染耕地安全利用率核算方法（试行）》等。

《农业部关于贯彻落实〈土壤污染防治行动计划〉的实施意见》中关于安全利用中轻度污染耕地的具体要求包括：①筛选安全利用实用技术。总结科研示范和实践探索经验，研究制定相关评价技术规范及标准，科学评价、筛选安全利用类耕地实用技术。2017 年底前，出台受污染耕地安全利用技术指南，全面加强宏观技术指导。2020 年底前，安全利用类耕地集中的县（市、区），要结合当地主要作物品种和种植习惯，依据受污染耕地安全利用技术指南，科学制定适合当地的受污染耕地安全利用方案。②推广应用安全利用措施。以南方酸性土水稻产区（江西、福建、湖北、湖南、广东、广西、重庆、四川、贵州、云南）为重点区域，合理利用中轻度污染耕地土壤生产功能，大面积推广低积累品种替代、水肥调控、土壤调理等安全利用措施，降低农产品重金属超标风险。根据土壤污染状况和农产品超标情况，建立受污染耕地安全利用项目示范区，采用示范带动、整县推进的方式，分批实施。2020 年底前，推广应用安全利用技术措施面积达 4000 万亩。③实施风险管控与应急处置。定期开展农产品质量检测，实施跟踪监测，根据治理效果及时优化调整治理措施。推动地方制定超标农产品应急处置措施，对农产品质量暂未达标的安全利用类耕地开展治理期农产品临田检测，实施未达标农产品专企收购、分仓贮存和集中处理，严禁污染物超标农产品进入流通市场，确保舌尖上的安全。

《关于进一步做好受污染耕地安全利用工作的通知》要求各级农业农村部门和生态环境部门要切实提高思想认识，统筹农产品产地环境质量安全、粮食安全和农产品质量安全，对标《土十条》目标任务，强化责任担当，狠抓措施落地，确保到2020年底，完成《土十条》规定的"421"任务（轻中度污染耕地实现安全利用面积达到4000万亩，治理修复面积达到1000万亩；重度污染耕地种植结构调整或退耕还林还草面积力争达到2000万亩）。各级农业农村部门要会同生态环境部门根据实地情况，完善或编制受污染耕地安全利用总体方案，明确2020年底前完成本行政区域"421"相关目标任务的具体措施，并报农业农村部和生态环境部备案。根据全国农产品产地土壤重金属污染普查结果，各省在本行政区域耕地污染集中连片地区，建设受污染耕地安全利用集中推进区（包括安全利用、严格管控和治理修复），不少于本省土壤污染防治责任书目标任务的10%。各省农业农村部门会同生态环境保护部门，根据相关标准，对本地区受污染耕地安全利用率开展自评估，并分别于2019年底和2020年底，将核算的年度受污染耕地安全利用率与核算过程报送农业农村部和生态环境部。

根据农业农村部《轻中度污染耕地安全利用与治理修复推荐技术名录（2019年版）》。轻中度污染耕地安全利用措施包括各种农艺调控类技术，即利用农艺措施减少污染物从土壤向作物特别是可食用部分的转移，从而保障农产品安全生产，实现受污染耕地的安全利用。农艺调控技术措施主要包括石灰调节、优化施肥、品种调整、水分调控、叶面调控、深翻耕等。

5.2 重金属污染耕地土壤的安全利用技术

5.2.1 石灰调节技术

土壤酸化和重金属污染是我国耕地土壤面临的两个突出问题。土壤污染致使我国南方部分地区农产品重金属含量超标，其中土壤酸化是一个重要的因素。我国南方土壤普遍偏酸性，加上多年大量使用氮肥和大气酸沉降，土壤进一步酸化，我国南方部分双季稻地区的土壤pH在过去30年下降了近1个单位。以超标率排在首位的耕地土壤污染物Cd为例，土壤Cd有效性与土壤pH关系密切，当pH下降一个单位，土壤Cd的有效性平均提高4～5倍。

大量研究表明，土壤中大部分重金属的生物有效性与土壤pH呈负相关关系，提高土壤pH可以有效地降低重金属的生物有效性。石灰的主要成分为$CaCO_3$，在酸性土壤中适当施用石灰，可以提高土壤pH值，促使土壤中重金属阳离子发生共沉淀作用，降低土壤中重金属阳离子的活性，还可为作物提供钙素营养。目前，研究者已经研究了多种含有石灰的材料对重金属污染土壤的改良作用，如煅烧的贝壳、钢炉渣、磷灰石、海泡石等。施用时，采用人工或机械化的方式，将石灰均匀地撒施在耕地土壤表面，同时还可补施硅、锌等元素。

南京农业大学环境生物学团队选取了我国南方23个酸性稻田土壤，利用石灰石（$CaCO_3$）粉末进行培养试验，建立了土壤pH变化量与$CaCO_3$用量间的量化关系。在此基础上研发了适合我国南方酸性稻田土壤pH改良的石灰质物料用量计算模型，该模型考虑了土壤质地、有机质以及土壤在不同 pH 下的缓冲能力等影响因素，模型根据石灰质物料用量预测的土壤目标 pH 与实测 pH 值之间存在较高的相关性（$R^2 = 0.74$）。此外，该模型还能计算不同类型碱性物料的施用量。为了方便科研和技术推广人员使用，团队还将该模型开发成了微信小程序。他们连续三年的大田试验结果表明，一次性施用 $CaCO_3$ 粉末将土壤 pH 提高至 6.5，降低稻米 Cd 含量的效果可维持三年以上，而且不影响水稻产量。后续可每隔 3～5 年追踪土壤 pH 变化，适当少量追施碱性物料，将土壤 pH 维持在 6.5 左右，可达到持续的稻米降 Cd 效果。

影响石灰及石灰类物质对土壤重金属的钝化效果的因素很多，主要概括为以下三点。①石灰及石灰类物质本身的特性，如生石灰、熟石灰、石膏等的特性各不相同。生石灰主要成分为氧化钙，在施入土壤后与土壤水反应生成熟石灰氢氧化钙并释放大量热量，因此不适合在作物种植期间施用；石膏的主要成分为硫酸钙。②土壤性质，如土壤有机质含量、pH 值、阳离子交换量、氧化还原电位等。在 pH 值较低的酸性土壤中，石灰类物质对土壤酸度的调节能力强，对重金属生物有效性的影响更为显著。③污染类型，单一污染或复合污染及污染重金属的种类。重金属的生物有效性在不同的 pH 值条件下是不同的，不同种类重金属对 pH 值变化的响应也存在差异。因此，利用石灰钝化土壤重金属时，需要综合考虑以上三个方面的实际情况，施用合适剂量石灰类物质，以期达到安全利用的目的。

石灰在实际应用中也存在明显的弊端：一是粉末状石灰不便于撒施；二是大量的 Ca 可能与已吸附在土壤颗粒上的 Cd 发生竞争，降低 Cd 的钝化效果；三是石灰维持土壤 pH 的时间一般较短，容易再次酸化；四是长期大量施用导致土壤钙化、板结，影响农作物正常生长。

5.2.2 优化施肥技术

施肥不仅能够满足作物生长所需养分，而且对土壤中重金属的生物有效性具有较大影响。优化施肥是指根据土壤环境状况与种植作物特征，优化有机肥、化肥的种类与施用量。化肥的使用要结合当地耕作制度、气候、土壤、水利等情况，选择适宜的氮、磷、钾肥料品种，避免化学肥料活化土壤重金属。表 5-1 归纳了施肥管理技术推荐及技术特性。

表 5-1 优化施肥或叶面施肥技术推荐及技术特性（引自王进进等，2019）

肥料	技术开发程度	适合的重金属	污染程度/污染风险	成本	技术体系可信程度及可维护性	二次污染
有机肥	Ⅰ	Cd,Pb	低/中	Ⅰ	Ⅰ	Ⅳ
腐殖酸肥	Ⅱ	Hg,Cd,Pb	低/中	Ⅱ	Ⅱ	Ⅱ
氮磷钾肥	Ⅰ	Cd,As	低/中	Ⅰ	Ⅰ	Ⅳ
富硒叶面肥	Ⅲ	Cd	低/中	Ⅱ	Ⅲ	Ⅱ
叶面硅肥	Ⅱ	Cd,Pb,Cw,Zn	低/中	Ⅱ	Ⅱ	Ⅱ

注：表中"Ⅰ"表示最优，"Ⅱ"表示优，"Ⅲ"表示良好，"Ⅳ"表示一般。技术开发程度表示技术目前的应用规模；技术体系可信程度及可维护性指与其他技术相比，此技术的可信度及是否便于维护。

不同形态的氮、磷、钾肥对土壤理化性质和根际环境具有不同的影响，某些形态的化肥更有利于降低土壤中重金属的生物有效性和抑制植物对重金属的吸收积累。研究表明，降低作物体内 Cd 浓度的肥料形态是：氮肥为 $Ca(NO_3)_2 > NH_4HCO_3 > NH_4NO_3$、$CO(NH_2)_2 >$

$(NH_4)_2SO_4$、NH_4Cl；磷肥为钙镁磷肥＞$Ca(H_2PO_4)_2$＞磷矿粉、过磷酸钙；钾肥为 K_2SO_4＞KCl。艾绍英等（2012）研究表明，在重金属 Cd、Pb 污染土壤上，尽量避免施用单质化肥硫酸铵、氯化铵和氯化钾；尿素、硝酸钙和硫酸钾配合施用对蔬菜吸收积累 Cd、Pb 的抑制作用较好。

Zn 是作物生长所必需的营养元素，且 Cd 和 Zn 通常是伴随而生的，Zn 肥可通过拮抗作用来减少水稻对 Cd 的吸收。向 Cd 污染土壤中加入适量 Zn，调节 Cd/Zn 比，可以减少 Cd 在水稻体内的富集。磷是作物生长所必需的大量元素，磷肥还能影响土壤中 Cd 的吸附-解吸行为，并且能与土壤溶液中活性态 Cd 形成磷酸盐类化合物，降低土壤中 Cd 的迁移性和生物有效性。曹艳艳等（2018）研究表明，Cd 污染酸性红壤在稻季增施 P 肥和 Zn 肥显著提高了稻季土壤 P 和 Zn 的有效性，增加了水稻秸秆和籽粒对 P 和 Zn 的吸收和积累，对水稻秸秆 Cd 含量没有产生显著影响，但显著降低了 Cd 从水稻秸秆向籽粒的转运，进而降低了稻米 Cd 含量，有利于稻米的安全生产。

黄道有等（2018）根据测土配方施肥和平衡施肥技术原理，通过系统调整复混肥中各养分源的原料及其配比，在确保总养分含量（N-P_2O_5-K_2O≥25%）的前提下，尽可能多地选用钙镁磷肥、铁锰氧化物、高岭土、膨润土、炉渣等能够降低土壤有效态镉、铅含量的物料，研发出了水稻、玉米和蔬菜 3 种降镉铅专用复混肥。与常规复混肥相比，研发出的专用复混肥具有可有效降低土壤中镉等重金属的活性和农产品中镉等重金属的含量、提高养分利用率、增加作物产量、防控土壤酸化、保障农产品质量安全等特点，有效解决了施肥技术与降镉铅技术相分离的问题，扩展了肥料功能与效能。

优化施肥技术适用于所有耕地土壤。有机肥可以做基肥，配合深耕施用；氮肥、磷肥、钾肥的种类和施用量需根据土壤养分丰缺情况、耕作方式、重金属的种类确定。

5.2.3　作物品种调整技术

不同作物种类和同一作物不同品种或基因型对重金属的吸收和积累存在很大差异。利用农作物这一特点，在中轻度重金属污染土壤上种植可食部位重金属富集能力较弱，但生长和产量基本不受影响的农作物品种，可以阻控重金属进入食物链，有效地降低农产品的重金属污染风险，已成为阻控重金属污染和保障农产品安全的有效措施之一。

目前，我国学者已经开展大量低积累作物品种的筛选研究，筛选的作物涵盖小麦、水稻、玉米、大麦等粮食作物，白菜、芹菜、辣椒、菜心等蔬菜作物，大豆等油料作物和烟草，针对的重金属包括 Cd、Pb、Zn、Cu、As、Cr、Hg 等。研究表明，不同水稻品种的籽粒 Cd 含量差异显著，精米中 Cd 含量常表现为常规籼稻＞杂交籼稻＞常规粳稻。蒋彬和张慧萍（2002）研究发现，239 份常规稻水稻品种对 Cd、Pb 和 As 的累积量存在极显著的基因型差异，其中秀水 519 和甬优 538 是 2 个低 Cd 和低 As 积累的水稻品种。Duan 等（2017）通过大田实验调查湖南省常见的 471 个水稻品种对 As 和 Cd 的累积差异，其中 8 个品种表现出明显的低 Cd 积累特性，6 个品种表现出明显的低 As 积累特性。黄道友研究团队（2018）对 400 多个粮食、油料、蔬菜等农作物主栽品种（其中水稻品种 110 个）进行盆栽初选、150 多个主栽品种进行田间微区复选、近 100 个主栽品种进行大田中试，以低于国家《食品中污染物限量》标准值的 1.5 倍为评判依据，确定重金属低积累型的农作物（水稻、玉米、薯类、油菜、大豆和蔬菜）及其主栽品种。Liu 等（2015）通过水培试验比较了 30 个不同小麦品种在苗期对 Pb、Cd 的转运情况，筛选出 Pb、Cd 低积累品种。陈亚茹等

（2017）比较研究了 261 份小麦籽粒中重金属 Pb、Cd、Zn 积累的差异，从中筛选出 13 个 Pb 低积累品种（品系）（Pb 含量低于 0.020mg/kg）、10 个 Cd 低积累品种（品系）（Cd 含量小于 0.1mg/kg）和 6 个 Zn 低积累品种（品系）。但是，在重度污染土壤上种植低积累作物品种，并不能保证农产品的安全。例如，谢晓梅等（2018）在湖南桂阳的重 Cd 污染稻田（全 Cd 含量为 2.52mg/kg）种植低积累水稻嘉 33，虽然其表现出良好的 Cd 低积累特性，但精米 Cd 含量仍高于食品卫生标准。表 5-2 列举了大冶市土壤污染防治先行区推荐种植的低积累作物品种。

表 5-2　大冶市土壤污染防治先行区推荐的低积累农作物品种名录

序号	农作物	低积累农作物品种
1	水稻	金优 402、油优 63、两优 527、武育粳 7 号、名恢 86、名恢 73、名恢 78、R9308 选、辅恢 838、蜀恢 527
2	小麦	尧麦 16、洛优 9909、良星 66、济麦 22、鲁元 502、云麦 34、托克逊 1 号、半截芒、大粒半芒、花培 8 号
3	玉米	西玉 3 号、中农大 451 号、高优 1 号、川单 428、东单 60、雅玉 10、洛玉 803、先玉 335、红单 6 号
4	大豆	沈农 10 号、铁丰 31 号、铁丰 36 号、铁丰 37 号、铁豆 37 号、辽豆 21 号
5	油菜	华油杂 62、中双 10 号、中油 821
6	花生	鲁花 8 号、鲁花 9 号、奇山 208
7	大白菜	丰源新 3 号、金丰 100(D3)、乐园翠峰(D4)
8	小白菜	越秀四号、越秀三号、热优二号、华冠青梗、绿星青菜、美都 510 青梗菜、优选黑油白菜
9	萝卜	特级三红七寸胡萝卜、东京极品
10	茄子	秀美长、渝旱茄一号
11	西红柿	黄金一点红、新 402、元明黄娇子、红柿王 F1、红大宝、红宝石六号、中杂 105
12	菜心	酒店 50 天油青甜菜心、尖叶早绿菜心、珍芯油青尖叶甜菜心、油绿粗苔菜心

在实际应用时，低积累品种除了保障对重金属的低吸收外，还应该具有如下特征：①当地环境适应性。农作物具有较强的区域性特点，每个作物品种都有其特定的适宜种植区，只能在其适宜种植区推广。因此，当在某地区种植低积累作物时，需要对已知的低积累品种进行重新验证或重新筛选适合当地的低积累品种。②多金属抗性。我国土壤多为重金属复合污染。若某 Pb-Cd 复合污染地区的小麦品种仅对 Pb 低吸收，而 Cd 含量超标，那此地生产的小麦仍不能进入食物链流通。此外，我国部分地区土壤还存在着有机污染、干旱、盐碱、低温等胁迫，寻找新的作物品种时还应考虑其对多种胁迫因素的耐受性。③产量不受环境污染影响太大。我国人口数量巨大，耕地资源稀缺，必须要保障农作物高产；高产带来的高经济收益也有利于新的低积累品种的推广应用。此外，由于人们对生活质量的要求不断提高，筛选营养物质更加丰富的农产品也是寻找低积累作物品种的目标之一。

根据土壤和农产品调查结果，针对目标污染物的种类和含量，结合项目区气候条件和土壤性质，选择适合当地生长的重金属低积累农作物品种。表 5-3 总结了低积累作物技术推荐和特性。在大面积推广种植低积累农作物品种前，需要进行田间小试。再在项目区设置实验小区，每个小区面积约为 $50m^2$（$0.005hm^2$）。建议每类农作物选择不低于 5 种低积累品种，每个品种分别种植 3 个平行小区。种植一季后，农产品成熟时，采集农产品，检测其可食部分重金属含量。根据监测结果，来确定大面积推广品种。

表 5-3　低积累作物技术推荐及其技术特性（引自王进进等，2019）

植物	技术开发程度	适合的重金属	污染程度/污染风险	成本	技术体系可信程度及可维护性	二次污染
玉米	Ⅰ	Cd,Cu,Pb	低/中	Ⅰ	Ⅲ	Ⅰ
大豆	Ⅱ	Cd,Pb	低/中	Ⅰ	Ⅲ	Ⅰ
甘蓝	Ⅱ	Cd	低	Ⅰ	Ⅳ	Ⅰ
白菜	Ⅲ	Pb	低	Ⅰ	Ⅳ	Ⅰ
芹菜	Ⅱ	Pb,Cu	低	Ⅰ	Ⅳ	Ⅰ
胡萝卜	Ⅲ	Cd	低	Ⅰ	Ⅳ	Ⅰ
莴苣	Ⅲ	Cd,Cu,Pb	低	Ⅰ	Ⅳ	Ⅰ

注：表中"Ⅰ"表示最优，"Ⅱ"表示优，"Ⅲ"表示良好，"Ⅳ"表示一般。技术开发程度表示技术目前的应用规模；技术体系可信程度及可维护性指与其他技术相比，此技术的可信度及是否便于维护。

5.2.4　水分调控技术

淹水处理可降低土壤氧化还原电位（Eh），增加土壤中还原态铁（Fe）、锰（Mn）等阳离子和硫离子（S^{2-}）等阴离子的含量，淹水后逐渐提高的 pH 增加了 Cd^{2+} 在土壤上的吸附，还原态阴离子与 Cd^{2+} 的共沉淀作用，可以抑制水稻对镉的吸收。因此，对于轻度重金属污染耕地土壤，淹水处理是一种较好的降低稻米 Cd 含量的农艺措施。例如，田间条件下，与旱作相比，淹水处理使稻米镉由 1.15mg/kg 降低到 0.1mg/kg 以下（Hu et al.，2013）。然而，水分管理在实际应用中会受到季节降水和灌溉水源的影响，这在双季稻区表现得比较明显。我国南方降雨主要集中在 6～9 月，相比而言，早稻季降雨比较多，而晚稻生长期间（9～10 月份），降雨减少，这可能也是晚稻 Cd 积累量比早稻高的一个重要原因。

根据水稻不同生育期对水分需求的敏感性不同进行调控，移栽后深水活兜，返青期至幼穗分化期浅水（2～3cm 水深）覆田促分蘖，促进水稻根系发育和下扎，控制无效分蘖，减少养分消耗，有利于水稻成穗；从齐穗期至成熟期长期淹灌（3～5cm 水深），降低根际和田间温度，减少根系对镉的吸收和向地上部转运，提高结实率，增加实粒数，收获前 10 天排水凉田，及时收获。此外，淹水灌溉期间，应加强对灌溉水质监测，确保灌溉水中重金属含量达到农田灌溉水质要求。

值得注意的是，淹水处理在降低土壤 Cd 活性的同时会增加土壤 As 活性，如 Hu（2013）等研究发现，从不淹水到定期淹水再到始终淹水，水稻籽粒 Cd 含量从 0.21mg/kg 减少到 0.02mg/kg，然而 As 的浓度却从 0.14mg/kg 增长到 0.21mg/kg。旱作、干湿交替或垄沟栽培方式均可降低水稻土中 As 的活性，从而降低水稻对 As 的吸收和在籽粒中的积累。Honma 等（2016）研究发现，在水稻抽穗后 3 周内，通过水分调控使土壤 Eh 控制在 -73mV、pH 在 6.2 时，可同时降低水稻对 Cd 和 As 的吸收。

5.2.5　叶面阻控技术

利用农作物叶面生理阻隔剂阻控农作物体内重金属积累是近年来我国农田重金属污染防治研究的一个新方向，主要通过在农作物细胞壁上沉淀或螯合重金属以及提高农作物对重金属抗逆性等手段来减少甚至完全阻断重金属向食物链转移（章明奎等，2017）。由于这一技术具有成本低、环境友好、操作方便等优势而倍受国内研究者的青睐。从国内现有的相关专利来看，现有的叶面生理阻隔剂大致有以下几类。

（1）硅基成分（包括有机硅和无机硅）的叶面生理阻隔剂

硅是水稻不可或缺的元素，与氮、磷、钾并称水稻必需的"四大元素"，其可增加水稻叶面积、叶绿素含量和光合能力，提高根系保护酶活力和自由空间中交换态镉的比例，降低细胞膜透性及自由基对细胞膜的损害，进而抑制水稻对镉的吸收和转运来缓解镉的毒害。例如，李芳柏等（2013）的试验结果表明，叶面喷施硅肥，水稻增产29.6%，稻米砷下降28.2%，镉下降40.2%。

（2）硒或稀土元素成分的叶面生理阻隔剂

硒是植物体内抗氧化酶（谷胱甘肽过氧化物酶和硫氧还蛋白还原酶）的活性中心，通过改变抗氧化酶的活性提高作物的抗性，增强与重金属元素的拮抗作用来缓解镉的毒性（向焱赟等，2020）。硒还能促进GSH（谷胱甘肽）系统对PCs（植物螯合肽）的合成，使水稻体内的镉离子与PCs络合，降低镉含量；参与水稻能量代谢、蛋白质代谢，以及与其他元素相互作用，从植物代谢活跃的细胞点位上移除镉和改变细胞膜透性等方式抑制水稻各器官对镉的吸收、迁移和累积，缓解镉对水稻的毒害，增强水稻的耐受性，但具体的机理还需进一步研究。例如，吕选忠等（2006）发现，在Cd污染的条件下，叶面喷施Se后，生菜Se吸收量增加了1213%，而Cd的吸收降低了31.63%；黄青青等（2018）报道，在水稻不同生育期叶面喷施硒肥与海泡石钝化处理，可降低早晚稻秸秆、颖壳、糙米中镉含量及富集系数。黄太庆等（2017）发现，水稻在破口期15～30d叶面喷施硒肥，精米中的镉含量显著减少。适宜的硒浓度才能发挥对重金属的正面调控作用，若浓度太高，则会引起作物中毒。

（3）氮、磷、钾、钙、镁、硫与微量元素（铁、硼、锰、锌、钼）为主要成分的叶面生理阻隔剂

例如，在孕穗期叶面喷施0.3%的磷酸二氢钾溶液可提高水稻的产量，降低铅、镉、锌等重金属在稻米中的积累（黄益宗等，2004）；喷施铁肥（硫酸亚铁、柠檬酸铁和EDTA二钠亚铁）使菜心中的Cd、Pb和Cu浓度分别降低4.30%～35.5%、6.17%～50.3%和8.34%～33.4%，EDTA二钠亚铁处理使菜心Zn含量显著降低27.1%，但硫酸亚铁和柠檬酸铁处理使菜心Zn含量增加了19.6%和3.72%（许超等，2014）；叶面喷施锌肥，生菜Zn吸收量增加了118%，而Cd的吸收降低了37.01%（吕选忠等，2006）；吕光辉等（2018）报道，叶面喷施3～5mg/L硫酸锌是叶面调控稻米镉积累的适宜用量，因其降低了根和旗叶第一节及穗轴向糙米的转运，显著降低了糙米镉含量，同时显著提高稻米中锌含量。

（4）农作物生理调节物质类叶面生理阻隔剂

叶面喷施赤霉素、己酸二乙氨基乙醇酯、氨基乙酰丙酸、水杨酸、脯氨酸、甘氨酸、甜菜碱等生理调节物质亦可减轻重金属对农作物的毒害作用（章明奎等，2017）。例如，施用细胞分裂素类物质6-苄氨基嘌呤可缓解汞对水花生的毒害作用；施用水杨酸、脱落酸能减轻大麦幼苗受镉的毒害作用；水稻叶面喷施水杨酸、谷氨酸和氯化镁能够降低水稻根系中的镉向地上部位富集。

叶面调控技术操作简便，主要选用可溶性硅、可溶性锌、可溶性硒等，可以根据作物种类、土壤中有效态硅或锌的含量优化组合。通常，叶面肥的用量至多是土施肥用量的1/5，因此叶面肥比土施肥具有更低的修复成本。一般来说，叶面阻控剂每季分两次施用，采用叶面喷施的方式，选择晴天或多云天气的午后4点左右进行喷施，因为这时光照和温度适宜，有利于作物吸收。如果在烈日高温时喷施，水分蒸发快，导致肥液浓度升高，作物无法吸

收，甚至有可能发生烧苗。若喷施后 24 小时内下雨，应重新喷施。叶面阻控剂喷施的湿度不高于 0.3%，若用叶面阻控剂原液需兑水稀释 50～100 倍，用量约为 1 升/亩，但具体用量需根据作物茎叶生长状况进行调整，最佳用量以叶面上下方均匀分布液滴且不滴落为准。如遇病虫害需喷施农药，叶面阻控剂与农药的喷施时间应间隔 3 天以上。

目前，我国利用农作物叶面生理阻隔剂调控农产品中重金属积累的技术还是不够成熟，大多数产品缺乏广泛的田间试验评估，施用效果不够稳定，施用方法有待提升。由于缺乏统一的、规范化的标准，当前我国叶面生理阻隔剂品种繁多，令使用者无所适从，急需建立规范化的叶面生理阻隔剂标准；同时，由于缺乏规范化的施用技术，使用者往往因不规范操作导致达不到应有的施用效果。

5.2.6　深翻耕技术

通过深翻耕，使重金属含量较高的耕地表层土壤与犁底层甚至母质层的洁净土壤充分混合，稀释耕地表层土壤重金属含量。深翻耕的实施时间一般为冬闲或春耕翻地时，无需占用农时。深翻耕不适用于连续两年深翻的稻田、沙漏田、潜育性田。深翻耕实施的时间、周期和深度等需根据当地种植习惯、作物类型、土壤类型和耕作厚度等来确定。由于土壤有机质与养分多集中在耕地表层，深翻耕在降低耕地表层土壤重金属含量的同时，也会降低表层土壤中有机质和养分的含量。因此，深翻耕后应进行配套施肥，满足农作物生长的需要。

深翻耕技术对于一般耕地均适用，但对于稻田，耕作层加犁底层厚度应在 25cm 以上，且稻田耕作层厚度≤15cm，稻田犁底层厚度≥15cm。

5.2.7　替代种植或休耕制度

对于重度污染的耕地土壤，采用作物替代种植技术，即改种不被人体摄入的非食用经济作物（如棉花、苎麻、桑树、花卉等）、非口粮作物（如酒用高粱、饲料玉米）和能源植物（如高粱）。一方面切断了重金属污染食物链，实现了农田土壤的污染修复；另一方面为当地创造了就业机会和经济效益，实现了农田土壤的高效利用和可持续发展。例如，余海波等（2011）在典型复合污染农田开展了能源植物甜高粱、甘蔗、香根草和盐肤木的种植示范研究，发现在经石灰和磷矿粉改良后的重金属污染农田，甜高粱、甘蔗、香根草的生物量有所降低，但甜高粱和甘蔗汁液总糖和还原糖含量并没有明显变化，并且整个示范区甜高粱平均单产 63.5t/hm^2，甘蔗的平均单产为 45t/hm^2。利用能源植物甜高粱修复重金属污染土壤，其茎秆可用于发酵生产燃料乙醇，酒糟用于燃烧发电，重金属从燃烧后的灰烬中加以回收，同时实现了重金属污染土壤修复和后期材料的资源化处理，具有很大的应用潜力。湖北省大冶市重金属 Cd 污染比较严重，局部地区超过正常标准 80 倍左右。通过 Cd 污染稻田改种棉花，大大节约了修复成本，同时也阻断了 Cd 向食物链转移。

麻类作物是我国最古老的一类作物，主要包括大麻、苎麻、黄麻、亚麻、红麻、剑麻、青麻等，同时麻类产业潜力巨大。麻类作物生物质产量高，抗逆性强，种植技术简便，其主要产品纤维不用于食品，具有一定的经济价值。麻类作物对重金属都具有较好的耐受性，如亚麻在低浓度重金属环境下，其生长一般不会受到影响（郝冬梅等，2019）。不同亚麻品种及种质资源对 Cd 的耐受性存在较大差异，中国农业科学院麻类研究所育成的中亚麻 1 号在Cd 浓度为 25mg/kg 的土壤中可以正常生长。

此外，中、重度污染区可以规划作为良种繁育基地。例如，沈阳张士灌区上游污染严重地块改作水稻、玉米良种基地，收获的稻米不作直接食用的商品粮，而是作为种子，秋后糙米中含 Cd 量小于 0.1mg/kg，亩产千斤以上，效益显著。对于污染严重的某些农田，若污染物不会直接对人体产生危害，在治理困难的情况下，可优先考虑改为建筑用地等非农业用地。

5.2.8 超积累植物与农作物间/套/轮作

重金属超积累植物与农作物轮作或间套作是实现重金属污染土壤边生产边修复的重要方式。将农作物与超积累植物间套作，可以在保证农产品安全的前提下，利用超积累植物持续地减少土壤中的重金属含量，这是污染农田安全利用的主要发展方向。

间作是指"把几种作物在一块地上按照一定的行、株距和占地的宽窄比例，在同一时期进行种植的方式"。超积累植物与农作物间作时，在充分利用地力、空间和光能的基础上，可以有效提高植物对重金属的提取效率，促进植物或作物的生长。例如，蒋成爱等（2009）的研究发现，与玉米和大豆间作处理中，东南景天对 Cd、Pb 的吸收总量较单作分别提高了约 59％和 53％，其生物量也得到了增加，并显著降低了玉米对重金属 Cd、Pb 的吸收。Deng 等（2016）对伴矿景天和玉米间作开展了连续 8 年的田间试验，土壤中的 Zn、Cd 总浓度分别降低 18.8％和 85.4％，修复效率较单作显著提高，同时收获的玉米和高粱中 Cd 含量都在国家标准以下。

套作一般指"把几种作物在一块地上按照一定的行、株距和占地的宽窄比例，在不同时期进行种植的方式"。套作能够充分利用生长季节变一收为两收或变两收为三收，有效地延长用地时间，提高套种植物对土壤养分、阳光、水资源的利用。2002 年，吴启堂等首次提出超积累植物东南景天与重金属低积累作物玉米套种在一起，较单种而言，东南景天提取重金属的效率显著提高，同时玉米能够产出符合安全标准的食品或饲料或生物能源。周建利等（2014）通过长期田间实验，将东南景天和玉米套种，研究发现土壤 Cd、Pb 含量逐步下降，其中土壤 Cd 含量从 1.21～1.27mg/kg 降为 0.29～0.30mg/kg。同时套种下土壤 Cd 的降低率较单作提高约 10％。收获后的玉米种子也在第四季达到了食品安全卫生的标准。邓林（2015）通过连续 8 年的超积累植物伴矿景天与玉米/高粱的田间套作试验发现，套作处理下土壤 Cd 浓度含量从 3.50mg/kg 降低到 0.55mg/kg，土壤 Cd 浓度低于国家土壤环境质量三级标准。

轮作主要是指"在同一块地上，按照季节、一定年限，轮换种植几种性质不同的作物"。目前，超积累植物与农作物间/套作体系中，在田间污染修复工程上应用较成熟，开展规模较大的集中在超积累植物伴矿景天和东南景天。轮作模式与其他模式相比目前的报道较少。现阶段应用于田间修复的只有超积累植物伴矿景天。居述云（2015）等通过田间微区实验研究伴矿景天/小麦间作、茄子轮作种植，发现间作对于小麦籽粒、茄子和伴矿景天地上部生物量均没有明显影响；间作小麦籽粒中重金属含量较单作降低了 52.4％，并且降低了后茬茄子对重金属的吸收，但是小麦和茄子中 Cd 的含量都未达到食品安全的标准，均不能食用。唐明灯等（2012）将优良花红苋菜与伴矿景天间作和轮作，伴矿景天对苋菜地上部 Cd 含量和苋菜的单株生物量并无显著影响，同时间作苋菜对伴矿景天的单株生物量和地上部 Cd 含量也没有明显影响。前茬种植的伴矿景天提高了土壤乙酸铵提取态 Cd 含量，但没有对后茬苋菜地上部的 Cd 含量造成明显影响。然而，沈丽波（2010）等报道，将伴矿景天与低积累水稻中香 1 号轮作，前茬伴矿景天使得后茬水稻地上部 Zn、Cd 浓度上升，同时也提高了土壤乙酸铵提取态 Cd 含量。虽然土壤重金属的有效态浓度提高了，但是前茬种植的伴矿景天对于水稻的生长并无利，而钙镁磷肥的施用则不仅可提高伴矿景天的修复效率，且对土壤中 Zn、Cd 的稳定效果也具有显著作用，大大降低了水稻地上部 Zn、Cd 浓度。

利用间/套/轮作模式进行重金属污染土壤的安全利用时，需要对农作物、间作植物、目标污染物进行综合考虑（表 5-4）。在选择物种搭配时，要注意时间、生长条件、光照等方面的因素，选择合适的植物或者农作物种植。在种植模式的实际应用中，适宜的种植密度、施肥用量、种植时间等也是影响土壤修复效果的关键，也要加强研究。

表 5-4　间/套种技术推荐及其技术特性（引自王进进等，2019）

植物	技术开发程度	适合的重金属	污染程度/污染风险	去除效率	修复时间	成本	适合土层厚度/cm	适合土壤 pH	对作物产量的影响	技术体系可信程度及可维护性	二次污染
伴矿景天+玉米间作	I	Cd,Pb	中和低	II	V	I	0～100	范围较宽；偏酸性土壤对修复有一定促进作用，但增加作物的污染风险	增产	IV	II
三叶鬼针草+生菜套种	II	Pb	低	III	V	I	0～20		—	IV	III
东南景天+玉米间作	I	Cd,Pb	中和低	II	V	I	0～80		增产	IV	II
东南景天+大豆间作	II	Cd,Pb	中和低	II	V	I	0～80		增产	IV	II
龙葵+大葱间作	III	Cd	中和低	III	V	I	0～20		无影响	IV	II
鸡眼草+番茄或萝卜	IV	Cd,Pb,As	中和低	III	V	I	0～20			IV	II

注：表中"I"表示最优，"II"表示优，"III"表示良好，"IV"表示一般，"V"表示略低，"—"表示没有相关数据。技术开发程度表示技术目前的应用规模；技术体系可信程度及可维护性指与其他技术相比，此技术的可信度及是否便于维护。

5.2.9　多种技术集成

我国土壤类型多种多样，土壤污染成因和类型也尤为复杂，单一的安全利用技术往往不能完全确保农产品的安全生产，通过技术集成综合多种安全利用技术更能保证农产品的安全。"VIP"或"VIP＋n"是一种重金属污染耕地综合安全利用措施，是指在 Cd 污染水稻土壤，种植 Cd 低积累水稻品种（V）、淹水灌溉（I）、施用石灰等调节土壤酸度（P），进一步增施（采用）土壤调理剂、钝化剂、叶面调控剂、有机肥等降 Cd 产品或技术（n）。沈欣等（2015）盆栽试验研究表明，与单一的技术相比，组合技术对于降低水稻糙米中重金属 Cd 的效果更佳，其中以"VIP"技术组合最为突出，"VIP"处理水稻糙米中 Cd 含量降低了 61.5%，IP 与 PV 的降 Cd 效果次之。杨小粉等（2018）大田实验证明，利用"VIP"技术在轻微、轻度、中度和重度 Cd 污染条件下种植的早稻糙米中 Cd 含量与对照相比分别降低了 42.4%、23.6%、46.8% 和 27.4%，晚稻中与对照相比同样降低了 45.0%、32.6%、24.2% 和 22.4%。徐建明等（2018）根据土壤污染程度将粮食作物区域划分为禁产、限产和宜产三种类型，采用钝化与阻控、Cd 低积累作物品种以及农艺调控等措施，实现中轻度 Cd 污染农田的安全利用，并明确提出了重金属动态监测、钝化剂市场准入、低积累作物品种资源库、超标农田的轮作休耕、粮食安全生产保障体系与政策、高重金属含量秸秆的处置等是今后我国农田土壤安全利用的关键环节。"VIP"或"VIP＋n"综合技术克服了单一技术的效率低且可能影响正常农作物种植和粮食生长的缺点，实现不改变原种植习惯、边生产边治理的目的。"VIP"技术与其他技术"n"集成时应遵循大面积施用、衔接农时、经济高效、科学规范等基本原则，进行各项技术的组合和排序，并根据土壤污染程度，适当调整综合技术中集成技术的数量和单项技术的实施程度。

通过工程实践，土壤污染防治先行区基本都形成了"轻中度污染耕地以品种替代和农艺调控为主，重污染耕地以禁种区划定和种植结构调整为主"的受污染耕地安全利用技术模式（孙宁等，2020）。例如，台州先行区实施了 5 个农用地安全利用试点项目，试点面积达到 $3533hm^2$，大力探索品种调整、肥水管理、叶面阻控等安全利用技术，确保食用农产品安全。韶关先行区针对弱碱性、砷镉锌污染为主的中轻度污染耕地，采取"低吸收作物＋土壤钝化＋农艺调控"的技术方法；针对酸性、镉锌铅砷超标的中重度污染耕地，采用伴矿景天超累积植物进行修复＋薄荷与柠檬、香茅等经济植物修复技术结合的方法进行植物修复；对酸性镉污染土壤为主的耕地，采取东南景天与蚕豆间作、南瓜与籽粒苋间作、水稻与水雍菜间作等 3 种间作方式进行试点。常德在全市 9 个产粮油大县均编制了土壤环境保护方案，在安乡县安丰乡推广稻米"VIP"控镉技术体系，大力探索农田水分调控、低镉累积性品种、土壤 pH 调节、叶面喷施拮抗物质等措施，减少食用农产品对镉的吸收。针对汞污染农田，实施碧江区司前大坝中低污染汞土壤示范项目工程和万山区敖寨河、下溪河流域中高汞污染农田治理修复示范项目，分别采取低累积油菜花种植和种植结构调整（改为食用菌种植基地），全面推行水田改旱田，大力种植黑木耳、香菇和平菇等食用菌，以此实现农用地安全利用目的，构建形成铜仁市的"重金属污染土壤安全利用＋生态产业＋生态扶贫"的土壤污染防治模式。

5.3 重金属污染耕地安全利用的实施方案编制

5.3.1 工作程序

重金属污染耕地安全利用的工作程序包括资料收集与现场勘查、现场采样、实验检测、农用地污染土壤分级和安全利用技术确定五个环节，工作流程如图 5-1 所示。有关资料收集与现场勘查、现场采样和实验检测参考第 2 章内容，耕地土壤质量分级和安全利用技术确定参考第 3 章内容。

5.3.2 安全利用技术的筛选

5.3.2.1 安全利用技术选择的原则

（1）科学性原则

以受污染土壤的污染状况调查数据为基础，针对污染物性质和受污染耕地的现状，设计安全利用方案，选择科学合理的安全利用技术。

（2）可行性原则

根据农民的受教育程度、农业生产技术水平和管理水平，筛选对于农民来说便于操作、易于管理同时行之有效

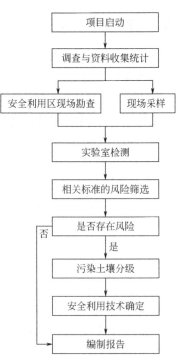

图 5-1 重金属污染耕地安全利用的工作流程

的安全利用技术。

（3）经济性原则

农业生产是一种经济活动，必须符合经济学的客观规律，安全利用技术的选择需要考虑投入成本与环境收益、经济收益等多方面的投入产出比，选择经济性最高的技术。

（4）动态调整原则

在采取安全利用技术后，通过监测和评估应用效果，动态调整安全利用方案，以期达到最优化的安全利用效果。

5.3.2.2　安全利用技术的选择方法

根据安全利用类耕地地块的具体情况、特征条件、主要污染物及其污染范围、安全利用目标，从适用条件、经济成本、环境安全性等方面进行评估，筛选合适的安全利用技术。

5.3.3　安全利用技术实施过程的管理维护

5.3.3.1　现场实施人员的安全防护

农民在受污染土壤上进行农业生产，有可能吸入或吞食吸附着污染物的扬尘或土壤颗粒，也有可能通过皮肤接触到污染物，具有潜在的职业暴露风险。因此需要根据受污染地块上的污染物特性，在耕作过程中，尽量采用避免扬尘的方式进行农业活动，并对农民进行有针对性的有效防护，可采用佩戴手套、口罩等物理防护手段，降低职业暴露风险。

5.3.3.2　安全利用措施的日常维护

农艺调控措施和土壤改良措施等安全利用技术要求在整个实施过程中，对已采取的技术手段进行日常维护，如灌溉系统的硬件保养、水肥比例的精准调节、土壤状态的维持等方面，需要现场实施人员对采用的设施设备、土壤状态、作物状态等实施全过程的管理和维护。

5.3.3.3　污染地块周边的次生污染预防

在受污染地块周围设置边界隔离带，并树立明显的标识标牌，实行灌排分离，建设生态沟渠，采取有效措施防止污染物由该地块向周围农田土壤或河流中扩散，造成次生环境污染。

5.3.4　安全利用技术应用效果监测评估

参照 NY/T 395—2012、NY/T 398—2000、NY/T 3343—2018、NY/T 3499—2019 等标准规范，开展安全利用技术应用效果监测评估。

5.3.4.1　安全利用技术应用效果的监测

安全利用技术实施后，需要对技术应用效果进行监测，包括土壤污染监测和农产品安全监测两部分。根据前期土壤详查中获得污染物分布特征和现状数据，在污染地块加密布设采样点，在种植季前后，即作物种植前和收获后，采集农田耕作层土壤，针对特征污染物进行检测。同时，采集农产品样品，分析污染物浓度。

5.3.4.2　安全利用技术应用效果的评估

根据土壤和农产品的监测数据结果，分析采用的安全利用技术是否有效降低了土壤中污染物的有效态含量和农产品中的污染物含量，并根据评估结果动态调整安全利用方案，调整或优化农艺措施，剔除无效的技术手段。

5.3.5　安全利用技术实施方案编制的要求

在进行安全利用农业生产前，必须针对受污染耕地编制其特定的安全利用技术方案。重金属污染耕地修复实施方案编制大纲可以参考附录 G。

该方案主要内容包括：①受污染耕地的基本概况，包括地理位置、从属边界、污染物类型和监测数据等信息。②耕作历史和现状，包括近五年来该污染地块的种植历史和现状。③该地块适用的安全利用技术体系，受污染耕地可能采用一种安全利用技术，也可能采用一套安全利用技术体系，例如在向污染土壤添加土壤改良剂的同时，选择种植低积累作物，并加强农艺调控。在实施方案编制过程中，需对每种计划采用的技术进行详细介绍，并系统性考虑各种措施的实施节点和进度安排。④安全利用技术实施过程中的日常管理，包括台账记录、人员防护、设施设备和改良措施的日常维护，以及对周边环境次生污染的防治措施等。⑤安全利用方案实施后的效果评估方法，包括对污染土壤和农产品的采样方法、监测频率、监测指标、数据结果的评估方法和达标标准等。⑥该安全利用方案的计划开始日期、方案有效期及下一个种植周期的方案计划修订日期。

第6章　重金属污染耕地土壤的修复技术

　　耕地土壤重金属污染日益严重，危害居民生活和作物、畜牧安全，影响经济发展，对重金属污染耕地土壤的治理成为我国亟待解决的环境问题之一。重金属污染土壤的修复是指实施一系列的技术来清除土壤中的重金属或者降低土壤中重金属的生物有效态，以期恢复土壤生态系统的正常结构和功能，减少土壤中重金属向食物链和地下水迁移。根据土壤修复后重金属的归宿，重金属污染耕地土壤的修复技术可以分为两大类：一类以降低污染风险为目的，即通过改变重金属在土壤中的赋存形态，降低其在环境中的移动性与生物有效性；另一类以削减重金属总量为目的，即将重金属从土壤中去除，从而减少其在土壤中的总浓度。

　　根据《轻中度污染耕地安全利用与治理修复推荐技术名录（2019年版）》，适用于我国中轻度重金属污染耕地土壤修复的技术有土壤改良类技术、生物类技术和"VIP"综合调控技术。对于中重度重金属污染土壤，还可以采取土壤淋洗技术、电动修复技术等。由于耕地土壤环境的复杂性，单一修复技术一般很难达到理想效果，因此需要将各种单项修复技术进行合理的集成，形成重金属污染耕地土壤修复技术体系。耕地土壤修复技术的集成需要基于不同风险等级的控制技术，综合考虑各个单项技术的特点、资金投入、分级管理和治理模式，形成相应的技术体系与模式。

6.1　土壤钝化技术

　　原位钝化技术是指向土壤中施加钝化剂，其与重金属发生吸附、沉淀、离子交换、氧化还原等一系列反应，改变重金属在土壤中的赋存形态，降低重金属在土壤中的移动性和生物有效性，减少重金属对土壤生物的毒害作用和抑制重金属向农产品中迁移，从而达到修复重金属污染土壤的目的。

6.1.1　钝化剂的种类

　　根据钝化剂的理化性质，土壤重金属钝化剂可以分为无机钝化剂、有机钝化剂、微生物钝化剂、复合钝化剂，以及近年来出现的新型材料钝化剂（如纳米材料、生物炭等）（表6-1）。

表 6-1 应用于重金属污染土壤的主要钝化剂（引自邢金峰等，2019）

类别		钝化材料	修复效果	钝化机制
无机钝化剂	石灰类	生石灰、熟石灰、石灰石	添加石灰显著减少了胡萝卜和菠菜中的重金属含量；添加碳酸钙显著减少了土壤有效态重金属含量	吸附、提高土壤pH、沉淀、拮抗
	磷酸盐类	磷酸、磷灰石、磷矿石、骨粉、磷酸盐	羟基磷灰石使植物叶片Cu、Pb、Cd、Zn含量减少，但叶片As含量增加；磷酸盐能降低重金属的生物有效性及茎对重金属的积累	吸附、沉淀、络合
	黏土矿物类	凹凸棒石、沸石、海泡石、膨润土等	海泡石显著抑制植物茎对Cd的吸收；凹凸棒石对Cd有很强的吸附作用，同时促进玉米的生长	吸附、离子交换
	工业副产品类	赤泥、飞灰、粉煤灰	飞灰有些降低了Pb、Cr的可渗滤性；赤泥增加土壤pH，减少了重金属的有效性	表面吸附、专性吸附、还原反应、置换作用
有机钝化剂		作物秸秆	稻草和麦秆均显著减少了土壤有效态Cd含量，促使土壤有效态Cd向更稳定态转化	络合、提高土壤pH
		畜禽粪肥	粪肥减少了可交换态Cd、Ni含量，但增加了籽粒与秸秆中Cu与Zn；牛粪肥的效果优于猪粪肥	吸附、络合
		污泥	改性污泥对土壤Cu有显著钝化作用，对Cd的钝化效果较弱	吸附
		堆肥	减少了高污染土壤种植作物叶片中Cd、Cu、Pb、Zn的含量，增加了作物的产量	络合
复合钝化剂		钙镁磷肥＋泥炭/猪粪	显著提高作物产量，抑制水稻、花生对Cd、Pb的吸收；钙镁磷肥＋泥炭的效果最佳	提高土壤pH、沉淀、络合
		磷肥＋堆肥	混合施肥对减少Cd、Pb、Zn的生物有效性更好，可有效抑制Cd、Cu、Pb、Zn从根系向地上部转运	沉淀、络合
		生物炭＋铁砂	两种钝化剂配施对土壤Cu的钝化效果更好	离子交换、吸附
新型材料	炭材料	活性炭	活性炭的添加有效减少了Cr的毒性	还原、吸附
		生物炭	生物炭可以有效固定Cr(Ⅲ)，增大对Cu、Pb的固定	吸附、络合、还原
	纳米材料	纳米羟基磷灰石	显著减少土壤有效态重金属含量，且具有很好的稳定性	离子交换、吸附、沉淀
		纳米零价铁	有效促进Cr(Ⅵ)的还原，同时减少了土壤中Ni和Pb的有效性	还原、沉淀

6.1.1.1 无机钝化剂

无机钝化剂主要包括石灰、含磷材料（磷矿石、羟基磷灰石和水溶性磷肥等）、黏土矿物类（膨润土、沸石、海泡石、硅藻土等）、工业副产品类（赤泥、飞灰、磷石膏和白云石残渣等）等，这类钝化剂在重金属污染土壤钝化修复中的研究和应用最为广泛。

（1）石灰类

石灰包括生石灰和熟石灰，熟石灰又称消石灰，是最常用的重金属钝化材料之一。大量研究表明，石灰对单一重金属污染土壤和对多种重金属复合污染土壤均有很好的钝化效果。例如，向土壤中加入 0.2％石灰，土壤中有效态 Cu、Cd 分别降低 97％和 86％。在 Cd 污染水稻土中施用石灰，土壤有效态 Cd 含量降低，水稻中 Cd 的累积减少，但石灰的修复效果弱于石灰氮（刘昭兵等，2011）。在淹水和不淹水的稻田中施石灰，土壤中交换性 Cd 含量降低，铁锰结合态 Cd 含量增加，石灰和泥炭联合使用对有效 Cd 的抑制效果更强（Chen et al.，2016）。但是，石灰的持效性较短，例如连续施用石灰可使玉米籽粒中 Cd、Pb、Zn 和 Cu 的含量显著降低，但是其效应只能持续一年半左右，而且连续施用石灰容易破坏土壤团粒结构造成土壤板结（邵乐等，2010）。

（2）磷酸盐类

含磷钝化剂的种类较多，根据溶解性高低可分为易溶性材料（如磷酸、磷酸二氢铵）、微溶性材料（如磷酸一氢钙、磷酸二氢钙）、难溶性材料（如磷矿石、羟基磷灰石）3 类。利用含磷物质修复重金属污染土壤主要集中在对铅的钝化上，土壤中各种形态的铅经磷诱导后，转变为稳定性更高的磷酸铅，降低了铅的生物有效性。含磷材料因其价格低廉、修复效果好，被美国环保署列为最好的铅污染土壤管理措施之一。曹心德等（2011）研究发现，在铅、铜和锌复合污染土壤中施用磷灰石时，铅、铜和锌的残渣态均有增加。Cui 等（2014）通过 4 年的试验研究认为磷灰石对镉和铜的长期固定效果较稳定，优于石灰和木炭。含磷物质的种类、土壤中铅的形态、pH、氧化还原电位（Eh）、土壤固/液比、磷/铅物质的量比、土壤溶液的化学组成等都对磷和铅的反应动力学过程产生影响，进而对修复效果产生重要作用（陈世宝等，2019）。不同类型含磷材料的修复效率不同，由磷矿物的比表面、溶解性不同所引起。在利用含磷化合物进行铅污染土壤修复中，土壤的微酸性（pH<6）有利于磷酸铅类物质的形成，会保证较好的修复效果（李剑睿等，2014）。然而，利用不同含磷材料做钝化剂时，还应考虑其在土壤中的溶解性以及其他金属离子的竞争，过量的溶解性磷可向地表或地下迁移，造成地表水体富营养化和地下水污染，还可能造成作物营养缺乏等。

（3）黏土矿物类

海泡石、膨润土、蒙脱石、伊利石、高岭石等黏土矿物在自然界中分布广泛，具有较大的比表面积和孔隙度，结构层带电荷，有较强的吸附能力和离子交换能力。例如，Liang 等（2014）报道，海泡石和坡缕石等天然水合硅酸镁矿物可以促进土壤中交换态 Cd 向碳酸盐结合态和残渣态转移，从而降低了土壤 Cd 的生物有效性和植物对 Cd 的吸收；Zhou 等（2014）研究指出天然沸石（铝硅酸盐矿物）可以有效降低 Pb、Cd、Cu 和 Zn 在土壤中的活性及水稻体内金属的积；Sun 等（2016）利用盆栽和田间试验验证了海泡石对 Cd 污染农田钝化效果，添加 1％～5％的海泡石使盆栽和大田试验中 TCLP-Cd 分别降低 0.6％～49.6％和 4％～32.5％。

（4）金属氧化物类

金属氧化物主要包括 Fe、Al、Mn 的氢氧化物、水合氧化物、羟基氧化物等，是土壤的天然组分之一。铁锰氧化物具有很大的比表面积和很多的吸附位点，通过专性吸附、非专性吸附、共沉淀以及在内部形成配合物等途径实现对土壤重金属的钝化作用。目前，天然金属氧化物、合成金属氧化物颗粒以及工业副产品等材料被用来研究和应用于土壤重金属钝化修复（宁东峰，2016）。任丽英等（2014）研究发现，添加铁铝氧化物 14 天后，土壤中交换态 Mn、Pb 和 Cd 的含量分别降低了 64.8%、52.9% 和 89.51%。林志灵等（2013）研究了3 种铁铝矿物对土壤 As 的固定效果，结果表明，几种铁铝矿物均对 As 有着一定的固定作用，固定能力由大到小为水铁矿＞针铁矿＞水铝矿＞铝镁氧化物。但铝镁氧化物可抑制重金属的钝化作用，这可能是因为 As 在铝镁氧化物表面反应生成单齿单核结构的复合物，而 As 与铁铝氧化物反应生成的复合物一般为双齿双核结构。

工业废渣主要为一些金属氧化物，常用的工业废渣主要有赤泥、钢渣、粉煤灰等。赤泥是冶炼氧化铝过程中浸出的残渣，富含铁铝氧化物和植物生长所必需的 K、Ca、Mg 等营养元素。赤泥既可以通过与重金属发生专性吸附降低有效性，还能促进植物生长，对重金属污染土壤有良好的钝化修复作用。刘昭兵等（2010）通过小区试验研究表明，赤泥可显著降低水稻中 Cd 含量，除了土壤 pH 增加和化学吸附外，还与赤泥中大量的 Ca^{2+} 在水稻根部表面与土壤 Cd 竞争吸附位点有关。

6.1.1.2　有机钝化剂

有机钝化剂主要有腐殖酸、秸秆、畜禽粪便、堆肥和城市污泥等，它们常常含有—OH、—COOH、—OCH$_3$ 等活性基团，通过对重金属的络合作用降低其有效性。例如，Liu 等（2009）研究表明，鸡粪堆肥通过有机物质与 Cd 的络合作用及与含 P 化合物共沉淀作用，可以有效降低土壤中交换态 Cd 的比例和植物对 Cd 的吸收和积累。腐殖酸钝化重金属的能力与其组分相关，分子量越大，芳构化程度越高，对重金属的钝化越强，主要表现为灰色胡敏酸＞棕色胡敏酸＞富里酸。农业废弃物堆肥还田可减少农田可交换态和碳酸盐结合态镉，增加铁锰氧化物结合态和有机结合态及残渣态镉（陈寒松，2008）。值得注意的是，有机物固定的金属离子可能会重新释放，其长期稳定性等问题有待于进一步解决；大量研究指出有机物质加入土壤后，可以促进高价态 Cr(Ⅵ) 还原为毒性弱的 Cr(Ⅲ)。

6.1.1.3　微生物钝化剂

微生物的代谢不仅可以改变土壤中重金属的赋存形态，影响其生物有效性，也能调节植物的养分供应，促进植物的生长发育。由于经济性与环境友好性，微生物越来越多地被应用于重金属污染土壤的钝化修复中。当前，多种具有重金属抗性或积累能力的微生物已经被筛选出来，这些微生物能显著降低小麦、水稻、白菜、萝卜等农作物中 Cd、Pb、Cu、As、Cr 等重金属的含量。例如，Ollcr 等（2013）从当地农田土壤中筛选出的肠杆菌（*Enterobacter* sp.）、假单胞菌（*Pseudomonas* sp.）和红球菌（*Rhodococcus* sp.）均对 As 具有很强的抗性和积累能力，且能够促进大豆的生长，应用于当地污染土壤的粮食安全生产的潜力很大。Abu-Elsaoud 等（2017）在当地农田土壤中筛选出的 AMF（*Funneliformis geosporum* N. et G.）能够增强小麦对 Zn 的抗性并抑制 Zn 向地上部的转运。很多微生物可以通过分泌胞外聚合物（extracellular polymeric substances，EPS）来钝化重金属。例如，Li 等发现白腐真菌（*Phanerochaete chrysosporium* B.）分泌的 EPS 对低浓度 Pb 的钝化起着十分重要的作用（2017）；Joshi 和 Juwarkar（2009）发现，固氮菌（*Azotobacter* spp.）可以通过分泌 EPS 来钝化土壤中的 Cd 和 Cr，进而降低小麦中 Cd、Cr 的含量。

6.1.1.4　生物炭

生物炭是指生物质在无氧或缺氧条件下热裂解得到的一类含碳的、稳定的、高度芳香化的固态物质，制备生物炭的常用原料包括农业废物（如秸秆）、木材及城市生活有机废物（如垃圾、污泥）。Chen 等（2018）通过整合分析得出，在盆栽实验和大田实验中，施用生物炭对植物吸收 Cd、Pb 的降低幅度接近，其降幅平均分别为 38％和 39％。黄敏等（2019）归纳整理了公开发表的 81 篇有关生物炭与土壤重金属有效性的研究论文，结果显示，与不施用生物炭处理相比，施用生物炭对土壤中 Cd 和 Pb 均具有显著的钝化效果，其有效态含量平均降低了 37.59％和 51.37％，其中壳渣类生物炭施用使土壤有效态 Cd、Pb 降幅最大，分别为 58.44％和 71.28％，在 500～600℃温度区间下制备获取的生物炭可使土壤有效态 Cd、Pb 显著降低 52.23％和 60.90％。

6.1.1.5 纳米钝化剂

目前，应用于土壤重金属污染修复的主要纳米材料包括零价金属材料、碳质纳米材料、金属氧化物、纳米型矿物以及一些改性的纳米材料等。纳米材料对土壤重金属污染修复的主要机理是基于其特有的粒径小、比表面积大、表面活性高等特点。通常，纳米材料与重金属的相互作用表现为非常复杂的物理化学过程，主要的相互作用机理是吸附、还原和氧化等过程。邢金峰等（2016）的盆栽实验发现，添加纳米羟基磷灰石显著降低了水稻根中的重金属含量和糙米中 Cd 含量，糙米中的 Pb、Cu 和 Zn 含量也有所降低。Yang 等（2016）向 Pb 污染土壤中加入生物炭负载纳米羟基磷灰石材料后，土壤中 75％的 Pb 被固定，修复后土壤中 Pb 的 67％为残渣态，芥菜中 Pb 的含量降低；盆栽实验显示，添加生物炭负载纳米羟基磷灰石可以减少芥菜地上部 Pb 含量。陈喆等（2017）以羧甲基纤维素-纳米零价铁修复高硫富铜土壤，发现羧甲基纤维素-纳米零价铁对高硫土壤中的 Cu 具有极好的固定效果。Su 等（2016）利用生物炭负载纳米零价铁材料原位修复 Cr 污染土壤，沉降实验和土柱实验发现生物炭负载纳米零价铁比单一纳米零价铁有更好的稳定性和流动性，对 Cr^{6+} 和总 Cr 的固定效率达到 100％和 93％；同时，盆栽实验表明，生物炭负载纳米零价铁材料可以减少 Cr 的植物毒性，有利于植物的生长。但是，这些新型钝化材料生产成本较高，可能也存在一定的环境风险，因此亟需研发低廉、高效、环境友好的土壤重金属污染新型钝化产品。

6.1.1.6 复合钝化剂

由于不同钝化剂对不同类型重金属的钝化效果存在一定的差异，并且土壤重金属污染常常是复合污染。为了达到修复效果，单一钝化剂的施加量往往很高或者需要连续追施。然而，过量的钝化剂会对土壤理化性质产生不良作用或者引出二次污染问题，如过量施加可溶性磷酸盐容易造成土壤酸化，同时有引起水体富营养化的风险。而且，对于重金属复合污染的土壤，单靠一种钝化修复产品难达到预期效果，因此复合钝化剂的研发和应用是农田污染土壤安全利用的重要发展方向。杨侨等（2017）发现由海泡石、生物炭、腐殖酸组成的复合钝化剂施入污灌区土壤后，土壤有机质含量升高，土壤和菠菜中 Cd 含量均明显降低。邹富桢等（2017）通过盆栽试验研究了 4 种由不同剂量的沸石、石灰石、无机磷、有机肥（猪粪或蘑菇渣）组配的复合钝化剂对广东省韶关市大宝山周边酸性多金属污染土壤的改良效果。结果表明，4 种有机-无机复合钝化剂处理后，土壤 pH 值增加 0.52～1.76 个单位，土壤中 Pb、Cu、Zn 的有效态含量分别比对照土壤降低 70.92％～99.29％、69.47％～98.45％、67.22％～99.17％，而且土壤 pH 值和重金属 Pb、Cu、Zn 的有效态含量呈显著负相关性。在对照土壤上，菜心和油麦菜的种子发芽和生长显著受到抑制，植株地上部 Pb、Cu、Zn 含量均高于食品卫生标准。土壤经复合改良剂处理后，菜心和油麦菜生长健康，株高和地上部的生物量显著增加，地上部 Pb、Cu、Zn 含量显著降低。重金属的化学形态分析结果显示，改良后土壤中的 Pb、Cu、Zn 可交换态含量明显降低，铁锰氧化物结合态含量提高。

6.1.2 钝化机理

不同钝化剂对土壤中重金属的钝化机制不同，主要机制包括沉淀作用、吸附作用、络合作用和氧化还原作用。

6.1.2.1 沉淀作用

向酸性重金属污染土壤中添加石灰等碱性材料后，土壤 pH 升高有利于土壤溶液中的重金属离子形成氢氧化物或碳酸盐沉淀。磷酸盐材料固定土壤 Pb 主要是通过溶解-沉淀机制。Cao 等（2009）研究表明，磷灰石钝化土壤 Pb 的主要机理为形成氟磷铅矿沉淀，磷氯铅矿和氟磷铅矿的溶解度非常小，在较大 pH 范围内能保持稳定。Du 等（2014）研究表明一种由草酸激活的磷酸盐、磷酸钾和氧化镁组成的复合物可以有效降低土壤中 Zn 和 Pb 的活性，主要通过与 Zn 形成磷锌矿 $[Zn_3(PO_4)_2 \cdot 4H_2O]$、磷钙锌矿 $[CaZn_2(PO_4)_2 \cdot 2H_2O]$ 和氢氧化锌 $[Zn(OH)_2]$，与 Pb 形成了 $[Pb_5(PO_4)_3F]$。生物炭也可通过与 Cr(Ⅲ) 形成 Cr(OH)$_3$ 沉淀来有效固定土壤 Cr(Ⅲ)。含硅钝化材料中的硅酸根离子进入土壤中后与 Pb^{2+} 等发生反应，形成 Si-O-Pb 沉淀物、Pb_3SiO_5、Pb_2SiO_4 等硅酸盐沉淀（刘创慧等，2017）。

6.1.2.2 吸附作用

黏土矿物是一类碱性多孔的铝硅酸盐类矿物，比表面积相对较大，结构层带电荷，主要通过吸附、配位和共沉淀反应等作用，减少土壤溶液中的重金属离子的浓度和活性，达到钝化修复的目的。金属氧化物主要通过专性吸附、非专性吸附、共沉淀以及在内部形成配合物等途径实现对土壤重金属的钝化作用。不同铁氧化物 As 的吸附能力表现为：$Fe^{3+}>Fe^{2+}>$ 铁砂＞针铁矿，水钠锰矿对不同金属离子的吸附能力表现为 Pb(Ⅱ)＞Cu(Ⅱ)＞Zn(Ⅱ)＞Co(Ⅱ)＞Cd(Ⅱ)。

6.1.2.3 络合作用

表面络合作用是吸附的一种重要形式，在此处特指钝化剂表面的有机官能团与重金属发生的络合反应，而与前面所提到的离子交换吸附有所区别。有机钝化剂表面一般存在大量的官能团，包括 C＝O、—COOH、—OH、—SH、—NH$_2$ 等，这些官能团可与重金属作用形成络合物。Cd 在土壤中能与有机质中的含氧官能团和巯基发生络合反应，形成稳定的络合物。Jiang 等（2012）研究了生物炭对可变电荷土壤中 Pb 的吸附，发现其吸附机理为 Pb 与生物炭中的官能团进行表面络合，且在低 pH 条件下增强。腐殖酸可与多种重金属离子形成较稳定的腐殖酸-金属络合物，且胡敏酸形成的重金属络合物稳定性要大于富里酸形成的重金属络合物。此外，羟基磷灰石也可以通过其本身溶解后，与重金属发生表面络合反应，从而达到钝化土壤 Cd 和 Zn 的目的。

6.1.2.4 氧化还原作用

重金属的价态不同，其在土壤中的可迁移性和生物有效性也存在差异。利用具有氧化还原作用的钝化剂可以改变重金属的价态，进而降低重金属的生态毒性。研究表明（邢金峰等，2019），活性炭表面的含氧官能团，如酮基、羧基、羟基等，能将 Cr(Ⅵ) 还原为 Cr(Ⅲ)；纳米零价铁能够将土壤中 Cr(Ⅵ) 还原为毒性较小的 Cr(Ⅲ)，然后在纳米零价铁表面形成 Cr(Ⅲ) 沉淀。但 Choppala 等（2016）发现，生物炭能够促进土壤 Cr(Ⅵ) 和 As(Ⅴ) 的还原，减少了土壤中 Cr 的移动性，却增加了 As 的移动性。

6.1.3　影响钝化效果和稳定性的因素

6.1.3.1　土壤 pH 值

土壤 pH 是控制土壤中重金属赋存形态和化学行为的重要影响因子之一。一般来说，随着土壤 pH 值的降低，土壤和钝化剂对重金属的吸附减弱，重金属移动性和有效性增大；反之，土壤对重金属的吸附能力增强，进而形成金属沉淀。化学钝化修复仅仅改变了重金属在土壤中的赋存形态，土壤 pH 变化可能会引起土壤中重金属离子再活化。例如，Hamon 等（2002）研究发现，土壤 pH 降低时，被石灰石和赤泥钝化的 Cd 和 Zn 重新释放，而磷酸盐和高岭石处理能更好地抵抗土壤的酸化作用。Lombi 等（2003）也发现，土壤酸化导致土壤中有效态 Cd、Cu、Zn 含量的增加，特别是施加石灰和棕闪粗面岩的土壤，但赤泥对重金属的钝化作用相对较稳定。田间研究发现（Cui et al.，2014），施用 22.3t/hm^2 磷灰石或 4.45t/hm^2 石灰后，当年土壤 pH 由 4.4 显著升高到 5.6 左右，CaCl$_2$ 提取 Cu 和 Cd 均显著下降，但 4 年后土壤再次酸化，pH 分别降低至 5.0 和 4.7，Cu 和 Cd 被再次释放出来。事实上，我国耕地土壤酸化比较突出，而且酸化的趋势尚未得到有效遏制，因此，钝化修复土壤在后续利用过程中，应该持续监测，并配合防止土壤酸化的农艺措施。

然而，土壤 pH 对 As 和 Cr^{6+} 的影响与其他金属阳离子不同，As 和 Cr^{6+} 在碱性土壤中更容易发生迁移。

6.1.3.2　土壤氧化还原电位

氧化还原电位（Eh）是影响土壤重金属活性的重要因素。一般来说，大部分重金属的有效态含量会随着土壤氧化还原电位的升高而逐渐增加。一般来说，当土壤 Eh 降低时（如淹水环境），高价的 Fe(Ⅲ) 和 Mn(Ⅵ) 通过生物与非生物途径被还原为低价态的 Fe(Ⅱ) 和 Mn(Ⅱ)，导致大量 Fe(Ⅱ) 和 Mn(Ⅱ) 进入土壤溶液。一方面，随着铁锰氧化物的还原溶解，原先被铁锰氧化物吸附或共沉淀的重金属离子被释放到土壤溶液，从而导致重金属离子的迁移性增强。另一方面，在铁锰氧化物还原过程中，新形成的无定形或晶型矿物与土壤溶液中金属离子发生吸附或共沉淀，从而降低重金属的有效态。例如，纪雄辉等（2007）研究表明，Cd 污染酸性稻田长期淹水处理使水稻茎叶、根系、糙米中的 Cd 含量均明显低于相应的湿润灌溉处理，这主要是因为淹水后土壤 Eh 下降导致土壤中还原态铁、锰等阳离子和 S^{2-} 等阴离子增加，这些还原态阳离子与 Cd^{2+} 发生竞争吸附，还原态阴离子与 Cd^{2+} 发生共沉淀，从而降低了水稻对 Cd 的吸收和积累，但当土壤恢复至氧化条件时，固定的 Cd 会重新释放出来。

6.1.3.3　土壤有机质含量及其组分

土壤有机质含量和组分也是影响钝化土壤重金属稳定性的重要因素。土壤中含有丰富的有机质，其表面含有大量醌基、羧基、酚基等复杂有机官能团。这些复杂有机官能团使得有机质可以吸附、络合或螯合重金属离子，减弱重金属迁移能力和生物有效性。然而，有机物分解产生的可溶性有机质（DOM）的络合作用可促进土壤胶体所吸附重金属的解吸，使其释放到土壤溶液中。张磊等（2014）研究发现，在富含 DOM 的环境中，铁氧化物絮体主要通过 Fe(Ⅲ) 与 DOM 中的羟基和羧基形成配位键而发生相互作用，Fe(Ⅲ) 易形成粒径更小且晶形更差的无定形铁氧化物，有利于铁氧化物在淹水条件下的还原溶解，进而增强铁氧化物絮体中 Pb、As 等再释放；DOM 使得还原溶解后 Fe(Ⅱ) 难以形成二次沉淀矿物，不仅减弱了 Pb、As 等重金属再次进入固相的机会，而且溶解态 Fe(II) 浓度的增高，进一步催化 γ-FeOOH 到 α-FeOOH 的相转化过程，促进铁氧化物絮体中 Pb、As 等重金属再释放过程。

6.1.3.4　植物根系活动

由于根系分泌质子、有机酸和根系的呼吸作用，很多植物的根际土壤 pH 往往低于非根际土壤。随着根际环境中 H^+ 增加，被生物炭和土壤颗粒吸附的金属离子 M^{n+} 与 H^+ 发生交换，M^{n+} 被解吸下来。例如，Houben 和 Sonnet（2015）采用土柱淋洗和 Zn 稳定同位素方法，证明 *Agrostis capillaris* 的根际酸化作用使淋溶液中 Zn 浓度增加。因生物炭的"石灰效应"，施用 5% 生物炭促进了土壤中可交换态 Cd、Pb、Zn 向碳酸盐结合态的转化，但 *Agrostis capillaris* 和 *Lupinus albus* 根系诱导的酸化作用抵消了生物炭的"石灰效应"，被生物炭钝化的 Cd、Pb 和 Zn 在根际重新被活化，导致生物炭并没有显著降低两种植物根系和地上部的 Pb 和 Zn 含量。根系分泌物是植物根系释放到根际环境中的有机物质的总称，其中低分子有机酸（包括甲酸、乙酸、乳酸、苹果酸、琥珀酸、酒石酸、柠檬酸、草酸等）是根系分泌物中的主要组分。大量研究发现，低分子有机酸可以增加土壤中重金属的生物有效性，原因在于其促进土壤中难溶性金属化合物的溶解，或与重金属离子形成螯合物或络合物，从而抑制土壤对重金属的吸附。

对于原位钝化修复的稳定性而言，植物因素是一个具有挑战性的因素，因为农田土壤在钝化修复后需要继续种植作物。植物根系在生长过程中必然会分泌有机酸等物质，这些物质可能会溶解或解吸已被固定的重金属，随着时间的延长，钝化修复的稳定性会逐渐降低。但对于以不同钝化机制固定的重金属而言，植物的影响也是不一样的。以吸附、离子交换等方式固定的重金属受植物生长的影响较大，但以氧化还原方式固定的重金属则影响较小，这主要和植物分泌有机酸的机制有关。

6.1.3.5　土壤微生物的代谢活动

土壤中含有大量的有机物降解微生物，这些微生物会对有机钝化剂、复合钝化剂和生物炭产生降解作用，促使原来被钝化的重金属重新释放出来。此外，某些土壤微生物能够分泌有机酸、铁载体和生物表面活性剂等，从而可能导致钝化后土壤中的重金属的有效性再次增加。Sayer 等（1999）研究证实某些真菌分泌的有机酸能使难溶性的磷氯铅矿溶解，进而造成 Pb 的释放，并指出修复重金属污染土壤中需考虑微生物过程的重要性。此外，微生物可通过催化氧化还原反应来改变重金属在土壤中的移动性。

有些微生物的代谢活动也可能对土壤重金属起到强化钝化作用。一些细菌或真菌可通过细胞表面的活性基团（如羧基、羟基和巯基等）对重金属离子产生很强的螯合能力，使金属螯合在细胞表面从而降低重金属的有效性。此外，丛枝菌根也会产生多糖物质及半胱氨酸配位体与重金属螯合形成稳定的复合物。

然而，目前对于钝化修复稳定性研究中的微生物因素关注较少，需加强该部分的研究，特别是与植物联合作用对钝化修复稳定性的影响。

6.1.4　钝化技术存在的问题

目前，钝化修复还面临一些重要问题需要解决。一是缺乏钝化剂质量控制标准。现有的钝化材料来源多样，品质参差不齐，许多材料本身就是工矿业的废弃物，大量施用这类外源物质，带入的二次污染和对土壤性质的长期影响尚不明确。二是急需建立多层次的农田土壤钝化修复效果与安全性的评价体系和技术规范（表6-2）。三是随着环境条件的改变钝化后重金属存在再次释放风险，目前有关长期效果监测的报道还不多。

表6-2　钝化修复重金属污染耕地土壤的评价指标体系

一级指标	二级指标	三级指标
技术指标	重金属钝化效率	浸出率或可提取率
	土壤性质	pH、有机质、CEC、湿度、黏度、孔隙度等
	土壤肥力	碱解氮、有效磷、有效钾、土壤酶活性等
	长效性	三年或五年
经济指标	钝化剂成本	钝化剂的价格（元/亩）
	运行费用	设备购置费、人工费、维护费
	后处理费用	监测费、废物处理费
	易得性	可获得难易程度
环境指标	次生污染	地表水和地下水的影响、人体健康影响
	景观	气味及美学
社会指标	民众接受度	满意度

6.2　土壤淋洗技术

土壤淋洗技术（soil washing/leaching）是指借助能促进土壤环境中污染物溶解/迁移的液体或其他流体来淋洗污染土壤，使吸附或固定在土壤颗粒上的污染物脱附、溶解而去除的技术。土壤淋洗修复的实现形式主要分为原位淋洗和异位淋洗，耕地土壤一般采用原位淋洗。土壤原位淋洗技术是指借助能促进土壤环境中重金属溶解或迁移作用的溶剂，通过水力压头推动淋洗液，将其注入被污染土层中，然后再把包含有重金属的液体从土层中抽提出来，进行分离和污水处理的技术。

6.2.1　淋洗剂的类型

土壤淋洗技术的关键是淋洗液的选择，要既能高效提取污染物又不破坏土壤本身结构。国内外报道的淋洗试剂种类大致可分为无机淋洗试剂、螯合剂和表面活性剂。各种化学淋洗试剂的比较见表6-3。

表6-3　不同淋洗剂的比较

淋洗剂的类别	举例	作用机理	优点	缺点
无机淋洗剂	盐酸、硫酸、硝酸、磷酸、氢氧化钠、氯化钠、氯化镁、氯化钙、氯化铁、硫酸钠、硝酸钠等	通过酸解、离子交换等作用与重金属形成络合物，去除重金属	效果好、速度快、成本低	对土壤结构破坏严重、不易再生利用
人工螯合剂	乙二胺四乙酸（EDTA）、环己烷二胺四乙酸（CDTA）、乙二胺二琥珀酸（EDDS）等	通过螯合作用与重金属形成可溶性络合物，去除重金属	使用范围广、可回收再利用	生物降解性差、二次污染风险大

淋洗剂的类别	举例	作用机理	优点	缺点
天然螯合剂	柠檬酸、草酸、酒石酸、乳酸、乙酸、胡敏酸、富里酸等	通过螯合作用与重金属形成可溶性络合物，去除重金属	可回收再利用、可生物降解、价格较低	效果相对较差
表面活性剂	十二烷基硫酸钠(SDS)、十二烷基聚乙二醇醚(Br-ij35)、聚山梨醇也称吐温80(Tween-80)、单宁酸、鼠李糖脂、茶皂素、腐殖酸等	通过增溶作用和离子交换作用，使得重金属的表面性质发生显著改变，从而提高配位体在溶液中的溶解性	种类多、选择性强、适应范围较广、可回收再利用	人工合成表面活性剂存在二次污染风险；天然表面活性剂价格较高且处于实验室研发阶段

6.2.1.1 无机淋洗剂

无机淋洗剂包括酸、碱、盐等，常用的酸主要有 HCl、HNO_3、H_2SO_4、H_3PO_4，碱主要有 NaOH，盐主要有 $CaCl_2$、$FeCl_3$、$NaNO_3$、NH_4NO_3 等。无机淋洗剂主要通过酸解、络合以及离子交换等作用，破坏与土壤表面官能团结合的重金属，而使重金属溶出进入液相。Moon（2012）等报道，对土壤 Zn 的去除率由高到低的淋洗试剂依次为 HCl、HNO_3、H_2SO_4、H_3PO_4、酒石酸、草酸、NaOH。陈春乐等（2014）比较了 NaCl、$CaCl_2$和 $FeCl_3$ 三种盐溶液对土壤中 Cd 的淋洗效果，发现 $FeCl_3$ 的淋洗修复效果优于 NaCl、$CaCl_2$。当 $FeCl_3$ 的浓度为 10mmol/L，液土比为 10mL/g，振荡淋洗 1440min 时，土壤中 Pb 去除率可以达到 96.77%（李婷等，2020）。

尽管无机淋洗剂能很好地淋洗去除污染土壤中的重金属，但通常无机酸浓度大于 0.1mol/L 时才能有较高去除率。酸浓度过高会严重破坏土壤的理化性质和结构，导致土壤养分的大量流失。较高浓度的强酸等无机淋洗剂对淋洗设备要求较高，且不易再生，淋出液处理费用较高，因而在实际工程应用中有所限制。

6.2.1.2 螯合剂

螯合剂可以通过与土壤溶液中的重金属离子结合形成稳定的螯合物，改变重金属在土壤中的存在形态，使重金属从土壤颗粒表面解吸，由不溶态转化为可溶态，从而提高淋洗效率。常用的螯合剂可分为人工螯合剂和天然螯合剂两类，几种人工螯合剂对土壤中重金属的淋洗效果见表6-4。

表 6-4　几种人工螯合剂对土壤中重金属的淋洗效果（引自李晓宝等，2019）

土壤来源	重金属	螯合剂	淋洗剂	反应时间/h	去除率/%
镉污染土壤和污泥	Cd	Na_2EDTA	$Na_2S_2O_5$	4	93
废弃冶炼厂	Zn,Pb,Cd	EDTA	HCl	12	78,81,79
废弃化工场地	As,Cd,Pb,Cu	EDDS	EDTA	18	12.7,38.7,31.1,16.9
某铅锌冶炼厂附近农家菜地	Pb,Cd,Cu	Na_2EDTA	STPP	2	70.9,68.5,25.5
某原金属冶炼厂表层土	As,Cd,Pb,Cu	Na_2EDTA	有机酸	48	32,63,43,41
电子垃圾焚烧厂	Cu,Pb,Zn	EDTA	EDDS	24	60,60,40
某铁路沿线污染土壤	Cd,Cr	EDDS	$Fe(NO_3)_3$	4	41.7,79.3

人工螯合剂主要有乙二胺四乙酸（EDTA）、二乙烯三胺五乙酸（DTPA）、氨基三乙酸（NTA）、乙二胺二琥珀酸（EDDS）、甲基甘氨酸二乙酸（MGDA）等（表6-4）。这类螯合剂

在较宽的 pH 范围都对重金属有很好的淋洗去除效果。例如，Tandy 等（2004）研究发现，当 pH 为 7 时，几种人工螯合剂对土壤中 Cu 和 Zn 的去除效率从大到小分别为：EDDS＞NTA＞IDSA＞EDTA，NTA＞EDDS＞EDTA＞IDSA。通常，螯合剂与重金属的络合稳定常数越大，螯合剂对重金属的络合作用则越强。Zhang 等（2013）用 EDTA 及其三种衍生物淋洗重金属污染土壤，发现衍生物 DTPA 对 Cu 的去除率比 EDTA 高 50%，且对 Ca^{2+} 的淋失量降低 25%。

值得注意的是，人工螯合剂在对污染土壤中大部分重金属有效淋出的同时也活化了大量矿质元素，从而导致土壤养分的流失。同时，人工螯合剂一般较贵，生物降解性也较差，残留在土壤中易造成二次污染。NTA 被鉴定为二级致癌物，DTPA 是潜在的致癌物。

天然有机螯合剂主要有柠檬酸、苹果酸、草酸、丙二酸以及天然有机物胡敏酸、富里酸等。天然有机酸对土壤中重金属的淋出作用主要有三种模式：一是直接与重金属螯合形成带正电荷的螯合物；二是吸附于土壤表面后，其官能团与重金属螯合形成螯合物；三是与重金属的配位作用生成高溶解性的络合物。许超等（2009）采用 0.05mol/L 的柠檬酸淋洗受酸性矿山废水污染的中低污染负荷土壤中 Cd、Pb、Cu、Zn，经过 720min 后，中污染土壤中 Cd、Pb、Cu、Zn 的去除率分别为 43.23%、17.20%、11.18%、26.44%，低污染土壤中 Cd、Pb、Cu、Zn 的去除率分别为 30.88%、4.73%、5.59%、20.26%。Gzar 等（2014）报道，乙酸对土壤 Pb 的去除效果优于 Cd 和 Ni，0.1mol/L 的乙酸超声淋洗 15min 后，土壤 Pb 的去除率可达 100%，而 1mol/L 的乙酸淋洗对 Cd 和 Ni 的最高去除率分别为 70.6% 和 23.3%。Ash 等（2016）用三种有机酸对 As、Pb 污染土壤淋洗 12h，发现 As 的淋洗效果较好的依次是草酸、柠檬酸、乙酸，对 Pb 淋洗效果较好的依次为柠檬酸、草酸、乙酸。天然有机螯合剂对重金属有较好的清除能力，酸性温和，生物降解性好，对环境没有污染，是非常有应用前景的淋洗剂。

6.2.1.3 表面活性剂

表面活性剂对重金属污染土壤的淋洗修复应用较晚。这类淋洗剂具有亲水、亲油、吸附等特性，可显著降低溶剂的表面张力，改变土壤的表面性质或与土壤中重金属发生离子交换，促进金属阳离子或金属络合物从土壤颗粒表面解吸。表面活性剂根据来源不同可分为化学和生物表面活性剂，按带电荷不同可分为阳离子和阴离子表面活性剂。阳离子表面活性剂通过改变土壤的表面性质，并与重金属发生离子交换，从而促使重金属从土壤中洗脱出来；阴离子表面活性剂可吸附于土壤颗粒表面，与重金属络合，从而促使重金属解吸。

常用的化学表面活性剂有十二烷基硫酸钠（SDS）、吐温 80（Tween-80）等（表 6-3）。Doong 等（1998）用不同类型的表面活性剂对污染土壤进行淋洗，发现阴离子表面活性剂 SDS 仅能去除 15% 的 Zn 和 Pb，阳离子表面活性剂 CTAB（溴代十六烷基三甲胺）对重金属的去除率几乎为零。蒋煜峰等（2006）研究也发现，SDS 对土壤中重金属几乎没有解吸效果，仅 1%～2%。

生物表面活性剂是指由微生物（真菌、细菌等）在其细胞膜或者细胞体外产生的有一定活性的代谢产物，常见的有鼠李糖脂、单宁酸、皂角苷、腐殖酸、环糊精及其衍生物等。这类物质一般具有庞大复杂的分子结构，易降解，生物毒性较低，对环境的耐受范围较大，对有的重金属去除效果较好，是重金属污染土壤修复淋洗剂的较佳选择。Hong 等（2002）用皂角苷对黏土、砂土和有机质含量高的土壤进行淋洗，研究发现可去除 90%～100% 的 Cu 和 85%～98% 的 Zn。Mulligan 和 Wang（2006）用鼠李糖脂处理含 Cr、Ni 的砂质土壤，当鼠李糖脂以泡沫形式注入时，土壤中 Cr、Ni 的去除率分别为 73.2% 和 68.1%；当鼠李糖脂以溶液形式注入时，Cr、Ni 的去除率分别为 61.7%、51.0%。Juwarkar 等（2007）用鼠李糖脂对污染土壤淋洗 36h 后，可去除土壤中 92% 的 Cd 和 88% 的 Pb。

6.2.1.4 复合淋洗剂

复合淋洗剂，即同时使用两种或两种以上淋洗剂来进行淋洗修复，包括混合液淋洗、顺序淋洗等方式。目前，国内外对于土壤淋洗修复技术的研究已经不仅仅局限于单一淋洗剂淋洗修复的研究，对于有机酸与螯合剂、无机酸与无机盐、有机酸与表面活性剂等复合淋洗剂的研究已有尝试。例如，仇荣亮等（2009）利用 Na_2EDTA、KI 和草酸 3 种化学试剂的组合，淋洗 Cd、Cu、Pb、Zn、Sn 和 Hg 污染的土壤，可使重金属含量达到土壤环境安全标准。Guo 等（2018）比较了 EDTA、$FeCl_3$ 与 MC（EDTA、GLDA 与柠檬酸混合螯合剂）对 Cd、Pb、Zn 和 Cu 的淋溶修复效果，对修复后土壤的理化性能进行了比较，结果显示，MC 改变了部分土壤的理化性质（如 pH、TN、有效氮、有效磷等），对土质影响作用最小。

6.2.2 影响淋洗效果的主要因素

淋洗剂对土壤中重金属的淋洗效果主要与土壤自身因素和淋洗条件有关。土壤自身因素包括土壤的各种理化性质（质地、pH、阳离子交换量、有机质含量）、共存离子、重金属的种类和含量及其在土壤中的存在形态；淋洗条件则包括淋洗剂的种类、浓度、用量以及淋洗 pH、时间、固液比等。

6.2.2.1 土壤因素

土壤质地对其与重金属的结合力影响较大，黏土比砂土对重金属的结合力强。Jho 等（2015）用磷酸盐淋洗两种 As 污染土壤，发现细颗粒土壤对 As 的吸附作用更强，因此对 As 的淋洗率偏低。EDTA 对黏粒占比 47.9% 的土壤中 Ni、Co 的淋出效果远优于柠檬酸和丙二酸，但对黏粒占比 29.2% 的土壤中重金属的淋洗效果差别不大（方晓航等，2005）。柠檬酸与 FeCl 复配淋洗对污染土壤中 Cd、Cr、Pb 和 Zn 的淋出率与粒径的关系从大到小大致为：粉黏土＞粗砂＞细砂。

有机质、阳离子交换量和 pH 等理化性质也影响重金属与土壤胶体的结合力和重金属赋存形态。土壤 pH 会影响土壤对重金属的吸持能力以及重金属的移动性。有机质含量较高不利于土壤中重金属的淋洗，EDTA 对废弃多年的污染场地进行淋洗修复，土壤中重金属浓度仍然很高，原因在于目标重金属与有机质存在很强的结合力，难以被淋洗剂解吸出来。土壤的阳离子交换量较大在一定程度说明土壤胶体对阳离子金属的吸附量较多，对重金属的结合力较强，重金属的淋出效果较差。

土壤中不同重金属之间、重金属与非重金属之间的相互作用也影响着淋洗效果。例如，Wang 等（2012）用 EDDS 淋洗污染土壤，发现土壤液相中 Cu 和 Zn 均为 EDDS 结合态，而 Ca 对 EDDS 与 Cu、Zn 的络合作用存在明显的竞争作用。大量研究也表明，土壤中 Ca^{2+}、Mg^{2+}、Fe^{3+} 等大量阳离子的竞争是影响 EDTA 对土壤重金属有效去除的一个重要因素（刘青林，2018）。

土壤中重金属的浓度、种类和赋存形态对淋洗效果也有很大的影响。许超等（2009）采用柠檬酸对中、低污染负荷土壤中重金属 Cd、Pb、Cu、Zn 的振荡淋洗研究发现，低污染土壤中重金属的去除率低于中污染土壤。通常，土壤中不同形态重金属的淋出从易到难依次为：可交换态＞碳酸盐结合态＞铁锰氧化物结合态＞有机物结合态＞残渣态。水溶态重金属可通过去离子水淋洗去除；可交换态重金属可通过无机淋洗剂的离子交换作用或螯合剂的螯合作用去除；碳酸盐结合态重金属用酸溶液可去除；铁锰氧化物结合态、有机物结合态和残渣态重金属则一般使用高浓度酸溶液才能去除。

6.2.2.2 淋洗条件

淋洗剂的种类、淋洗浓度、固液比、淋洗时间、复合淋洗剂的淋洗顺序等是影响淋洗效果的重要因素。

通常，随着淋洗剂浓度的增加，土壤中重金属的淋洗去除率增加。例如，蒋煜峰等（2006）报道，土壤重金属的去除率随着皂角苷浓度的增加而提高；Wei 等（2016）发现淋洗剂的浓度对 As 的去除效率影响不大，但随着淋洗剂浓度增大，土壤 Cd 的去除率随之提高。随着柠檬酸和 $FeCl_3$ 浓度的增加，其对土壤中 Cu、Zn、Pb 和 Cd 的去除率明显增加，但 EDTA 浓度变化对 4 种重金属的去除率无明显不同（陈欣园等，2018）。

淋洗时间也决定着实际工程中的淋洗效率和成本费用。一般淋洗剂对重金属的淋洗效率会随着时间的延长趋于稳定。淋洗时间过长可能会导致解吸的重金属在土壤中重新吸附和沉淀（刘青林，2018）。增加淋洗剂淋洗次数和清水漂洗次数，能够有效提高污染土壤中重金属的去除效率，并降低淋洗剂用量及淋洗费用。例如，Zou 等（2009）采用 EDTA 对重金属污染土壤淋洗发现，即使 EDTA 用量不足（低液固比），多次淋洗比高液固比、单次淋洗效果也更显著。陈灿等（2015）也指出，复配淋洗效果优于单一淋洗，复配二级淋洗效果又优于复配淋洗剂一级淋洗。

采用复合淋洗剂时，淋洗剂的添加顺序对土壤重金属的去除效率也有重要影响。例如，Wei 等（2016）研究发现，对土壤 As、Cd 淋洗效果最佳的洗涤顺序为磷酸-草酸-Na_2EDTA，As 和 Cd 的去除率分别为 41.9％和 89.6％，剩余重金属的迁移率和生物利用度的危害最小。因此，优化复合淋洗修复条件也是目前复合淋洗技术研究的热点之一。

6.3 植物提取技术

植物提取是当前我国受污染耕地土壤治理与修复示范与推广一类植物修复技术，其是指利用超积累（富集）植物或络合诱导植物高效吸收污染土壤中的重金属，并将重金属转移和积累在地上部，通过收割植物地上部，从而达到去除土壤中重金属的目的。植物提取技术分为两类，一类为持续性植物萃取技术，直接选用超积累植物吸收积累土壤中的重金属；另一类是诱导性植物提取技术，在种植植物的同时添加某些可以活化土壤重金属的物质，提高植物提取重金属的效率。在应用超积累植物修复重金属污染土壤时，根据植物的特点与当地气候结合做到科学种植，选择合适的栽培和管理措施，包括育苗、翻耕、种植密度、除草、间套作、刈割等，从而提高植物提取效率。

6.3.1 重金属超积累植物

超积累植物是指一类能够从生长介质中超量吸收重金属并将其运移到地上部积累的植物。目前被广泛接受的超积累植物认定标准为：①超积累植物地上部的重金属含量高于正常植物体内的 100 倍以上，一般要求叶片或地上部（干重）中镉含量达到 100mg/kg，砷、钴、铜、镍、铅含量达到 1000mg/kg，锰、锌含量达到 10000mg/kg，金含量达到 1mg/kg

以上；②植物对重金属的富集系数大于1（富集系数＝植物地上部中元素质量分数/土壤中元素质量分数）；③在重金属污染环境下生长不受影响，生物量大，可正常生长繁殖。

目前，全球发现的超积累植物近721种，这些超积累植物来自52个科，130属。其中代表性最强的超积累植物集中在十字花科（83种）和竹兰科（59种），研究最多的植物主要在芸薹属（*Brassica*）、庭荠属（*Alyssums*）及薹苈属（*Thlaspi*）（游少鸿等，2020）。由于我国重金属超积累植物研究起步相对较晚，所以相较于国际上较丰富的超积累植物种类资源，我国的超积累植物相对较少。在过去的20年里已发现了多种镉、砷、铜、锰、锌超积累植物（表6-5）。

表 6-5　我国重金属超积累植物修复资源

元素	植物			
	名称	分类地位	生物学特征	植物修复特征 （地上部金属最高含量）
Cd	龙葵 *Solanum nigrum* Linn.	茄科（Solanaceae） 茄属（*Solanum* Linn.）	花期 6～9 月，果期 7～11 月，种子经越冬后才能发芽	当土壤镉浓度为 200mg/kg 时，地上部镉含量为 167.2mg/kg
	水葱 *Schoenoplectus tabernaemontani*	莎草科（Cyperaceae） 藨草属（*Schoenoplectus*）	花果期 6～9 月	当土壤镉浓度为 25mg/kg 时，地上部镉含量为 289.74mg/kg
	牛膝菊 *Galinsoga parviflora* Cav.	菊科（Asteraceae） 牛膝菊属（*Galinsoga* Ruiz et Cav.）	花果期 7～10 月	当土壤镉浓度为 50mg/kg 时，地上部镉含量为 137.63mg/kg
	野茼蒿 *Crassocephalum crepidioides*（Benth.）S. Moore	菊科（Asteraceae） 野茼蒿属（*Crassocephalum* Moench.）	花果期 7～11 月	当土壤镉浓度为 180mg/kg 时，地上部镉含量为 1288.12mg/kg
	稻槎菜 *Lapsanastrum apogonoides*（Maxim.）Park et K. Bremer	菊科（Asteraceae） 稻槎菜属（*Lapsana strum* Park et K. Bremer）	花果期 4～5 月	当镉浓度为 75mg/kg 时，地上部镉含量为 110.11mg/kg
	藿香蓟 *Ageratum conyzoides* Linn.	菊科（Asteraceae） 藿香蓟属（*Ageratum* Linn.）	花果期几乎全年	当土壤镉浓度为 5.83mg/kg 时，茎镉含量 51.25mg/kg，叶镉含量 100.10mg/kg
	风花菜 *Rorippa globosa*（Turcz.）Hayek	十字花科（Cruciferae） 蔊菜属（*Rorippa* Scop.）	花期 5～6 月，果期 7～8 月	当镉浓度达到 25mg/kg 时，地上部镉含量为 150.1mg/kg
	忍冬 *Lonicera japonica* Thunb	忍冬科（Caprifoliaceae） 忍冬属（*Lonicera* Linn.）	花期 4～6 月，秋季有时也开花，果期 9～11 月	在镉浓度为 25mg/L 下生长 21d，茎的镉含量可以达到 344.49mg/kg

元素	植物			
	名称	分类地位	生物学特征	植物修复特征 （地上部金属最高含量）
Cd	苋 *Amaranthus tricolor* Linn.	苋科 （Amaranthaceae） 苋属 （*Amaranthus* Linn.）	6～8 月开花，8～10月结果。最适生长温度20～30℃	当镉浓度为 25mg/kg 时，地上部镉含量为 212mg/kg
	芸薹 *Brassica rapa* Linn. var oleifera（DC.）Metzg	十字花科 （Cruciferae） 芸薹属 （*Brassica* Linn.）	花期 3～4 月，果期5 月	当镉浓度为 80mg/kg 时，地上部镉含量为 120mg/kg
	蔓长春花 *Vinca major* Linn.	夹竹桃科 （Apocynaceae） 蔓长春花属 （*Vinca* Linn.）	花期 3～5 月	当镉浓度为 50mg/kg 时，地上部镉含量为 190.82mg/kg
	红果黄鹌菜 *Youngia erythrocarpa* （Vaniot）Babcock et Stebbins	菊科 （Asteraceae） 黄鹌菜属 （*Youngia* Cass）	花果期 4～9 月	当镉浓度为 100mg/kg 时，地上部镉含量为 317.87mg/kg
	猪殃殃 *Galium aparine* Linn. var. tenerum（Gren. et Godr.） Rchb	茜草科 （Rubiaceae） 拉拉藤属 （*Galium* Linn.）	种子繁殖，以幼苗或种子越冬。多于冬前9～10 月出苗，亦可在早春出苗，花期4～5月，果期 5～6 月	农田生态型整株镉含量为412.29mg/kg,矿山生态型整株镉含量为 404.48mg/kg
	鬼针草 *Bidens pilosa* Linn	菊科 （Asteraceae） 鬼针草属 （*Bidens* Linn.）	花果期 8～11 月开花至种子成熟为 25d	农田生态型整株镉含量为198.36mg/kg,矿山生态型整株镉含量为 236.57mg/kg
	羽叶鬼针草 *Bidens maximowicziana* Oett	菊科 （Asteraceae） 鬼针草属 （*Bidens* Linn.）	花期 7～8 月	当镉浓度为 80mg/kg 时，地上部镉含量为 152.2mg/kg
	甜菜 *Beta vulgaris* Linn. var. *cicla* Linn.	苋科 （Amaranthaceae） 甜菜属 （*Beta* Linn.）	花期 5～6 月，果期7 月	当镉浓度为 100mg/kg 时，地上部镉含量为 300.23mg/kg
	紫茉莉 *Mirabilis jalapa* Linn.	紫茉莉科 （Nyctaginaceae） 紫茉莉属 （*Mirabilis* Linn.）	种子繁殖，花期 7～10 月，果期 8～11 月	盆栽条件下，紫茉莉镉含量最大值是 113.54mg/kg；水培条件下，紫茉莉地上镉含量是 539.87mg/kg
	地果 *Ficus tikoua* Bur	桑科 （Moraceae） 榕属 （*Ficus* Linn.）	花期 5～6 月，果期7 月	原生态地果地上部分镉含量是 152mg/kg,地下部分含量是147.3mg/kg

元素	植物			
	名称	分类地位	生物学特征	植物修复特征（地上部金属最高含量）
Cd	花叶滇苦菜 *Sonchus asper*(Linn.)Hill	菊科 (Asteraceae) 苦苣菜属 (*Sonchus* Linn.)	花果期5～11月	云南会泽铅锌矿区土壤镉含量是151.5～415.5mg/kg，植株地上部分是145.8～289.2mg/kg
	万寿菊 *Tagetes erecta* Linn.	菊科 (Asteraceae) 万寿菊属 (*Tagates* Linn.)	花期7～9月	当镉浓度为100mg/kg时，地上部镉含量为175.63mg/kg
	孔雀草 *Tagetes patula* Linn.	菊科 (Asteraceae) 万寿菊属 (*Tagates* Linn.)	花期7～9月	当镉浓度为100mg/kg时，地上部镉含量为202.34mg/kg
Cu	鸭跖草 *Commelina communis* Linn.	鸭跖草科 (Commelinaceae) 鸭跖草属 (*Commelina* Linn.)	春末夏初出苗，适宜发芽温度为15～20℃。花果期6～10月	鸭跖草地上部分和根部的铜含量分别达到1034.2mg/kg和1224.0mg/kg
	海州香薷 *Elsholtzia splendens* Nakai ex F. Maekawa	唇形科 (Lamiaceae) 香薷属 (*Elsholtzia* Willd.)	花果期9～12月	当土壤中铜含量为96.5g/kg时，植物体内铜含量超过1000mg/kg
	紫花香薷 *Elsholtzia argyi* Levl	唇形科 (Lamiaceae) 香薷属 (*Elsholtzia* Willd.)	花果期9～12月	在Cu/Pb复合水平为200/100μmol/L时，地上部铜含量为213.8mg/kg
	蓖麻 *Ricinus communis* Linn.	大戟科 (Euphorbiaceae) 蓖麻属 (*Ricinus* Linn.)	种子繁殖，花期7～9月，果期10～11月	营养液培养的铜浓度为40mg/kg时，地上部分铜含量是2186.41mg/kg
Cr	李氏禾 *Leersia hexandra* Swartz	禾本科 (Poaceae) 李氏禾属 (*Leersia* Swartz)	种子和根茎发芽，气温需稳定到12℃。一般4～5月出苗，6月拔节，7～8月抽穗、开花，颖果成熟。种子边成熟边脱落，不耐水淹	李氏禾叶片内平均铬含量达1786.9mg/kg，变化范围为1084.2～2977.7mg/kg
Mn	垂序商陆 *Phytolacca americana* Linn.	商陆科 (Phytolaccaceae) 商陆属 (*Phytolacca* Linn.)	花期7～8月，果期8～10月	锰矿采集到的植物样，叶片锰含量达到19299mg/kg
	水蓼 *Polygonum hydropiper*(Linn.)Delarbre	蓼科 (Polygonaceae) 春蓼属 (*Polygonum* Mill.)	种子繁殖，花果期5～11月。成熟种子陆续散落后，营养体逐渐枯死，地下茎进入休眠	当营养液中锰浓度为5mmol/L时，叶片锰含量10648.73mg/kg

元素	植物			
	名称	分类地位	生物学特征	植物修复特征 （地上部金属最高含量）
Mn	杠板归 *Polygonum perfoliatum* Linn.	蓼科 （Polygonaceae） 蓼属 （*Polygonum* Linn.）	花期 6～8 月，果期 9～10 月	当营养液锰浓度为 16mmol/L 时，地上部分的锰含量是 19940mg/kg
	青葙 *Celosia argentea* Linn.	苋科 （Amaranthaceae） 青葙属 （*Celosia* Linn.）	苗期 5～7 月，花期 7～8 月，果期 8～10 月	当锰处理浓度为 500mg/kg 时，叶片锰含量为 42927mg/kg
	木荷 *Schima superba* Gardn. et Champ	山茶科 （Theaceae） 木荷属 （*Schima* Reinw. ex Blume）	花期 6～8 月，果期 是第二年的 10～11 月	当锰处理浓度为 150mmol/L 时，植株锰含量为 62412.3mg/ kg
Zn	东南景天 *Sedum alfredii* Hance	景天科 （Crassulaceae） 景天属 （*Sedum* Linn.）	花期 4～5 月，果期 6～7 月。适应性强，耐 贫瘠等劣境	矿区生境东南景天植株地上 部分锌含量为 4134～5000mg/ kg，对应土壤锌含量为 2269～ 3858mg/kg
As	蜈蚣草 *Pteris vittata* Linn.	凤尾蕨科 （Pteridaceae） 凤尾蕨属 （*Pteris* Linn.）	耐瘠薄、污染土壤	盆栽条件下，蜈蚣草叶片砷含 量达 5070mg/kg
Pb	土荆芥 *Dysphania ambrosioides* （Linn.）Mosyakin et Clemants	苋科 （Amaranthaceae） 藜亚科 （Chenopodiaceae） 刺藜属 （*Dysphania* R. Brown）	花果期 6～10 月，种 子产量大，又种子细 小，以及高萌发率，使 其在自然条件下快速 完成入侵和定居过程	当土壤铅浓度为 497mg/kg 时，茎叶铅含量达 3888mg/kg
	柳叶箬 *Isachne globosa* （Thunb.）Kuntze	禾本科 （Poaceae） 柳叶箬属 （*Isachne* R. Br.）	花果期 5～10 月	盆栽实验铅浓度 18000mg/kg 处理下，地上部铅含量为 3411.56mg/kg，地下部分为 1532.02mg/kg
	白花泡桐 *Paulownia fortunei* （semn）Hemsl	去参科 （Scrophulariaceae） 泡桐属 （*Paulownia* Sieb. et Zucc.）	花期 3～4 月，果期 7～8 月	广东韶关铅锌矿区中叶片铅 含量达到 2389.41mg/kg
复合 污染	钻叶紫菀 *Symphyotrichum subulatum*（Michx.） G. L. Nesom	菊科 （Asteraceae） 联毛紫菀属 （*Symphyotrichum* Nees）	花果期 9～11 月。 喜生长在潮湿的土壤， 在沼泽或含盐土壤上 亦能生长。表型可塑 性大，对环境的适应能 力强	当土壤砷含量为 340mg/kg 时，地上部分的砷含量为 2360mg/kg

6.3.2　影响植物提取效率的主要因素

植物提取的效率取决于植物地上部的生物量和金属含量，地上部的生物量越大、金属含量越高，植物修复效率越高。虽然国内外对植物提取技术进行了大量的研究，但植物提取技术成功的案例还比较少，商业化应用也不多。一般来说，商业化的植物修复希望在一个合理的时间范围内（1～3 年）将土壤中金属浓度降低到各国的土壤环境质量标准以下。如果要达到这一目标，要求植物地上部能积累 1% 左右的重金属，且每年地上部的生物量达 2 吨/公顷。目前，植物提取技术在商业化应用方面主要受到两个因素限制：一是超积累植物的生长特性，大部分已经报道的超积累植物的生长速率慢，地上部的生物量少；二是土壤中重金属的生物有效性低，植物难以吸收，并且难以将重金属由根系转移到地上部。

6.3.2.1　植物的生物量

一般来讲，适合应用于植物提取技术的植物应具有以下特性：①能够忍耐生长介质中较高水平的重金属；②能在体内积累高浓度的污染物；③生长快，生物量大，地上部与根系生物量的比值较大；④能同时积累几种金属；⑤具有发达的根系；⑥具有抗虫抗病能力。然而，目前已知的超积累植物绝大多数生长慢、生物量小，且大多数为莲座生长，较难进行机械操作，进而限制了植物提取技术的广泛推广和应用。目前，东南景天、伴矿景天和蜈蚣草已经在全国范围内应用于我国重金属污染耕地土壤修复示范，东南景天与伴矿景天应用于镉、锌污染土壤的修复，蜈蚣草应用于砷污染土壤的修复。

6.3.2.2　重金属的生物有效性

土壤中的重金属以不同形态存在，一般将其分为水溶态、交换态、有机质结合态、碳酸盐结合态、铁锰氧化物和氢氧化物结合态和残留态。此外，一些学者根据植物吸收的难易程度，将土壤中的重金属分为可利用态、可交换态和不可利用态。可利用态的金属包括游离的或螯合的金属离子，它们易被植物吸收；可交换态金属包括有机质、碳酸盐和铁锰氧化物结合的金属离子，它们可被植物部分吸收；不可利用态金属包括残留态，它们很难被植物所吸收。在植物的根际环境中，这三种形态的金属处于一个动态平衡状态。土壤中金属的存在形式和生物有效性直接影响植物能否通过根系吸收到相应的重金属离子。通常，我们可以看到这一现象，植物地上部的重金属含量在水培条件下远超过土培条件。在水培试验条件下，超积累植物地上部的重金属含量往往超过 1%，但当生长在重金属污染土壤上时，其地上部的重金属含量则很难达到 1%，原因在于营养液中重金属的活性高，而土壤中重金属的活性非常低。

6.3.3　提高植物提取效率的措施

6.3.3.1　螯合诱导强化技术

螯合剂能够与重金属结合形成复合物，促进土壤重金属成为可溶态，从而有效地增加重金属的植物有效性，提高植物提取效率。目前，常用的螯合剂主要有两类：一类是人工合成的，如乙二胺四乙酸（EDTA）、羟乙基乙二胺三乙酸（HEDTA）、二乙烯三胺五乙酸（DTPA）、乙二醇双（2-氨基乙基醚）四乙酸（EGTA）、氨基三乙酸（NTA）、N,N'-乙基双（2-[2-羟基苯基] 甘氨酸）（EDDHA）、环己二胺四乙酸（CDTA）、乙二胺二琥珀酸（EDDS）等；另一类是天然的，主要是一些低分子量有机酸，如柠檬酸、草酸、酒石酸等，还包括一些无机化合物如硫氰化铵等。

EDTA 投入到土壤中能够与多种重金属形成水溶性的"金属-螯合剂螯合物",从而提高土壤中重金属的生物有效性,强化植物对目标重金属的吸收,是目前研究最多的一种螯合剂(聂亚平等,2016)。例如,Huang 和 Cunningham(1996)在作物收获前,向 Pb 污染土壤(2500mg/kg)中施入 2mmol/L HEDTA 后,土壤溶液中 Pb 浓度也由原来的 $16.7\mu mol/kg$ 增加到 $19000\mu mol/kg$,玉米茎叶和根组织中 Pb 的浓度大幅度增加(超过 1%)。EDTA 能够极显著地促进印度芥菜($B. juncea$)对 Pb 的吸收与转运,其中地上部 Pb 含量较对照提高了 75 倍,主要原因是土壤中不可溶的 Pb 在 EDTA 的螯合作用下形成了可溶性的 Pb-ED-TA 形式,从而促进了植物对 Pb 的吸收与转运(Vassil et al,1998)。

EDTA 等螯合剂提高了土壤溶液中目标重金属的有效含量,但也增大了其对植物的毒害效应及重金属向地下渗滤的风险。在实际使用过程中,螯合剂会导致植物黄化、萎蔫甚至是死亡。例如,Cui 等(2007)等报道,2.4mmol/kg 的 EDTA 不仅可以提高百日菊对 Pb 的提取作用,而且可以刺激秧苗的生长,但当 EDTA 浓度较高时,秧苗的生长则受抑制。因此,在使用时,要严格控制螯合剂的施用量或添加方式。Evangelou 等(2007)重点研究了螯合剂在辅助植物修复过程中的反应机理及毒性,结果发现,螯合剂的降解速率对螯合辅助植物萃取的浸出率有很大的影响作用。因此,在应用螯合剂强化植物修复技术时,环境风险及内在的反应机制也应进一步研究与探明。

近年来,选择生物可降解的重金属螯合试剂是化学强化植物提取的重要研究方向。Lan 等(2013)研究了天然螯合剂 EDDS、NTA 和 APAM 辅助 $Siegesbeckia\ orientalis$ L. 提取 Cd 污染的修复效率,结果发现,与对照组相比,添加螯合剂使植株中 Cd 浓度增加了 1~1.5 倍。美国蒙特克莱尔州立大学 Attinti 等(2017)研究发现,施用 EDDS 使香根草地上部的 Pb 含量增加 53%~203%,且 EDDS 的强化作用不受土壤 pH 和黏粒含量限制。上海大学 Hu 等(2017)发现,同时施用 NTA 和烷基糖苷(APG)使蕹草根系吸收 Pb 和 Cd 分别增加 9.7 倍和 1.0 倍。Yan 等(2017)对比了 EDTA、NTA、EDDS、草酸、腐殖酸、柠檬酸和酒石酸辅助植物修复的效果,对比后发现 NTA 可以作为合适的螯合剂用于增强紫茉莉对 Pb 污染土壤的修复。卫泽斌等(2015)盆栽试验研究表明,可生物降解螯合剂 GLDA(谷氨酸 N,N-二乙酸)诱导东南景天 Cd 和 Zn 污染土壤具有明显潜力。张鑫等(2013)的土柱淋滤实验研究了不同浓度的螯合剂对重金属铅、镉的活化能力(加入淋出量和空白对比)。结果表明,在一定浓度范围内,聚天冬氨酸(PASP)对 Pb 和 Cd 的活化能力随 PASP 浓度的增加而增加;在盆栽条件下,PASP 对玉米修复重金属污染土壤有明显的强化作用。

植物或微生物通常能够分泌如柠檬酸、草酸和苹果酸等小分子量有机酸(SMOA)到根际土壤中,这些来自三羧酸循环途径的 SMOA 在促进植物生长(如溶磷、增强土壤酶活性)、缓解重金属胁迫(如螯合重金属)等方面具有重要作用(袁金玮等,2019)。例如,超积累植物菥蓂属的 $Thlaspi\ goesingense$ 叶片中 Ni 主要以 Ni-有机酸复合物的形式储存在细胞液泡中,而超积累植物叶芽鼠耳芥($Arabidopsis\ halleri$)的根部 Zn 主要是以苹果酸锌和柠檬酸锌等有机酸锌的形式存在。Sun 等(2006)研究发现,镉超积累植物龙葵($S.nigrum$)叶片中有机酸的含量与可溶性 Cd 的含量呈现出显著的正相关性,而另一茄科非超积累植物茄子($Solanum\ melongena$)叶片中的有机酸含量较低,这一结果暗示了有机酸对重金属在植物中积累存在重要作用。柠檬酸处理能够显著提高欧洲油菜($Brassica\ napus$)对高浓度 Cu 的耐受性,同时增加 Cu 在植物中的积累(Zaheer et al,2015)。

6.3.3.2 微生物强化技术

土壤中存在丰富的微生物资源，主要包括细菌、真菌、放线菌、藻类等。通常 1g 土壤中有几亿到几百亿个微生物，但其种类和数量会随着土壤环境及土层深度的不同而变化。在土壤环境中，微生物通常与植物存在互利共生关系，这类微生物包括在根部共生的根际微生物（rhizosphere），在植物内部共生的内生微生物（endophytes）和与植物地上器官共生的叶际微生物（phyllosphere）。在微生物-植物共生系统中，微生物可通过多种途径强化植物修复重金属污染土壤的效果，总体来说可分为直接作用和间接作用。直接作用主要是指微生物对土壤重金属的活化、吸收、转化作用，增加土壤重金属的生物有效性；间接作用则主要是微生物通过改善植物营养、激素水平、酶活性等，增强植物对重金属的耐性水平和促进植物生长，从而增强植物修复效果。

（1）微生物增加土壤中重金属的生物有效性，促进植物对重金属的吸收和积累

土壤中重金属的生物可利用性是影响植物提取效率的关键因素之一。微生物可分泌有机酸（甲酸、乙酸、葡萄糖酸等）、铁载体和生物表面活性剂等多种代谢产物，这些代谢产物可以促进土壤中沉淀态金属的溶解、吸附态金属的解吸，还可形成金属螯合物，从而增加土壤中有效态重金属含量和促进植物对重金属的吸收。例如，邓平香等（2016）研究表明，东南景天根系内生菌荧光假单胞菌 R1 在生长代谢过程中，能分泌苹果酸、琥珀酸、乙酸、柠檬酸、草酸等有机酸，导致 ZnO 和 CdO 溶解，在一定程度上促进东南景天对 Zn 和 Cd 的吸收。叶和松（2006）从污染土壤中筛选出对重金属铅、镉具有抗性，且能产生物表面活性剂的菌株，该菌株能活化土壤中沉淀态铅、镉（$PbCO_3$、$CdCO_3$），使土壤中可交换态铅镉浓度增加；盆栽试验和水培试验结果发现，接种该菌增加了植物地上部和根部中镉或铅含量。

土壤微生物还可以通过氧化还原或者甲基化和去甲基化作用，增加土壤中汞、砷等的有效性。例如，蜈蚣草根际细菌 *Bacillus* sp. PVR-YHB-1-1 活跃的砷还原和外排行为可以提高根际砷的生物利用性，并且促进蜈蚣草对砷的吸收和积累。假单胞菌属细菌可将钴胺素转变为甲基钴胺素，甲基钴胺素可作为甲基的供体，在三磷酸腺苷（ATP）和特定还原剂共同存在的条件下，重金属离子（Pb、Cd 等）与甲基络合形成甲基铅、甲基镉等易于被植物吸收的络合物，例如甲基钴胺素在酶促影响下将汞络合形成易被植物吸收的甲基汞（钱晓莉和徐晓航，2019）。

（2）微生物促进植物生长，增加地上部生物量

根瘤菌是一类可侵染豆科植物根部形成根瘤，并能够进行固氮作用的革兰氏阴性菌。近年来，一些研究发现根瘤菌能够有效地强化植物修复重金属污染效果（袁金玮等，2019）。例如，Chen 等（2008）将根瘤菌 *Cupriavidus taiwanensis* 接种至含羞草（*Mimosa pudica*）根际，形成根瘤后显著促进宿主植株对 Pb、Cu 和 Cd 的吸收，其中对 Pb 的吸收能力最强。Yu 等（2017）从尾矿土壤中分离获得的慢生大豆根瘤菌（*Bradyrhizobium Liaoningense*）具有较强的金属耐受性，慢生大豆根瘤菌与豆科植物水黄皮（*Pongamia pinnata*）共生能够促进宿主在钒钛磁铁矿尾矿土壤和含 Ni 土壤中生长，并极大地提高了 Fe 和 Ni 等金属离子的吸收与转运。

磷细菌、硅细菌、钾细菌等能分解出矿石中的磷、硅和钾，为植物生长提供可以吸收利用的矿质元素，从而促进植物生长和提高植物生物量。例如，巨大芽孢杆菌（*Bacillus megaterium*）作为一种溶磷促钾细菌，不仅可以提高土壤有效磷含量，促进植物生长，还可以通过产生分泌物活化土壤重金属。研究发现，接种巨大芽孢杆菌促进了东南景天、黑麦

草和伴矿景天的生长，提高了土壤有效态 Cd 含量，对修复 Cd 污染土壤起到了促进作用（潘风山，2016；赵树民等，2017；邓月强等，2020）。

土壤中铁主要以高度不溶性三价铁（Fe^{3+}）的氧化物、氢氧化物、磷酸盐和碳酸盐的形态存在，一般无法满足土壤微生物繁衍和植物生长发育的需求，尤其是在重金属胁迫的环境条件下。研究发现，某些土壤细菌能分泌铁载体（siderophores）向植物提供可溶性铁-铁载体复合体，通过细胞膜上的特殊转运蛋白进入细胞内，并被外质空间和质膜上的转化蛋白转移至细胞质中，进而使铁从铁-铁载体复合体释放出来参与细胞代谢活动（Rajkumar et al.，2010）。Barzanti 等（2007）发现分离自 Ni 超积累植物 *Alyssum bertolonii* 的内生细菌 83%（67 株）在镍胁迫下能分泌铁载体，并提高植物对重金属（镍、铬、钴、锌、铜）毒性的抗耐性，从而促进植物在重金属胁迫下的生长。Shin 等（2012）从超积累植物旅顺桤木（*Alnus firma*）中分离到一株产铁载体芽孢杆菌 MN3-4，将其接种到欧洲油菜（*Brassica napus*）后发现能够显著降低 Pb 的植物毒性。

微生物可以通过分泌生长素（如吲哚乙酸 IAA）、细胞分裂素、1-氨基环丙烷羧酸（1-Aminocyclopropanecarboxylic acid，ACC）脱氨酶、维生素等物质，与植物形成紧密的交叉对话机制，进而直接或间接促进植物生长。例如，菌株 *Burkholderia* sp. D54 能够产生 IAA 和铁载体等，具有溶解无机磷和矿物态金属元素的作用，土壤中接种菌株 D54 能促进东南景天的生长，提升东南景天的生物量和对重金属的吸收量（Guo et al.，2011）。Zhang 等（2011）报道，在 Pb 存在的情况下，接种具有较高 ACC 脱氨酶活性的不动杆菌 Q2BJ2 和芽孢杆菌 Q2BG1，分别使油菜地上部和根部的干重增加了 15% 和 23%。Govarthanan 报道（2018），土壤接种具备产生 IAA、ACC 脱氨酶、铁载体和磷酸盐增溶能力的木霉（*Trichoderma* sp. MG）后，向日葵治理 As 污染和 Pb 污染土壤的效率显著提高。

6.3.3.3　土壤动物强化技术

土壤动物包括原生动物和后生动物。原生动物通常是单细胞动物，结构简单，大小在几微米到 1cm 之间，包括鞭毛虫类、根足虫类和纤毛虫类。土壤后生动物主要包括线虫、节肢动物和无脊椎动物等。土壤动物在促进土壤物质循环和能量转化过程中发挥着重要作用，对维持土壤生态系统的结构和功能具有重要调节作用。土壤动物与植物之间也存在复杂的相互作用，一方面，植物可通过调节进入土壤生态系统中资源的质量与数量而影响对土壤动物的营养物质供给，多数土壤动物以植物的根或茎叶为食，或依靠着植物作为其居所以及氧气的提供者，当然，也存在少部分能捕食昆虫的植物，如捕蝇草和茅膏菜，它们捕捉及消化小动物以获取矿物质，尤其是氮。另一方面，土壤动物通过与微生物共同分解有机质促进营养周转，调节植物根系的营养状况来影响植物的初级生产力（段桂兰等，2020）。

与土壤微生物相比，土壤动物（如蚯蚓、线虫、甲螨、鼠妇等）对重金属的吸收、运载和富集作用研究较少。土壤动物一方面可以通过自身的吸收来富集重金属，从而降低土壤重金属含量，另一方面也可以通过自身的活动改善土壤中重金属的活化能力，从而促进植物对其富集。例如，蚯蚓通过其掘穴、排粪、搅动及其他活动可以明显改变土壤理化性质，改善土壤养分循环，改变土壤微生物群落，被誉为"土壤生态系统工程师"的蚯蚓在土壤生态系统中起着重要且不可替代的作用。Wang 等（2006）研究发现，与未接种蚯蚓处理组相比，接种蚯蚓处理组黑麦草植株的生物量增加 29%~83%，印度芥菜植株的生物量增加了 11%~42%；同时，蚯蚓也增加了黑麦草和印度芥菜对锌的吸收量。王丹丹等（2008）发现，加入蚯蚓能使印度芥菜和黑麦草中的 Zn 总累积量分别提高 57.8%~131.6%、

51.4％～150.5％。蚯蚓的活动可以降低土壤 pH，显著增加土壤中有效态 Zn 含量；同时蚯蚓活动显著增加了印度芥菜地上部生物量（22.6％～88.6％鲜重，31.3％～122％干重）和地上部 Zn 浓度及 Zn 和 Pb 的吸收量（徐坤等，2019）。

土壤动物还可以通过自身的活动提高土壤中重金属的生物有效性，从而促进植物对其富集。例如，成杰民等（2008）用红壤和高砂土加入不同浓度梯度的 Cu^{2+} 或 Cd^{2+} 为供试土壤，添加蚯蚓显著提高了红壤中 DTPA 提取态 Cu、Cd 的含量，对高砂土中 DTPA 提取态 Cu、Cd 的含量无显著影响。敬佩等（2009）发现，蚯蚓活动可以明显提高土壤中酸提取态 Pb、Cd 含量，降低可还原态 Pb、Cd 含量，但氧化态 Pb、Cd 含量则无明显变化规律。蚯蚓的排泄物还可以促进 Cu 由根系向地上部分的转移，促进黑麦草对铜的吸收和富集（林淑芬等，2006）。

6.3.3.4　农艺强化技术

修复植物地上部生物量是影响植物提取效率的重要因素之一。超积累植物往往会受湿度、气温、土壤肥力等环境因素制约，使得植物生长缓慢、植株密度小。合理的农业措施可以解决以上问题，提高植物修复效率，具体可从增加土壤肥力、合理灌溉、优化栽培措施几个方面来实施。

（1）施肥

施肥是农作物种植最重要的措施之一，也是植物修复过程中十分必要的手段。一方面，施肥可以增加土壤肥力，促进重金属积累植物生长，提高生物量；另一方面，施肥可以改变土壤的某些理化性质，提高或降低土壤 pH 值，进而改变土壤溶液中重金属的生物有效性，影响植物根系和地上部分的生理代谢过程或重金属在植物体内的运转等。不同肥料由于所含营养成分不同，与土壤重金属元素的作用机制也不同，导致其对植物修复污染土壤的效果也不尽相同（冯子龙等，2017）。在某些情况下，肥料受到土壤类型、植物自身特性的影响也可变成改良剂，强化植物修复。

氮磷钾是植物生长所必需的大量营养元素，选择合适的肥料品种和合理施肥用量可以使植物修复效率成倍增加。廖晓勇等（2004）的田间试验发现，适量施用磷肥促进蜈蚣草的生长，显著提高其生物量；当施磷量为 $200kg/hm^2$ 时，蜈蚣草地上部砷的累积量最高，分别是不施磷和 $600kg/hm^2$ 施磷量处理的 2.4 倍和 1.2 倍。聂俊华等（2004）的温室土培研究发现，适量的 N 和 K 可促进超积累植物羽叶鬼针草、绿叶苋菜和紫穗槐生物量的增加并提高植物对 Pb 的吸收，但过量 N 和 K 会抑制植物对 Pb 的吸收，P 则极显著降低植物对 Pb 的吸收。窦春英（2009）通过大田和盆栽试验研究了不同类型肥料对东南景天吸收镉和锌的影响，研究发现：适度的氮（0.1～5mmol/L）、磷（0.1～0.5mmol/L）、钾（0.5～1mmol/L）肥和有机肥可以显著促进东南景天的生长，提高生物量，促进东南景天对锌、镉的吸收及向地上部分的转运；施肥处理浓度提高之后，东南景天虽未出现严重毒害症状，但生物量以及地上部的锌、镉积累量显著降低。汪洁等（2014）研究发现，施用硝态氮肥更能提高根际土壤 Zn 和 Cd 的生物有效性，显著增加伴矿景天体内 Zn 和 Cd 浓度，但施用铵态氮肥更有利于促进伴矿景天的生长（增加了 49.4％）。氮肥形态对伴矿景天生物量的影响显著大于对植物地上部 Zn、Cd 浓度的效应，施用铵态氮肥显著提高 Zn 和 Cd 总吸收量，增率分别为 53.3％和 123％，施用硝态氮肥对其则无显著影响。因此，施用铵态氮肥较硝态氮肥更能有效地提高伴矿景天对 Zn、Cd 污染土壤的修复效率。

叶面肥是将植物生长所需要的肥料或营养成分按照一定比例制成的营养液。向植物叶面喷施叶面肥，可以提高植物的生长速率和生物量，强化植物提取重金属的能力，从而缩短修复周期。近年来，植物激素作为调节型叶面肥，被用于强化植物提取修复重金属污染土壤的研究较为常见，常用的植物激素有赤霉素（GA）、吲哚乙酸（IAA）、吲哚丁酸（IBA）等。Ji 等（2015）发现，喷施赤霉素 3（GA3）于龙葵叶面，可提高其生物量以及茎中 Cd 的浓度。Vamerali 等（2011）向萝卜叶面喷施 IBA，结果发现其芽中 As、Zn 的含量以及根中 As、Co、Cu、Zn 的含量有所提高。此外，植物激素几乎不会对土壤中重金属有淋溶作用，且对环境影响小，常常将其与螯合剂联用强化植物提取。例如，袁江等（2016）研究发现，混合喷施 GLDA 和 IAA 于龙葵叶面，可提高龙葵对土壤中 Cu、Cd、Zn 的提取效率，并且 IAA 能够缓解螯合剂对植物的胁迫作用。

叶面施肥是一种环保的施肥方式，具有针对性强、效果好、吸收快、施用简便、污染风险小等优点，但也存在喷施养分易被雨水淋失、提供养分数量有限等不足。因此，在施用叶面肥时，不可盲目随意喷施，需正确掌握叶面肥喷施的方法，包括喷施浓度、时间、部位等，以免造成叶面肥浪费，喷施效果不明显等现象。尽管叶面肥的发展和应用还存在诸多不足，但其仍具有广阔的应用前景。

二氧化碳（CO_2）在植物光合作用中起着至关重要的作用，在植物修复技术中，提高大气中 CO_2 浓度可以使某些植物在重金属胁迫等逆境环境中光合作用更强，生长更旺盛，还能诱导植物积累某些重金属，进而提高修复效率。目前公认 CO_2 浓度加倍可使植物产量增加 30% 左右。席磊（2001）的试验证明，CO_2 浓度升高显著提高了生长在铜污染环境中的印度芥菜和向日葵地上部生物量，其中向日葵的地上部生物量增长率高达 148.75%，印度芥菜也达到了 80.33%，同时也提高了向日葵和印度芥菜富集 Cd 的效果。

（2）水分管理

水分是植物生存的必要因素之一，是组成植物体的重要成分，植物体内的正常生理活动都离不开水。植物修复中，某些超积累植物可以在较为干旱的地方正常生长，例如蜈蚣草在高于 500mm 年降水量的条件下就可以正常生长和繁殖（陈同斌等，2005）。虽然这些超累积植物具有一定的抵抗干旱的能力，但是过度缺水会削弱其修复能力。崔立强等（2009）利用盆栽试验研究了水分特征对伴矿景天生长和重金属吸收性的影响，在 70% 土壤最大田间持水量（70% WHC）处理下，伴矿景天生长最好，生物量最大，对重金属吸收能力最强，其茎中 Zn 浓度显著高于其他处理，茎中 Cd 的浓度分别比 35% WHC、100% WHC、淹水处理高 27.1%、29.0%、63.1%。

（3）育苗和管理措施

育苗方式对超积累植物的育苗速度、发芽率和成活率等都有很大影响。蜈蚣草的孢子萌发到长出 2～4 叶就需要 3～6 个月，这种育苗速度极其不利于土壤砷污染的修复。后来陈同斌等（2007）通过组织培养的方式成功解决了这个难题，完成了快速繁育。

一些植物耐低温的能力差，温室栽培可加速植物生长；一些超积累植物为阴生植物（如东南景天），遮阴可促进植物生长，在热带可帮助植物度过夏天。

刈割作为一种农艺措施，能提高很多作物地上部分的再生能力，不同的刈割频率和强度，对牧草的群体结构、品质、生理生态、生物量和产量等都会产生不同程度的影响。对于多年生、再生能力强的超积累植物，可以借鉴在牧草种植中广泛应用的刈割来提高其生物量，延迟其生育期，提高重金属吸收效率。廖晓勇等（2004）研究发现，在一定条件下，蜈蚣草每年刈割 3 次，每次留茬高度 7.5cm 左右，其修复效率是 1 年收获 1 次处理的 1.9 倍。

裴昕（2007）等研究发现刈割确实可以在一定程度上提高龙葵的修复效率，刈割是提高龙葵对镉污染土壤修复效率的一种策略。

6.3.4 植物提取技术的优缺点

与其他传统修复技术相比较，植物提取有其独特的优势：①经济效益高；②对土壤和环境没有破坏性；③不需要弃置场地；④公众接受度高；⑤不用挖掘或运输受污染的介质；⑥适用于重金属复合污染场所的修复。

超积累植物应用于重金属污染土壤的修复也存在一些局限性，主要体现在：①已发现的绝大多数超积累植物植株矮小、生物量低、生长缓慢，而且生长周期长，易受环境条件的限制；②一种植物通常只忍耐或吸收一、两种重金属元素，对其他浓度较高的重金属可能表现出某些中毒症状，从而限制了在多种重金属污染土壤治理方面的应用；③超积累植物的根系一般较浅（如草本植物多数集中在 0～30cm 的范围内），一般只对浅层污染土壤的修复有效；④用于吸收重金属的植物器官往往会通过腐烂、落叶等途径使重金属元素重返土壤造成二次污染；⑤植物修复过程比物理化学过程缓慢，因此植物修复比常规治理的周期长，效率不高。

6.4 电动修复技术

1972 年，Parshina 撰写的 *Effect of electrokinetic properties of soil on transport of chlorites* 发表在 Soviet Soil Science 出版物上，这是土壤电动修复的首篇 SCI 论文；20 世纪 70 年代只有俄罗斯专家在土壤电动修复领域发表了 2 篇 SCI 论文，80 年代由美国学者发表了 3 篇研究论文，1991 年之后相关论文数量剧增，即发文进入快速增长期，到 2016 年达到了高峰，该年度发文 110 篇（盛春蕾等，2019）。1992 年，中国科学院南京土壤研究所的 Zhang 撰写的 *Electrokinetic properties of ferralsols in China in relation to pedogenicdevelopment* 论文发表在 Geoderma 上，这是我国学者发表的首篇有关土壤电动修复的 SCI 论文，自此以后，该领域文章发文量不断增加，到 2017 年 10 月 16 日，中国科学家发文总量为 239 篇，位居世界第二（盛春蕾等，2019）。

6.4.1 电动修复的原理

电动修复技术的基本原理与电池类似，将电极插入土壤/液相系统中，在两端加上低压直流电场，在电场的作用下，发生土壤孔隙水和带电离子的迁移，土壤颗粒表面的水溶性或吸附性污染物按各自的电荷移动到不同的电极方向，使污染物在电极区集中或分离，两极电极定期处理，处理富集的污染物（图 6-1）。电动修复过程中，土壤中的重金属离子在电场作用下通过电迁移、电渗流或电泳的方式向两极迁移，从而实现将重金属从土壤中去除的目的。

6.4.1.1 电迁移

电迁移过程主要是指在电场力的作用下，土壤中的带电离子等会发生定向迁移的现象，其中带正电荷的离子向阴极区域移动，带负电荷的离子向阳极区域移动。带电粒子的电迁移速度可以表示为公式(6-1)。

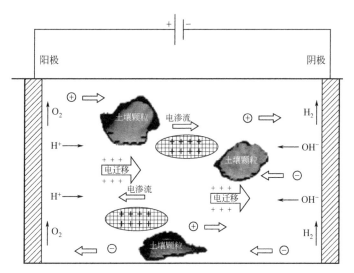

图 6-1 电动修复原理示意图（引自肖江等，2019）

$$U_{em} = vzFE \tag{6-1}$$

式中，v 为带电离子的移动速度；z 为离子电荷数；F 为法拉第常数；E 为电场强度。

因此，影响电迁移速度的因素主要有离子移动速度、离子电荷数和电场强度，且带电离子电迁移的速度大小与离子所带的电荷数和电场强度成正比。

6.4.1.2 电渗流

电渗流作用是指在外加电场作用下使土壤孔隙液体流动的现象。通常，土壤胶体微粒具有双电层，内部的微粒核一般带负电，形成一个负离子层，其外部由于电性吸引，土壤胶体微粒外部形成一个正离子层。在土壤双电层结构中，阳离子数量明显高于阴离子，在电动力的作用下，阳离子会不断带动土壤孔隙中溶解的重金属或其他粒子向阴极端迁移。根据 Helmholtz-Smoluchowski 理论，土壤电渗流的速率（q_{eo}）受土壤性质，孔隙水性质以及外加电场强度等多种因素影响，具体可以表述为公式(6-2)：

$$q_{eo} = nA\frac{\zeta D}{\eta}E_z = k_{eo}AE_z \tag{6-2}$$

式中，n 为土壤孔隙度；A 为通过的垂直面积；D 为介质的介电常数；ζ 为 zeta 电位；η 为孔隙水黏度；E_z 为电压梯度；k_{eo} 为电渗流的渗透系数。

然而，Helmholtz-Smoluchowski 理论并不能简单地用于电渗流速率机理的解释，在电动修复过程中，电渗流的产生以及其影响机制是一个复杂的过程。

6.4.1.3 电泳

电泳是指存在于土壤中的微生物细胞、腐殖质及细小土壤等土壤胶体颗粒，在外加电场时，沿电场的方向发生定向迁移的现象。在土壤的电动修复过程中，由于重金属离子的胶体通常带负电荷，带电胶粒会向带相反电荷的阳极运动。由于土壤胶体颗粒电泳产生的影响远远小于电迁移的影响，在重金属污染土壤的电动修复中常不考虑电泳的作用。

6.4.2 影响电动修复效率的主要因素

在电动修复过程中，土壤性质、电极材料及电极设置方式、辅助试剂、供电方式等因素均影响电动修复效率和电动修复成本。

6.4.2.1 土壤性质

不同类型土壤具有不同特性，土壤的 pH、有机碳含量、矿物质成分、土壤颗粒分布、渗透性、对重金属的吸附能力、缓冲能力等可对电动修复效果造成较大的影响。熊钡等（2015）研究发现，不同土壤类型如沙土、沙壤土和黏土的电动修复实验中，沙土的去除率高，统计分析结果也表明土壤类型和 pH 是影响电动修复的关键。肖惠萍等（2017）比较了电动修复对 5 种典型镉污染土壤的修复效果，经过 12d 电动修复后，黑土、潮土、红壤、水稻土和黄棕壤中镉的去除率依次为 16.7％、21.0％、47.1％、10.7％和 12.6％。其原因可能在于红壤具有较强的电迁移和电渗流量，加之土壤呈酸性，对碱的缓冲力较强，因此电动修复中不易形成氢氧化物沉淀而影响镉的迁移；黑土相对偏碱，不易中和电解产生的 OH^-，因而镉去除率没有红壤高；潮土虽然电流强度和电渗流量略低于黑土，但由于对碱的缓冲力强于黑土，修复效果强于黑土。

6.4.2.2 重金属种类与浓度

土壤中污染物的浓度对电动修复没有显著影响，相反污染物浓度越高则越有利于电动修复技术的应用，在处理重金属质量浓度高达 5000mg/kg 的土壤时，电动修复的去除效率并未受影响。

6.4.2.3 电极材料

目前使用较多的电极材料主要有石墨电极、钛合金电极等，大多数研究者主要关注的是电极的导电性和稳定性，仅有很少有研究讨论不同电极材料对电动修复效率的影响。例如，蔡宗平等（2016）比较了不同电极材料（石墨、不锈钢和钛板）对尾矿附近的铅污染土壤的电动修复效果，当电场强度为 1V/cm，采用石墨电极电动修复 48h 总铅的去除效率为 77％，不锈钢电极和钛电极的修复效率分别为 64％和 54％，其原因可能是石墨电极提供更多的电子传递所需的活性界面。

6.4.2.4 供电方式

电动修复过程中通常采用稳压或稳流的方式供电。相关研究结果表明：较高的电流强度可以促进污染物的迁移，但修复过程中的能耗也会相对增加，能耗与电流的平方成正比。目前，研究人员尝试采用脉冲供电、阴阳极性互换供电、原电池、微生物燃料电池及太阳能电池等供电方式，以减少修复过程中不必要的电能损耗，提高电动修复的效率。在电动修复中，脉冲供电方式已被证实为一种节能降耗的供电方式。例如，丁飒（2007）首次采用脉冲供电方式对铜污染土壤进行修复研究，结果表明，脉冲电动修复铜污染土壤的效果优于直流电动修复铜污染土壤的效果。

研究表明，脉冲电压电动修复除了能节省能量消耗外，还可以轻微地控制土壤 pH 和电导率的改变，并且能有效防止电极腐蚀，同时，与常规电动修复相比，脉冲电压电动修复处理产生了较小的电渗流（袁立竹，2017）。然而，在电动修复重金属污染的土壤时，脉冲电压对土壤中的大量元素的影响，以及大量元素对电动修复能耗的影响如何仍然不清楚。

6.4.2.5 电极类型及其空间构型

电极构型影响电场的活性面积，而电场活性面积是影响电动修复技术去除重金属效率的重要因素之一。当前，大部分研究采用产生均匀电场的板状电极，该方式对土壤修复的均匀性较好。但板状电极表面积大，电极反应剧烈，浓差极化现象明显，会导致大量电能被消耗在电极表面区域，并且进行现场修复的工程量大，电极安装成本高。一些学者开展了非均匀电场的电动修复研究，发现非均匀电场在维持土壤性质、降低能耗方面优于均匀电场。但是，非均匀电场条件下不同的电极构型所产生的电场分布及强度不同，必然影响着土壤电动修复的效果。研究发现，采用环绕的电极装置具有更高的效率。例如刘芳等（2015）采用正六边形电极构型对镉、镍、铅、铜 4 种阳离子型重金属进行电动修复，并控制阴极 pH 值，随着修复的进行，在整个反应单元中逐步形成了酸性迁移带，可在一定程度上避免重金属的过早沉淀，电动修复 480h 后，土壤中镉、镍、铅、铜的总去除率分别为 86.6%、86.2%、67.7% 和 73.0%。

6.4.3 提高电动修复效率的措施

6.4.3.1 阳极逼近法

在电动修复过程中，由于水的电解，阴、阳极分别产生大量的 OH^- 和 H^+，两极电解液的 pH 分别上升和下降；同时，在电迁移等作用下，OH^- 和 H^+ 将分别向另一端电极移动，引起土壤酸碱性质的变化，直到两者相遇中和，pH 值在相遇位置发生突变。土壤中的游离重金属离子会与 OH^- 结合生成氢氧化物沉淀，堵塞土壤孔隙，不利于重金属迁移，会严重影响电动修复的效果，这种现象称为聚集效应（focusing effect）。阳极逼近法就是通过不断缩短阴、阳两极的距离，阴极逐渐靠近阳极使得土壤 pH 下降，增强氧化还原反应，减少聚集效应的发生，增加土壤液相中重金属的浓度，增强土壤中重金属离子的迁移以及提高其去除效率。例如，Cai 等（2016）采用接近阳极（AAs）的增强型电动力学方法对靠近尾矿的铜污染的土壤进行修复，实验结果表明，在 1V/cm 的电压梯度下，传统的电动修复技术在一个固定阳极（FA）48h 的应用使得土壤中铜的去除率达 38.97%，在相同的操作时间下，采用接近阳极（AAs）的增强型 EK 方法将污染土壤中 Cu 的去除效率提高至 61.98%。

虽然该技术可以提高重金属污染土壤的修复效率，加快修复进程，同时也可以减少能耗，但是实际的操作过程中由于无法准确掌握电极移动的时间间隔和距离，往往只能根据实验所得经验来确定，一定程度上限制了其在土壤修复中的应用。

6.4.3.2 电极交换法

电极交换技术是在一定的时间内转换电极的极性，使得在阳极产生的 H^+ 和阴极产生的 OH^- 及时中和，避免在土壤环境中形成强碱迁移带和强酸迁移带。对于重金属污染的土壤，电极交换法能够有效地防止重金属离子在强碱性带形成氢氧化物沉淀，提高重金属在土壤孔隙液中的浓度，增强电动修复效率。例如，Lu 等（2012）报道，用传统的电动修复 192h 后，土壤中的总铬和总镉的去除率分别为 57% 和 49%；如果用交换电极技术，不仅能将土壤中的 pH 值控制在 5~7 之间，若电极交换间隔为 96h，土壤中 70% 的 Cr 和 82% 的 Cd 可以被去除，若电极交换间隔为 48h，土壤中的总 Cr 和总 Cd 的去除率分别为 88% 和 94%。

电极交换技术在一定程度上能减轻"聚集效应"，较大程度上改善重金属的去除效率，但是在实验中无法准确掌握极性交换的时间间隔在一定程度上限制了该技术在土壤修复中的应用。

6.4.3.3 添加强化剂法

大量研究发现，有效控制土壤 pH 值是改善电动修复效果的关键因素。在阴极区域注入相应的酸来调节阴极的 pH，以尽量减少在阴极附近重金属沉淀的生成，可以增强重金属离子在土壤中的迁移性。常见的强化剂有络合剂、螯合剂、有机酸等。

络合剂一般添加在阴极电解液中，可与重金属离子发生络合反应生成可溶性络合物，从而提高重金属离子在土壤中的迁移速率。乙二胺四乙酸（EDTA）是常用的有机络合剂，可在较宽的 pH 范围内与大多数金属离子形成稳定络合物，同时不易吸附在土壤中，对环境相对安全。张涛等（2013）将 EDTA 加入阴极电解液中强化 Pb 污染土壤的电动修复，保持电场强度为 1V/cm，电动修复 15d 后，不添加 EDTA 时 Pb 的平均去除率只有 18.5%，而随着 EDTA 浓度由 0.1mol/L 增加到 0.2mol/L，Pb 的平均去除率由 44.4% 提高到了 61.5%。此外，研究还发现，乳酸、柠檬酸、乙酸等有机酸也可以提高电动修复 Cu、Pb、Cr、Cd 等重金属污染土壤的效率（姚卫康等，2019）。

6.4.3.4 离子交换膜法

离子交换膜是一种含离子基团的、对离子具有选择透过能力的高分子膜。其中，阳离子交换膜一般紧贴阴极槽，可将阴极区域产生的 OH^- 阻隔在阴极槽内，使其无法进入土壤中，避免土壤 pH 升高而生成氢氧化物沉淀；阴离子交换膜则紧贴阳极槽，可将阳极生成的 H^+ 阻隔在阳极槽内，使阳极区土壤 pH 不至于过低。例如，Chen 等（2006）将阳离子交换膜应用于 Pb-Cd 复合污染土壤的电动修复，修复过程持续 60h，结果表明，土壤在整个电动修复过程中保持酸性，靠近阳离子交换膜的土壤 pH 为 6.95，Pb、Cd 最终去除率分别达到 68% 和 38%，可见阳离子交换膜可以防止 OH^- 进入土壤，保持土壤酸性，有效避免了"聚焦"现象的出现。

6.5 联合修复技术

由于任何单一的修复技术都有其优势和缺陷，近年来，多种修复技术的联合修复措施成为重金属污染土壤修复领域的又一发展方向。目前研究较多的有生物联合技术、物理化学联合技术和物理化学-生物联合技术等。

6.5.1 表层淋洗＋深层固定技术

土壤淋洗易导致土壤养分流失和土壤的内层结构改变，且淋洗废液可能造成地下水污染等问题，在实际中没有广泛应用于农田土壤。化学钝化技术把重金属固化在表层土壤，由于环境的不稳定性，钝化的重金属有可能释放出来，再次被植物吸收。采用表层淋洗-深层固定组合修复技术，将表层土壤重金属淋洗后，经过深层土壤中的固化剂固化，同时实现耕层正常生产活动和深层土壤重金属修复，从而降低农民因为修复土壤重金属而造成的经济损失。例如，卫泽斌等（2010）用配制混合淋洗剂（MC）对重金属污染土壤进行淋洗试验，并在土壤深层添加三种固定剂（CaO、FeCl₃、CaO＋FeCl₃），结果表明，利用混合试剂（MC）对土壤进行淋洗有效降低土壤中重金属含量；经检测淋出液重金属含量，发现其中的重金属被固定剂固定在土壤深层，且固定后的重金属形态稳定，难以被自然降水淋溶出来，较好地化解了化学淋洗带来的二次污染风险。因此，化学淋洗结合深层固定技术很好地解决了原位淋洗污染地下水风险的问题。杨子予等（2020）的大田试验证明，酒石酸淋洗-羟基磷灰石固化使莴笋茎叶中的 Cd 含量显著降低 22.89%、莴笋产量显著提高 16.89%，且对莴笋的品质有促进作用。同时，酒石酸淋洗-羟基磷灰石固化处理使 0～20cm 表层土壤的全 Cd 含量降低 30.71%，40～60cm 深层土壤的全 Cd 含量增加 51.57%，在两种表层淋洗-

深层固化处理下，土壤中有效 Cd 含量均在 0～20cm 土层减少，在 20～40cm 土层略微增加，在 40～60cm 土层明显降低，在 60～80cm 土层与对照接近。他们得出表层淋洗-深层固化联合修复能够在进行土壤 Cd 污染修复的同时实现蔬菜的安全生产，适宜向轻度污染的蔬菜基地推广使用。

6.5.2　电动修复+植物修复技术

在植物修复过程中，对修复区土壤施以电场，可提高土壤可溶性重金属含量，并通过电动力作用驱动重金属向植物根部迁移，促进植物对重金属的吸收，且对植物的生长不会造成伤害，有时还会促进植物的生长，从而提高植物修复效率。例如，苍龙等（2009）发现，单向直流电场与水平交换电场（周期性改变电场方向）均可促进黑麦草生长及对 Cu 的吸收，与单向直流电场相比，交换电场可有效控制土壤 pH 变化，且有利于重金属向土壤中部富集，便于植物吸收。然而与单向直流电场相比，交换电场对植物修复的强化效果略显不足。徐海舟等（2015）报道，单向直流电条件下，电压强度 1.0V/cm、通电时间 6h/d，东南景天对土壤 Cd 提取效率最高，较无电场下提升 5.28 倍；交换直流电场与单向直流电场相比，对修复效果无显著差异，且不改变土壤 pH；与腐殖酸联用对东南景天 Cd 吸收、转运效果最佳。

一般认为，电动强化植物提取效率的机理包括：增加土壤重金属生物有效性、强化植物生长代谢和影响土壤微生物的生命活动（马科峰等，2019）。第一，在电场作用下，阳极水解产生 H^+，促进土壤中重金属的解吸和溶解，从而可显著提高土壤液中溶解态重金属含量。此外，在电渗析、电迁移、电泳等电动力作用下，重金属可有效向根系迁移，有利于根系对重金属的吸收。第二，电场可改变植物酶活性、膜通透性、胞内水分子状态，增强植物抗逆性，促进植物光合作用，进而增加植物生物量及对重金属的吸收和转运。第三，适宜的电场强度可丰富根际微生物多样性、促进微生物代谢水平，间接增强植物修复效率。

目前，有关电场对植物富集重金属作用的研究中，涉及的超积累植物并不多，主要以黑麦草、印度芥菜、马铃薯、油菜、烟草、草地早熟禾、燕麦、向日葵、东南景天和蓝桉等植物为试材（魏树和等，2019）。结果发现，电场类型（直流电场或交流电场）、电极配置（水平电场或垂直电场）、电场运用方式（单向电场或交换电场）、电场强度、通电时间、添加剂的使用等，都是影响电动-植物联合修复效果的重要因素（马科峰等，2019）。总体来说，交流电与直流电均有促进植物修复的作用，但直流电会导致土壤酸碱化，采用交流电或周期性改变直流电场方向（交换电场）可有效防止土壤 pH 变化；垂直电场与二维电场均能促进土壤重金属由深层向表层迁移，提高植物修复效率，并有效控制淋溶风险；电压强度是影响植物修复的主要因素，选用适宜强度电场及通电时间，对强化效果及能量损耗起着决定性作用；添加剂的联用可显著活化土壤重金属，但可能加剧重金属淋溶风险。

6.5.3　植物-微生物联合修复技术

土壤细菌可通过多种途径强化植物修复重金属污染土壤的效果，总体来说可分为直接作用和间接作用。直接作用主要是微生物对土壤重金属的活化、吸收、转化和固持等方面，而间接作用则主要是微生物通过促进植物生长，从而增强植物修复效果。例如，Wu 等（2006）表明印度芥菜接种植物促生菌（固氮菌、磷细菌和钾细菌）能促进印度芥菜的生长，提高印度芥菜对重金属 Pb 和 Zn 修复效果；Chen 等（2016）的研究表明，接种假单胞菌和热带念珠菌能促进东南景天和黑麦草对 Cd 和 Zn 的吸收；Jian 等（2019）的研究表明，接种根瘤菌和农杆菌能提高豆科植物苜蓿的产量，并促进了苜蓿对 Cu 和 Zn 的吸收积累；邓月强等（2020）通过盆栽实验发现，Cd 污染土壤中接种巨大芽孢杆菌后，土壤有效态 Cd 含量较对照（CK）增加 15.0%～45.0%，伴矿景天地上和地下部生物量分别增加 8.7%～66.7% 和 13.6%～81.8%，地上部 Cd 含量增幅达 29.2%～60.4%，土壤 Cd 去除率可达 26.7%～42.9%。

菌根是指土壤中真菌菌丝与植物根系形成的一种互利共生的联合体。在修复植物根际接种菌根真菌，使其与植物根系形成共生体，能够促进植物对土壤中 N、K、P、Zn、Fe 等矿质元素的吸收，改善植物生长状况，提升植物对重金属的吸收、转运和富集能力及抗逆性，强化重金属的植物提取，进而提高植物修复的效率。例如，赵宁宁等（2017）发现，接种 3 种球囊霉菌后，蜈蚣草地上部 As 含量均得到不同程度提高，其中幼套近明球囊霉（*Claroideoglomus etunicatum*）对于强化蜈蚣草对 As 提取能力具有最好的效果。杨秀敏等（2017）发现，接种根内球囊霉（*Rhizophagus intraradices*）和摩西管柄囊霉后，东南景天对 Pb 提取量分别比对照组增加 164% 和 44%、Cd 增加了 350% 和 200%、Zn 增加了 75% 和 35%。刘茵等（2011）盆栽试验发现，接种丛枝菌根（AM）*Glomus intraradices* 能促进黑麦草生长和富集 Cd 的能力。

目前，植物-微生物联合修复技术的研究主要集中于实验室内的小规模实验，在户外进行大规模的农田实验目前较少。户外环境相比实验室有着多种不可控因素，比如光照、大气环境、人为干扰等，在户外农田的实验能更接近实际工程的修复结果。因此，如何将基于根际细菌/菌根真菌的联合修复技术大规模运用到重金属污染土壤修复的实践，以及如何利用好接种菌株与土著根际微生物群落的互利共生关系都需要进行深入调查研究。

第7章 重金属污染耕地土壤的修复方案编制与效果评估技术

7.1 重金属污染耕地土壤修复的基本流程

根据《受污染耕地治理与修复导则》（NY/T 3499—2019），受污染耕地治理与修复的一般程序如图7-1所示。主要工作包括：污染耕地的基础数据和资料收集、受污染耕地污染特征和成因分析、治理与修复的范围和目标确定、治理与修复模式选择、治理与修复技术确定、治理与修复实施方案编制、治理与修复组织实施、治理与修复效果评估。

7.1.1 基础数据和资料收集

在开展受污染耕地治理与修复工作之前，应收集污染耕地的相关资料，包括但不限于以下内容。①区域自然环境特征：气候、地质地貌、水文、土壤、植被、自然灾害等。②农业生产状况：农作物种类、布局、面积、产量、农作物长势、耕作制度等。③耕地土壤环境质量状况：土壤污染物种类、含量、有效态含量、历史分布与范围，土壤环境质量背景值状况、污染源分布情况等。④农产品监测资料：农产品超标元素历年监测值、农产品质量现状等。⑤污染成因分析：污染来源、污染物排放途径和年排放量资料、农灌水质及水系状况、大气环境质量状况、农业投入品状况等。⑥耕地污染风险评估和质量分级等。⑦其他相关资料和图件：土地利用现状图、土地利用总体规划、行政区划图、农作物种植分布图、土壤（土种）类型图、高程数据、耕地地理位置示意图、永久基本农田分布图、粮食生产功能区分布图等。

收集资料应尽可能包括空间信息。点位数据应包括地理空间坐标，面域数据应有符合国家坐标系的地理信息系统矢量或栅格数据。

7.1.2 耕地土壤污染特征分析

汇总已有的调查资料和数据，判断已有数据是否足以支撑治理与修复工作的精准实施。如有必要，应在治理和修复工作开展前，进行土壤与农产品加密调查，摸清底数，确定治理修复边界。综合分析收集到的资料和数据，明确耕地土壤污染的成因和来源等，以及污染物的种类和污染程度、分布特征和面积等，为制定修复方案和开展修复工作提供支撑。

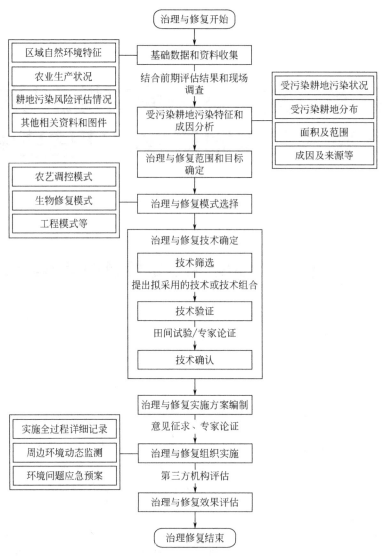

图 7-1 受污染耕地治理与修复流程图

7.1.3 修复范围和目标的确定

根据耕地污染风险评估、土壤与农产品加密调查结果，综合工作基础、实际情况、经济性、可行性等因素，明确受污染耕地的修复范围，确定受污染耕地经修复后需达到基本目标还是参考目标。

7.1.4 修复模式的选择

根据耕地污染风险评估及土壤与农产品加密调查结果，基于耕地污染类型、程度、范围、污染来源及经济性、可行性等因素，因地制宜地选择治理与修复模式，如农艺调控模式、生物修复模式、工程模式、其他模式。对已确定污染源的地块或区域，在治理和修复中，应考虑切断污染源，减少污染物的输入。

7.1.5 修复技术的确定

修复技术的确定包括技术筛选、技术验证和技术确认 3 个环节。

技术筛选：修复模式确定后，从该模式备选的修复技术中，筛选潜在可用的技术，采用列表描述分析或权重打分等方法，对选出的技术进行排序，提出拟采用的技术或技术组合。

技术验证：对拟采用的修复技术进行可行性验证。选择与目标区域环境条件、污染种类及程度相似的耕地开展田间试验，或者直接在目标区域选择小块耕地开展田间试验。如选择的修复技术已在相似耕地开展田间试验，并可提供详细试验数据和报告，经专家论证后，可以不再开展田间试验。

技术确认：根据技术的田间试验结果，综合经济性、可行性等因素，最终确定目标区域内受污染耕地的修复技术。

7.1.6 修复实施方案的编制

根据前面所确定的治理与修复的范围、目标、模式、技术等，编制受污染耕地治理与修复实施方案。实施方案所包含的内容及技术要点参考 7.3 节。实施方案需要经过意见征求、专家论证等过程。

7.1.7 修复工作的组织与实施

严格按照修复实施方案确定的步骤和内容，在目标区域开展受污染耕地的修复工作。对修复实施的全过程进行详细记录，并对周边环境开展动态监测，分析修复措施对耕地及其周边环境的影响。对可能出现的环境问题须有应急预案。

7.1.8 修复效果的评估

治理与修复完成（或阶段性完成）后，由第三方机构对修复措施的完成情况及效果开展评估。基本目标及评估方法参照《耕地污染治理效果评价准则》（NY/T 3343—2018）；参考目标及评估方法参照 NY/T 3343—2018 与《污染地块风险管控与土壤修复效果评估技术导则（试行）》(HJ 25.5—2018)。具体见 7.4 节内容阐述。

7.2 重金属污染耕地修复方案的编制

基于资料调查和数据分析，综合考虑受污染耕地的污染类型、污染程度和范围、污染成因，以及备选的治修复技术，技术的效果、时间、成本和环境影响等因素，科学合理选择修复技术，制定与实施修复方案。修复方案编制提纲与要点主要内容包括以下方面。

7.2.1 必要性及编制依据

必要性要考虑以下几个方面。

① 土壤污染现状及其危害。简述拟开展修复区域的耕地污染的总体情况，包括土壤污染范围、程度、污染物种类及来源、污染源分布、农产品超标情况以及土壤污染对当地经济社会发展的影响等。

② 与政策的符合性。简述修复项目与国家和地方相关环境保护规划、区域经济社会发展规划、土地利用总体规划以及《土壤污染防治行动计划》要求的符合性，明确项目在相关规划中的重要性。

③ 紧迫性。从耕地污染危害的严重性、土地资源的稀缺性、拟开展修复区域的发展规划和生态文明建设中的地位等方面重点阐述项目实施的紧迫性。

编制依据主要为国家和地方相关法律法规、政策文件、规划（计划）、标准与技术规范。

7.2.2　修复区域的概况

介绍行政区域地理位置和区域自然、经济社会及环境概况。自然概况包括土壤类型、土壤地球化学、地形地貌、气候气象、地表水文、水文地质等情况。经济社会概况包括行政区划、国民经济发展规划、产业结构和布局、土地利用规划、农用地面积与分布、农业种植结构、畜禽养殖情况、污水灌区分布、灌溉水量水质、肥料和农药使用情况、农产品质量状况、水源地及水系分布等。环境概况包括主要土壤环境污染状况、点位超标区分布、土壤重点污染源分布、土壤污染问题突出区域分布、固体废物堆放情况等。

7.2.3　耕地污染特征和成因分析

简述已开展的耕地土壤调查和污染风险评估情况（包括调查时间、调查范围；采样布点方案、采集样品种类及数量；检测指标、检测方法、检测结果；风险评估方法、风险评估结果等内容）及评审意见、论证意见等。基于已有资料和数据，明确是否需要以及哪些区域需要开展土壤和农产品加密调查。

简述土壤与农产品加密调查结果（根据实际情况）。

根据耕地污染风险评估及土壤与农产品加密调查结果，分析耕地污染状况、分布、面积、成因及来源等。

7.2.4　修复的范围、目标与指标

根据耕地污染风险评估及土壤与农产品加密调查结果，综合工作基础、实际情况、经济性、可行性等因素，明确待修复的面积、分布和范围。采用定性语言与定量指标，逐一描述修复措施实施后的目标。依据拟达到的修复目标，明确修复措施实施效果的评价指标（含对农业生产影响的指标），并论述其合理性。若修复需达到基本目标，指标设置参考 NY/T 3343；若需达到参考目标，指标设置参考 NY/T 3343 与 HJ 25.5。

7.2.5　修复技术的评选

7.2.5.1　技术概述

简要介绍当前国内外受污染耕地的修复技术及其应用案例，包括技术要点、性能效果、适用条件、限制因素、运行成本、实施周期、可操作性等。

7.2.5.2　技术筛选与评估

针对目标区域，逐一开展技术筛选与评估。原则上应当优先采取不影响农业生产、不降低土壤生产功能、不威胁环境安全的绿色可持续的修复措施，如农艺调控、施用环境友好的

土壤调理剂等。可以采用列举法定性评估或利用技术评估工具表定量评估通过技术筛选的修复技术，得到切实可行的技术。

7.2.5.3　技术方案的比选

在技术筛选与评估的基础上，综合考虑土壤污染特征、土壤理化性质、农作物类型、地形地貌、种植习惯、水文地质条件、环境管理要求等因素，合理集成各种可行技术，形成若干修复技术的备选方案。备选方案可以由单项技术组成，也可由多项技术组合而成；可以是多个可行技术"串行"，也可以是"并行"。在充分考虑技术、经济、环境、社会等层面的诸多因素基础上，利用比选指标体系，比较与分析不同备选方案优点和不足，最终形成经济效益、社会效益、环境效益综合表现最佳的技术方案。

7.2.5.4　田间试验效果

根据田间试验结果，评估修复技术的效果。经专家论证未开展田间试验的，需提供相关主要试验案例与数据。

7.2.6　修复技术的方案设计

阐述总体技术路线，制定涵盖技术流程、技术参数在内的操作性方案及规程，绘制修复实施的平面示意图。总体技术路线应反映修复的总体思路、技术框架及模式；技术流程详细介绍具体技术步骤、工作量、实施周期等；技术参数应包括技术处理能力、实施条件、投入品配方及消耗、作业面积等；平面示意图应采用适宜的比例尺［一般应为（1∶10000）～（1∶50000）］，符合图式图例规范，图斑的边界和图例要清晰。

7.2.7　组织实施与进度安排

修复工作实施及推进方式，包括与政府、农业生产者、其他企事业单位、公众的关系及协调机制，还应说明信息公开方式以及舆情应对方案；进度安排应包括计划安排、实施阶段的划分等内容，并附修复实施进度表。

7.2.8　经费预算

经费估算采用单价乘以工程量的合价法。估算价格一般采用当前的静态价格，也可考虑动态价格。应说明有关单价和税率采用的依据，总预算应包含详细的计算过程，并附总预算表。根据进度要求，提出经费使用年度计划，并说明资金的来源和额度。

7.2.9　效益分析

采取定性与定量描述相结合的方法，分析实施修复措施后将取得的环境效益、经济效益和社会效益，主要包括修复措施对土壤环境质量改善、农产品质量改善、农业创收增效、公众健康、社会的影响等。

7.2.10　风险分析与应对措施

简要分析开展修复过程中，可能存在的国家或地方相关政策调整导致的政策风险、相关技术操作不当导致修复效果不佳的技术风险、因受到公众或媒体的高度关注引发的社会风险等，并阐述对相应风险的应对措施。

7.2.11 二次污染防范和安全防护措施

阐述在修复过程中，保护清洁土壤、地下水、地表水、大气环境、种植作物以及防止污染扩散的二次污染防范措施，及实施人员职业健康防护、周围居民警示、历史文化遗迹保护等安全防护措施。

7.2.12 附件

附件文件包括：①耕地污染风险评估报告；②拟修复区域土壤与农产品加密调查报告（根据需要）；③修复技术操作规范及作业指导书。

7.2.13 附图

附图包括：①修复区域的地理位置图；②修复区域土壤污染状况空间分布图；③修复区域农产品污染物含量分布图；④修复技术方案流程图；⑤修复实施平面示意图；⑥其他用于指导修复过程的图件。

7.3 重金属污染耕地土壤修复实施方案的编制

7.3.1 实施方案的编制原则

7.3.1.1 科学性原则

在前期土壤环境调查和风险评估的基础上，科学确定土壤修复目标，正确选择修复技术路线、工艺流程与参数，合理确定修复周期与成本等。

7.3.1.2 可行性原则

综合考虑修复目标、处理效果、周期和成本等因素，结合当地实际情况，合理选择可行有效的修复技术，因地制宜制定污染耕地土壤修复的实施方案，确保实施方案的经济可行和技术可操作性。

7.3.1.3 安全性原则

确保耕地土壤修复工程实施过程中的施工安全，防止对施工人员、周边人群健康产生危害及对生态环境产生二次污染。

7.3.2 主要内容及技术要求

污染耕地土壤修复项目实施方案的主要内容包括：项目背景、编制依据、修复范围和目标、技术比选、工程方案设计、项目管理与组织实施、经费预算、效益分析和项目可行性分析等内容。

7.3.2.1 项目背景

（1）项目所在区域概况

介绍项目所在地的地理位置和区域自然、经济社会及环境概况。自然概况包括土壤类型、地形地貌、气候气象、水文地质等情况；经济社会概况包括行政区划，相关国民经济发展规划、产业结构和布局、土地利用规划，农用地面积、农业种植结构、肥料和农药使用情况等；环境概况包括区域内主要污染源分布、环境质量总体状况、土壤污染成因及变化趋势等。

（2）立项必要性

土壤污染现状及其危害。简述项目所在区域耕地土壤污染的总体情况，包括土壤污染范围、程度、污染物种类及来源、污染源分布、农产品超标情况以及土壤污染对当地经济社会发展的影响等。

项目的代表性。简述项目的污染类型代表性、拟选用的修复技术的可推广性。阐述项目的实施对本地区和全国农用地土壤修复项目具有的借鉴和示范意义。

与政策的符合性。简述项目与国家和地方相关环境保护规划、区域经济社会发展规划、土地利用总体规划以及《土壤污染防治行动计划》要求的符合性，明确项目在相关规划中的重要性。

项目紧迫性。从土壤污染危害的严重性、土地资源的稀缺性、本项目在区域发展规划和生态文明建设中的地位等方面重点阐述项目实施的紧迫性。

7.3.2.2 编制依据

列出项目实施方案的编制依据，主要包括国家和地方相关法律法规、政策文件、规划（计划）、标准与技术规范、前期土壤环境调查、风险评估报告及评审意见、项目建议书等。

7.3.2.3 修复范围和修复目标

（1）前期土壤环境调查和风险评估简介

简述项目前期土壤环境调查和风险评估基本情况，包括调查时间、调查范围；采样布点方案、采集样品种类及数量；检测指标、检测方法、检测结果；风险评估方法、风险评估结果等内容。

（2）修复范围

根据前期土壤环境调查和风险评估结果，确定耕地土壤污染田块分布及其面积（附图件）。

（3）修复目标

根据前期土壤环境调查和风险评估结果，结合农用地利用方式和主要作物，用定性语言与定量指标描述耕地土壤修复项目应达到的目标，并依据拟选择的修复技术类型，明确能评估土壤修复效果的指标。

若以土壤中重金属浓度降低为目的，应明确修复后土壤中重金属全量指标和全量变化指标，并结合风险评估结果和当地土壤环境背景水平论述其合理性；若以降低土壤中重金属活性为目的，应明确土壤污染物有效量指标及其测试方法和有效量变化指标；若以耕地安全利用为目的，还应明确农产品质量安全指标，如农产品中污染物含量指标或超标率降低的指标等。

（4）修复技术的比选

① 修复技术的概述。简要介绍当前国内外重金属污染耕地土壤修复技术及其工程应用案例，包括技术要点、应用的条件与限制因素、治理与修复成本、周期等。

② 修复技术的筛选。耕地土壤修复技术的筛选应以消除土壤污染、恢复土壤基本功能、保障农作物正常生长和农产品质量安全为主要目标。凡与此目标相违背的技术不在筛选范围之内。原则上应采用绿色可持续的安全利用与修复方式，如植物修复、微生物修复、环境友

好的土壤调理剂使用等方法。

首先选择国内外耕地土壤修复有大规模成功应用案例的技术，其次选择国内有一定中试规模试验应用示范的技术，对有专利的技术，应通过相关试验或技术测试说明技术的可行性。

③ 修复技术方案的比选。在技术筛选的基础上，综合考虑土壤污染程度，修复成本、周期、效果和应用条件等因素，提出不同的技术方案，技术方案可以由单项技术组成，也可由多项技术组合而成。通过比较不同技术方案优点和不足，最后推荐相对优化的技术方案。

（5）修复工程方案

工程方案包括工程概述、主体工程、配套工程、主要设备、环境监测计划、二次污染防范和安全防护措施等内容。

工程概述包括列明各项工程的内容，包括工程规模、工艺流程等内容。

① 工程规模。待修复耕地的面积、配套工程占地面积、工程量、工程周期。并在平面布置图上标明项目修复区的范围、不同修复技术和各项工程的空间布置和占地面积。平面布置图应采用适宜的比例尺［一般为（1∶2000）～（1∶10000）］，符合图式图例规范，图斑的边界和图例要清晰。如果项目区及周边涉及水系和道路，也应在平面布置图中标示清楚。

② 工艺流程。详细介绍修复工艺流程和具体步骤，明确土壤修复与农业生产的关系。

③ 主体工程。包括前期土地平整与沟渠建设、土壤修复工程、农业生产等。

④ 土地平整与沟渠建设。根据项目所在地农田基本条件和土壤安全利用与修复技术要求，确定是否需要对项目试验区内土地进行平整或必要的沟渠建设等。

⑤ 土壤修复工程。若采用原位修复方式，如采用生物修复的，应明确植物或微生物种类和生物学特性、适宜生长或生存条件、农艺措施等；如使用土壤调理剂，应明确调理剂的材料组成和特性、施用量、施用方式和施用频次等。若采用客土法或对污染土壤采用原地异位处理，应制定污染土壤清理方案，包括清挖深度、清挖顺序、清挖工艺、清挖土方量等，明确污染土壤暂存和运输方案，应说明临时工程（如堆场、污染土壤处置场、临时道路、临时仓库等）内容。

⑥ 农业生产。若采用"边修复、边生产"或"先修复、后生产"的修复模式的，应说明农业生产方案，包括农作物类型、作物品种特性、生长特点和农艺措施等。

⑦ 配套工程。结合土壤修复主体工程需要，还应考虑其他配套工程内容，如临时用水、用电条件，防雨防渗设施。采用生物修复技术的要明确种苗培育、微生物菌剂生产、修复植物收获后的处置等。

⑧ 主要设备。明确需要购买或租赁的设备清单，包括设备名称、规格型号、技术参数和数量等。

⑨ 环境监测计划。环境监测主要包括土壤修复全过程的跟踪监测、修复效果评估监测。监测计划内容包括监测介质、监测布点、监测项目和监测频次等。监测介质除了被修复的土壤外，还应包括试验区的径流水、周边地表水、浅层地下水、修复植物，监测项目以修复的目标污染物为主。土壤修复后如需长期监测，还应制定长期监测方案。

⑩ 二次污染防范和安全防护措施。二次污染防范措施应包括保护清洁土壤、地表水、地下水以及防止污染扩散的所有措施。安全防护措施应包括施工人员职业健康防护措施、对周围居民的警示和安全防护措施、修复区域内构（建）筑物、历史文化遗迹的保护措施等。

（6）项目管理与组织实施

① 项目管理。说明管理机构组成及主要职责，并附组织机构图。

② 组织实施与进度安排。组织实施包括准备工作、修复工程实施、效果评估等阶段。进度安排应说明各主要工程具体的时间安排，并附上项目实施进度表。

③ 公众参与。说明公众参与的方式和具体计划，以及舆情应对方案。

（7）经费预算

① 经费估算。经费估算依据采用单价乘以工程量的合价法。估算价格一般采用当前的静态价，也可考虑动态价格。应说明有关单价和税率采用的依据。总预算应包含详细的计算过程，并附总预算表。

② 经费使用计划。根据修复工程方案和进度要求，提出经费使用年度计划。

③ 资金筹措。说明资金的来源和额度，包括中央财政专项资金、地方财政资金和自筹资金等。

（8）效益分析

采取定性与定量描述相结合的方法，从环境、经济、社会效益等方面说明治理与修复项目实施后对区域经济社会发展的影响，如受益人口，对农产品质量安全、公众健康、社会稳定和就业等方面的影响。

（9）项目可行性分析

简要分析项目可能存在的政策风险、技术风险、财务风险和社会风险等。政策风险是指在项目实施期内，由于国家或地方相关政策的调整导致的风险。技术风险是指由相关技术操作不当导致治理与修复效果或二次污染防治效果不佳等风险。财务风险是指由项目资金不到位或未及时按时序足额拨付造成的风险。社会风险是指项目实施过程中，因受到公众或媒体的高度关注，引发社会不稳定因素，对项目顺利实施带来影响的风险。

（10）附件与附图

附件包括承担项目实施方案编制任务的单位组织机构代码、营业执照、资质证明，土壤环境调查和风险评估报告等。

附图包括项目所在地的地理位置图、项目所在地的土地利用规划图、项目所在地的地形图、项目区平面布置方案图，比例尺一般为（1∶2000）～（1∶10000）。

其他图件包括工艺流程图、永久性建（构）筑物的平面图和剖面图。

7.3.3　实施方案的编制大纲

实施方案的编制大纲可以参考附件 G。

7.4　重金属污染耕地修复效果的评估

从土壤用途来说，耕地的用途是种植农作物和生产农产品，尤其是食用农产品。无论采取什么措施对受污染耕地进行修复，最终要保障耕地能够生产出安全的农产品。因此，重金属污染耕地修复的基本目标是充分保障农产品达标（安全）生产。土壤经过修复后，不管土壤中重金属的总量削减了多少，也不管其有效态含量削减了多少，只要没有实现种植的食用农产品达标生产，这块耕地就不能实现"农民放心种、企业放心收、群众放心吃"，那么受污染耕地的修复就没有达到目的。农产品达标生产需要从两方面去衡量：一方面，土壤修复后，农产品抽样样本中目标重金属的平均含量应符合国家食品卫生标准；另一方面，农产品抽样样本达标率不低于一定限值。即农产品中重金属含量均值与达标率"双指标"均需"达标"。

2018 年 12 月 19 日，农业农村部正式颁布《耕地污染治理效果评价准则》（NY/T 3343—2018），2019 年 6 月 1 日正式实施。《耕地污染治理效果评价准则》明确了耕地污染治理效果评价的原则、方法与范围、标准、程序、时段、技术要求及评价报告的编制要点，量化了耕地污染治理修复验收评价条件，适用于对污染治理前后均种植食用类农产品的耕地开展评价，对于贯彻落实《土壤污染防治法》和《土壤污染防治行动计划》，科学规范指导我国耕地污染治理与修复工作有重要意义。

7.4.1　评价原则

7.4.1.1　科学性

综合考虑耕地污染风险评估情况、耕地污染修复方案、修复实施情况及效果等，科学合理地开展耕地污染治理与修复效果评价工作。

7.4.1.2　独立性

耕地污染治理与修复效果的评价方案应由第三方效果评价单位编制，并负责组织实施，确保评价工作的独立性和客观性。

7.4.1.3　公正性

评价机构应秉持良好的职业操守，依据相关法律、法规和标准，公平、公正、客观、规范地开展耕地污染治理与修复效果评价工作，科学、正确地评价耕地污染治理与修复效果。

7.4.2　评价方法与范围

通过评价修复区域内农产品可食部位中目标重金属污染物含量变化情况，反映治理与修复措施对耕地的修复效果，得出区域内耕地污染治理与修复的总体评价结论。评价范围应与修复范围相一致，当修复范围发生变更时，应根据实际情况对评价范围进行调整。

7.4.3　评价标准

耕地污染治理与修复以实现治理区域内食用农产品可食部位中目标污染物含量降低到 GB 2762 规定的限量标准以下（含）为目标。

治理效果分为 2 个等级：达标和不达标。达标表示治理与修复效果已经达到了目标；不达标表示耕地污染治理与修复未达到目标。

根据治理区域连续 2 年的治理与修复效果等级，综合评价耕地污染治理与修复的整体效果。

耕地污染治理与修复措施不能对耕地或地下水造成二次污染。所使用的有机肥、土壤调理剂等耕地投入品中镉、汞、铅、铬、砷 5 种重金属含量不能超过 GB 15618 规定的筛选值，或者耕地土壤中对应元素的本底含量。

耕地污染治理与修复措施不能对治理区域主栽农产品产量产生严重的负面影响。种植结构未发生改变的，治理区域农产品单位产量（折算后）与治理前同等条件对照相比，减产幅度应小于或等于 10%。治理区域内农产品单位产量及其测算方式由前期耕地污染风险评估确定。

7.4.4 评价程序

耕地污染治理与修复效果评价验收总体流程如图 7-2 所示，包括制定评价方案、采样与实验室检测分析、治理与修复效果评价 3 个阶段。

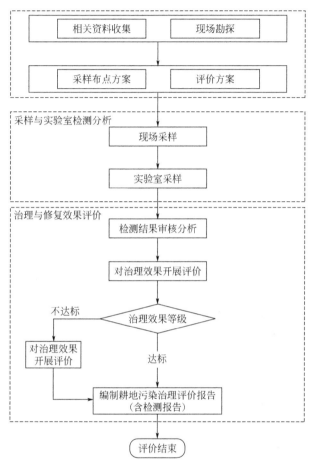

图 7-2　耕地污染治理与修复效果评价验收总体流程图

7.4.4.1　制定评价方案

在审阅分析耕地污染治理与修复相关资料的基础上，结合现场踏勘结果，明确采样布点方案，确定耕地污染治理与修复效果评价内容，制定评价方案。

7.4.4.2　采样与实验室检测分析

在评价方案的指导下，结合耕地污染治理与修复措施实施的具体情况，开展现场采样和实验室分析工作。布点采样与实验室分析工作由评价单位组织实施。

7.4.4.3　治理与修复效果评价

在对样品实验室检测结果进行审核与分析的基础上，根据评价标准，评价治理与修复效果，并作出评价结论。

7.4.5 评价时段

在治理与修复后（对于长期治理的，在治理周期后）2 年内的每季农作物收获时，开展耕地污染治理与修复效果评价；根据 2 年内每季评价结果，做出评价结论。对于开展长期治理与修复措施的，在一个周期结束后的农作物收获时开展评价；根据 2 年内每季评价结果，做出评价结论。

7.4.6 评价技术的要求

7.4.6.1 资料收集

在效果评价工作开展之前，应收集与耕地污染治理与修复相关的资料，包括但不限于以下内容：①区域自然环境特征。包括气候、地质地貌、水文、土壤、植被、自然灾害等。②农业生产土地利用状况。包括农作物种类、布局、面积、产量、农作物长势、耕作制度等。③土壤环境状况。包括污染源种类及分布、污染物种类及排放途径和年排放量、农灌水污染状况、大气污染状况、农业废弃物投入、农业化学物质投入情况、自然污染源情况等。④农作物污染监测资料。包括农作物污染元素历年值、农作物污染现状等。⑤耕地污染治理与修复资料。包括耕地污染风险评估及修复方案相关文件、修复实施过程的记录文件及台账记录、修复工程中所使用的投入品情况、二次污染监测记录、项目完成报告等。⑥其他相关资料和图件。包括土地利用总体规划、行政区划图、农作物种植分布图、土壤类型图、高程数据、耕地地理位置示意图、修复范围图、修复措施流程图、修复过程图片和影像记录等。

收集资料应尽可能包括空间信息，其中点位数据应包括地理空间坐标，面域数据应有符合国家坐标系的地理信息系统矢量或栅格数据。

7.4.6.2 修复工程所使用的投入品

采集修复治理措施中所使用的有机肥、化肥、土壤调理剂等耕地投入品，检测镉、汞、铅、铬、砷 5 种重金属含量。检测方法按照相关标准的规定执行，如无标准则按照 GB/T 18877 的规定执行。

7.4.6.3 修复效果评价的点位布设

以耕地污染修复区域作为监测单元，按照 NY/T 398 的规定在修复区域内或附近布设修复效果评价点位。修复效果评价点位布点数量见表 7-1。

表 7-1　修复效果评价点位布点数量

治理区域面积/hm²	评价点位数量/个
小于或等于 10	10
10 以上	每 1hm² 设置 1 个点

7.4.6.4 评价点位农产品的采样与检测

修复工程完成或一个修复周期结束后，在评价点位采集农产品样品，采样方法按照《农、畜、水产品污染监测技术规范》（NY/T 398—2000）的规定执行，检测方法按照《食品安全国家标准　食品中污染物限量》（GB 2762—2017）的规定执行。

7.4.6.5 修复效果评价

根据污染修复效果评价点位的农产品可食部位中目标污染物单因子污染指数算术平均值和农产品样本超标率判定治理区域的修复效果。

农产品中目标污染物单因子污染指数算数平均值按公式(7-1) 计算。

$$E_{平均} = \frac{\sum\limits_{i=1}^{n} \dfrac{A_i}{S_i}}{n} \tag{7-1}$$

式中，$E_{平均}$ 为修复效果评价点位所采集的农产品中目标污染物单因子污染指数算术平均值；n 为评价点位数量，个；A_i 为农产品中目标污染物的实测值，mg/kg；S_i 为农产品中目标污染物的限量标准值，mg/kg。

农产品样本超标率按公式(7-2) 计算。

$$R = \frac{E_t}{M_t} \tag{7-2}$$

式中，R 为农产品样本超标率，%；E_t 为农产品超标样本总数，个；M_t 为监测样本总数，个。

修复工程完成后，当季农产品中目标污染物单因子污染指数均值显著大于1（单尾 t 检验，显著性水平一般小于或等于0.05），或农产品样本超标率大于10%，则当季效果为不达标；同时不满足以上2个条件则判定当季效果为达标。如果耕地污染治理与修复措施出现以下两种情况，则直接判定为不达标（表7-2）。①耕地污染治理措施对耕地或地下水造成了二次污染，如治理所使用的有机肥、土壤调理剂等投入品中镉、汞、铅、铬、砷5种重金属含量超过 GB 15618 规定的筛选值，或者治理区域耕地土壤中对应元素的本底含量；②耕地污染治理措施对治理区域主栽农产品的产量产生严重的负面影响，即当种植结构未发生改变时，治理区域农产品单位产量（折算后）与治理前同等条件对照相比，减产幅度大于10%。

表 7-2　当季治理与修复效果的等级

农产品中目标污染物单因子污染指数算术平均值($E_{平均}$)	农产品样本超标率/%	污染治理效果等级
>1①　　　　　　或	>10	不达标
耕地污染治理措施出现以下两种情况：①耕地污染治理措施对耕地或地下水造成了二次污染；②耕地污染治理措施对治理区域主栽农产品的产量产生严重的负面影响		不达标
<1或与1差异不显著且	≤10	达标

① 要求单尾 t 检验达到显著性水平（显著性水平一般小于或等于0.05）。

连续2年内每季的评价效果等级均为达标，则整体治理与修复效果等级判定为达标。2年中任一季的治理与修复效果等级不达标，则整体治理与修复效果等级判定为不达标（表7-3）。

若耕地污染治理与修复效果评价点位农产品目标污染物不止一项，需要逐一进行评价列出。任何一种目标污染物的当季或整体治理效果不达标，则整体治理效果等级判定为不达标。

表 7-3 整体治理效果等级

治理后连续 2 年内每季效果等级	整体治理效果等级
任一季的治理效果等级不达标	不达标
连续 2 年内每季治理效果等级均达标	达标

7.4.7 评价报告的编制

耕地污染治理与修复效果评价报告应详细、真实并全面地介绍耕地污染治理与修复效果评价过程,并对治理与修复效果进行科学评价,给出总体结论。

评价报告内容应包括:治理方案简介、治理实施情况、效果评价工作、评价结论和建议以及检测报告等。评价报告的编写提纲见附录 H。

附　录

附录 A　耕地重金属污染状况调查方案的编制提纲

1. 调查目的与原则

2. 调查依据

  2.1　法律、法规及相关政策

  2.2　标准、规范和技术导则

  2.3　其他相关文件

  2.4　评价标准

3. 任务部署与人员分工

4. 调查区域的概况

  4.1　地理位置

  4.2　生态环境状况

    4.2.1　气候与气象

    4.2.2　地形地貌

    4.2.3　水文地质情况

  4.3　耕地土壤的基本情况

  4.4　重金属污染源的基本情况

5. 采样布点方案

  5.1　布点原则

  5.2　布点方法与布点数量

  5.3　野外布点基本要求

  5.4　监测因子

6. 土壤与农产品采集

  6.1　采样前的准备工作

  6.2　土壤样品采集与记录

6.3 农产品采集与记录

6.4 土壤与农产品样品的运输与交接

6.5 安全防护措施

7. 土壤和农产品样品分析测定

7.1 土壤样品的制备与保存

7.2 农产品样品的制备与保存

7.3 测定项目与分析方法

7.4 质量保证与质量控制

附录 B 耕地土壤重金属污染状况调查报告的编制大纲

1. 总论

编制背景、编制依据、调查范围、调查目的、调查方法及过程等。

2. 区域概况

2.1 调查区域气候、水文、土壤、地质地貌、地形、土地利用现状及规划等情况

2.2 调查区域工农业生产及排污、污灌、化肥农药施用情况

2.3 调查区域工业园区、水源保护区、农业种植区等情况

2.4 调查区域的土壤环境背景情况或土壤环境本底资料

2.5 调查区域已有的土壤环境及食用农产品监测数据和监测结果

2.6 调查区域污染源特征等

3. 现状调查

包括污染状况调查工作方案制定、现场采样、分析测试、质量控制、数据分析与评估，重点说明监测布点、监测项目、分析方法的确定原则、方法和结果。

4. 结果与分析

明确耕地土壤污染状况调查涉及的评价项目、评价标准和评价方法，并进行土壤环境及食用农产品污染状况评价，给出评价结果并进行分析。

5. 耕地重金属污染特征和成因分析

根据调查结果，分析耕地土壤污染状况、分布、面积、成因及来源等。

6. 结论与建议

明确耕地土壤污染状况及存在的主要问题，给出下一步土壤环境管理的建议。

7. 其他

附图：调查区域地理位置图、卫星平面图或航拍图、土地利用现状图、周边环境示意图、农用地分布图、土壤类型分布图、土壤污染源分布图、监测布点图、土壤环境评价点位图、污染物含量分布图等。

附件：相关历史记录、现场状况及周边环境照片、工作过程照片、手持设备日常校准记录、原始采样记录、现场工作记录、检测报告、实验室质控报告等。

附录 C 耕地土壤环境质量类别划分报告的编制大纲

1. 区域概况

1.1 基本情况（地理区位、自然环境、生产情况等）

1.2 耕地类型、面积及分布情况

1.3 污染源分布情况（重点污染行业企业、固体废物堆存和处理处置场所等；因尾矿库溃坝、洪水泛滥淹没等导致耕地污染的说明）

2. 编制依据

2.1 国家和地方相关法规

2.2 标准与技术规范等

3. 基础数据准备

3.1 基础数据（包括耕地分布现状、水系、地形地貌、遥感影像等）

3.2 土壤点位及数据（含补测）

3.3 农产品点位及数据（含补测）

4. 划分流程

4.1 评价单元确定

4.2 按土壤污染状况初步划分评价单元类别

4.3 评价单元内农产品质量评价

4.4 综合确定评价单元类别

5. 评价单元优化调整

5.1 评价单元优化调整说明

5.2 评价单元信息汇总情况（格式附后）

6. 有关情况说明

6.1 点位超标区核实情况

6.2 污染源核实调整情况

6.3 污染源周边耕地点位补充情况

7. 附图

包括耕地分布图、行政区划图、农业区划图、土壤类型（亚类）图、土壤环境评价点位图、土壤污染物分布图等。

附录 D 耕地土壤环境质量类别分类清单

序号	行政区				类别编码	地理位置	面积/亩	常年主栽农作物	质量类别	现场为非农用
	省(区、市)	市(州、盟)	县(市、区)	乡镇(街道)						
1										
2										
3										

注：1. 单元编码格式：①第一至第六位码（行政区划代码），按照《中华人民共和国行政区划代码》（GB/T 2260—

2015）和国家统计局于 2017 年 3 月发布的最新县及县以上行政区划代码（截至 2016 年 7 月 31 日）进行编码；②第七至第十位码（耕地土壤环境质量类别单元代码），以县（市、区）为单位，按照从北至南、从西至东编码，从"0001"开始编码；③第十一位码（耕地土壤环境质量类别代码），优先保护类为Ⅰ，安全利用类为Ⅱ，严格管控类为Ⅲ。重点关注区域外的优先保护类耕地，可由各地根据耕地的物理边界、地块边界或权属边界等，因地制宜确定其边界，参照上述要求进行单元编码。

2. 地理位置格式：用类别单元的外包矩形边界描述（即经纬度范围），填写格式如下：经度（°），纬度（°）。采用坐标系 CGCS_2000，十进制经纬度，小数点保留 6 位数，默认为东经和北纬。

3. 面积：至该边界核实和优化调整后的类别划分单元耕地面积，结果需四舍五入保留整数。

4. 常年主栽农作物：水稻、小麦、玉米等主要粮食作物和大豆、花生等主要经济作物。

5. 土壤目标污染物：填写镉、汞、砷、铅和铬等 5 种重金属中超标程度最严重的元素。

6. 质量类别：优先保护类为Ⅰ，安全利用类为Ⅱ，严格管控类为Ⅲ。

7. 现场为非农用：指边界核实后耕地是否发生土地变更转为非农用地，如果发生，填写"是"，如果未发生，无需填写。

附录 E 耕地土壤环境质量类别划分图件制作要求与规范

1. 图件种类

1.1 土壤环境现状图

1.2 土地利用现状图

1.3 土壤重点污染源分布图

1.4 耕地土壤环境质量类别分布图（优先保护类、安全利用类、严格管控类）

2. 图件规范

2.1 比例尺

耕地土壤环境质量类别划分图比例尺为 1：10000 至 1：100000，如评价单元面积过大，可适当缩小图纸比例尺。

2.2 工作底图

应以最新的土地利用现状图为工作底图。

2.3 内容要求

耕地土壤环境质量类别分布图要能直观反映不同土壤环境质量类别耕地的分布、面积等状况。图中还应包括：①县级、乡级行政区边界；②土壤环境质量类别单元边界；③重要的线状地物或明显地物点等。图面配置还应包括图名、图廓、图例、方位坐标、面积汇总表。

附录 F 重金属污染耕地安全利用报告的编制大纲

1. 概况

1.1 项目背景

1.2 项目概况

1.3 项目意义

2. 项目区域耕地土壤污染状况调查与评价

2.1 项目区耕地土壤重金属污染状况调查

2.2 项目区重金属污染状况统计结果分析

2.3 土壤协同农产品中重金属浓度分布

2.4 项目区耕地土壤质量分级

3. 区域治理工程目标与范围

3.1 优先保护类工程

3.2 安全利用工程

3.3 土壤修复工程

3.4 种植结构调整工程

4. 耕地土壤安全利用方案设计

4.1 方案总体思路

4.2 技术概述

4.3 实施计划

5. 安全利用工程的实施

5.1 主体工程

5.2 配套工程

5.3 日常监理

5.4 次生污染防治措施

6. 安全利用效果的评估

6.1 评价内容与方法

6.2 采样布点方案

6.2.1 布点原则

6.2.2 布点方案

6.2.3 监测因子

6.3 现场采样与实验室检测

6.4 安全利用效果的评价

6.4.1 评价标准

6.4.2 评价方法

7. 结论与建议

附录 G　重金属污染耕地修复实施方案的编制大纲

1. 项目信息表

2. 项目概况

2.1 项目背景

2.2 项目立项的意义

3. 实施方案编制依据

4. 耕地土壤污染调查与污染问题识别

4.1 土壤污染问题识别

4.2 土壤污染调查与评价

5. 耕地土壤修复目标与范围

5.1 修复目标

5.2 修复范围

6. 耕地土壤修复方案设计

6.1 重金属污染土壤修复技术应用现状

6.2 重金属污染土壤技术必选

6.3 土壤修复工程方案

6.4 质量控制

7. 项目管理组织的实施

7.1 管理、组织机构与职责

7.2 进度安排

7.3 项目招标

7.4 项目管理

8. 经费估算与资金筹措

8.1 经费估算

8.2 经费使用计划

8.3 资金筹措

9. 效益分析

10. 项目风险分析

10.1 政策风险

10.2 技术风险

10.3 资金风险

10.4 项目管理风险

11. 附件与附图

11.1 附件

11.2 附图

附录 H 重金属污染耕地的治理与修复效果评价报告的编写提纲

1. 耕地污染治理背景

2. 耕地污染治理依据

3. 耕地污染风险评估情况

4. 耕地污染治理方案（含相关审核审批文件清单，文件作为附件）

5. 耕地污染治理开展情况

5.1 治理措施实施情况（治理台账及过程记录文件清单，典型文件作为附件）

5.2 二次污染控制情况（含耕地投入品污染物含量情况）

6. 耕地污染治理效果评价

6.1 评价内容与方法

6.1.1 评价内容和范围

6.1.2 评价程序与方法

6.2 采样布点方案

6.2.1 布点原则

参考文献

艾绍英，王艳红，罗英健，等，2012.不同施肥对城郊菜地土壤质量、叶菜镉及养分含量的影响 [J].水土保持学报，26（2）：85-88.

包丹丹，李恋卿，潘根兴，等，2011.垃圾堆放场周边土壤重金属含量的分析及污染评价 [J].土壤通报，42（1）：185-189.

蔡美芳，李开明，谢丹平，等，2014.我国耕地土壤重金属污染现状与防治对策研究 [J].环境科学与技术，37（120）：223-230.

蔡宗平，王文祥，李伟善，2016.电极材料对电动修复尾矿周边铅污染土壤的影响研究 [J].环境科学与管理，41（5）：108-111.

仓龙，周东美，吴丹亚，2009.水平交换电场与 EDDS 螯合诱导植物联合修复 Cu/Zn 污染土壤 [J].土壤学报，46（4）：729-735.

曹心德，魏晓欣，代革联，等，2011.土壤重金属复合污染及其化学钝化修复技术研究进展 [J].环境工程学报，5（7）：1441-1453.

曹艳艳，胡鹏杰，程晨，等，2018.稻季磷锌处理对水稻和伴矿景天吸收镉的影响 [J].生态与农村环境学报，34（3）：247-252.

陈灿，陈寻峰，李小明，等，2015.砷污染土壤磷酸盐淋洗修复技术研究 [J].环境科学学报，35（8）：2582-2588.

陈春乐，王果，王珺玮，2014.3 种中性盐与 HCl 复合淋洗剂对 Cd 污染土壤淋洗效果研究 [J].安全与环境学报，14（5）：205-210.

陈丹青，谢志宜，张雅静，等，2016.基于 PCA/APCS 和地统计学的广州市土壤重金属来源解析 [J].生态环境学报，25（6）：1014-1022.

陈寒松，2008.堆肥对镉污染的棕红壤—小白菜系统的修复 [D].武汉：华中农业大学.

陈京都，何理，许轲，等，2013.镉胁迫对不同基因型水稻生长及矿质营养元素吸收的影响 [J].生态学杂志，32（12）：3219-3225.

陈世宝，王萌，李杉杉，等，2019.中国农田土壤重金属污染防治现状与问题思考 [J].地学前缘，26（6）：35-41.

陈同斌，莫良玉，廖晓勇，等，2007.利用蜈蚣草孢子进行快速组培繁殖的方法：CN1954667 [P].5 月 2 日.

陈同斌，张斌才，黄泽春，等，2005.超富集植物蜈蚣草在中国的地理分布及其生境特征 [J].地理研究，24（6）：825-833.

陈卫平，杨阳，谢天，等，2018.中国农田土壤重金属污染防治挑战与对策 [J].土壤学报，55（2）：261-272.

陈欣园，仵彦卿，2018.不同化学淋洗剂对复合重金属污染土壤的修复机理 [J].环境工程学报，12（10）：2845-2854.

陈雅丽，翁莉萍，马杰，等，2019.近十年中国土壤重金属污染源解析研究进展 [J].农业环境科学学报，38（10）：2219-2238.

陈亚茹，张巧凤，付必胜，等，2017.中国小麦微核心种质籽粒铅、镉、锌积累差异性分析及低积品种筛选 [J].南京农业大学学报，40（3）：393-399.

陈喆，房丽莎，谭韵盈，等，2017.CMC-nZVI 对高硫矿山土壤中铜的固定效果及机理 [J] 环境科学学报，37（11）：4336-4343.

陈志凡，化艳旭，徐薇，等，2020.基于正定矩阵因子分析模型的城郊农田重金属污染源解析 [J].环境科学学报，40（1）：276-283.

成杰民，解敏丽，朱宇恩，2008.赤子爱胜蚓对 3 种污染土壤中 Zn 及 Pb 的活化机理研究 [J].环境科学研究，21（5）：91-97.

崔立强，吴龙华，李娜，等，2009.水分特征对伴矿景天生长和重金属吸收性的影响 [J].土壤，41（4）：572-576.

邓呈逊，徐芳丽，岳梅，2019.安徽某硫铁尾矿区农田土壤重金属污染特征 [J].安全与环境学报，19（1）：337-344.

邓林，2015.锌镉污染土壤的田间植物连续修复研究 [D].贵阳：贵州大学.

邓平香，张馨，龙新宪，2016.产酸内生菌焚光假单胞菌 R1 对东南景天生长和吸收，积累土壤中重金属锌镉的影响 [J].环境工程学报，10（9）：5245-5254.

邓月强，曹雪莹，谭长银，等，2020.巨大芽孢杆菌对伴矿景天修复镉污染农田土壤的强化作用 [J].应用生态学报，31（9）：3111-3118.

丁飒，2007.重金属污染土壤的脉冲电泳原位修复研究 [D].武汉：武汉理工大学.

窦春英，2009.施肥对东南景天吸收积累锌和镉的影响 [D].临安：浙江林学院.

窦磊，周永章，王旭日，等，2007.针对土壤重金属污染评价的模糊数学模型的改进及应用 [J].土壤通报，2007，38（1）：101-105.

段桂兰，崔慧灵，杨雨萍，等，2020.重金属污染土壤中生物间相互作用及其协同修复应用 [J].生物工程学报，36（3）：455-470.

段淑辉，周志成，刘勇军，等，2018.湘中南农田土壤重金属污染特征及源解析 [J].中国农业科技导报，20（6）：80-87.

方晓航，仇荣亮，刘雯，等，2005.小分子有机酸对蛇纹岩发育土壤 Ni、Co 的活化影响 [J].中国环境科学，25（5）：618-621.

冯子龙，卢信，张娜，等，2017.农艺强化措施用于植物修复重金属污染土壤的研究进展 [J].江苏农业科学，45（2）：14-20.

国家环境保护总局，2004.土壤环境监测技术规范：HJ/T 166—2004 [S/OL].北京：中国环境出版社，http：//www.mee.gov.cn/ywgz/fgbz/bz/bzwb/jcffbz/200412/t20041209_63367.shtml.

国土资源部中国地质调查局，2015.中国耕地地球化学调查报告 [S].http：//huanbao.bjx.com.cn/news/20150626/635198-3.shtml.

韩志轩，王学求，迟清华，等，2018.珠江三角洲冲积平原土壤重金属元素含量和来源解析 [J].中国环境科学，38（9）：3455-3463.

郝冬梅，邱财生，龙松华，等，2019.麻类作物在重金属污染耕地修复中的应用研究进展 [J].中国麻业科学，41（1）：36-41.

何邵麟，龙超林，刘应忠，等，2004.贵州地表土壤及沉积物中镉的地球化学与环境问题 [J].贵州地质，21（4）：245-250.

胡婉茵，王寅，吴殿星，等，2021.低镉水稻研究进展 [J].核农学报，35（1）：93-102.

环境保护部，2009.土壤　总铬的测定　火焰原子吸收分光光度法：HJ 491—2009 [S/OL].北京：中国环境出版社.

环境保护部，2011.土壤　有机碳的测定　重铬酸钾氧化-分光光度法：HJ 615—2011 [S/OL].北京：中国环境出版社.

环境保护部，2011.土壤　干物质和水分的测定　重量法：HJ 613—2011 [S/OL].北京：中国环境出版社.

环境保护部，2013.土壤和沉积物　汞、砷、硒、铋、锑的测定　微波消解/原子荧光法：HJ 680—2013 [S/OL].北京：中国环境出版社.

环境保护部，国土资源部，2014.全国土壤污染状况调查公报.环境教育，（06）：8-10.

环境保护部，2016.土壤 8 种有效态元素的测定　二乙烯三胺五乙酸浸提-电感耦合等离子体发射光谱法：HJ 804—2016 [S/OL].北京：中国环境出版社.

环境保护部，2016.土壤和沉积物　12种金属元素的测定　王水提取-电感耦合等离子体质谱法：HJ 803—2016［S/OL］.北京：中国环境出版社.

环境保护部，2017.土壤　阳离子交换量测定　三氯化六氨合钴浸提-分光光度法：HJ 889—2017［S/OL］.北京：中国环境出版社.

环境保护部，2017.土壤和沉积物　金属元素总量的消解　微波消解法：HJ 832—2017［S/OL］.北京：中国环境出版社.

环境保护部，2017.土壤和沉积物　总汞的测定　催化热解-冷原子吸收分光光度法：HJ 923—2017［S/OL］.北京：中国环境出版社.

环境保护部国土部相关负责人就全国土壤污染状况调查答记者问.环境教育，2014，（06）：11-14.

黄道友，朱奇宏，朱捍华，等，2018.重金属污染耕地农业安全利用研究进展与展望［J］.农业现代化研究，39（6）：1030-1043.

黄敏，刘茜，朱楚仪，等，2019.施用生物质炭对土壤Cd、Pb有效性影响的整合分析［J］.环境科学学报，39（2）：560-569.

黄青青，刘艺芸，徐应明，等，2018.叶面硒肥与海泡石钝化对水稻镉硒累积的影响［J］.环境科学与技术，41（4）：116-121，159.

黄太庆，江泽普，廖青，等，2017.含硒叶面肥的施用方法对水稻精米硒、镉富集的影响［J］.西南农业学报，30（6）：1376-1381.

黄亚捷，李菊梅，马义兵，2019.土壤重金属调查采样数目的确定方法研究进展［J］.农业工程学报，35（24）：235-245.

黄益宗，朱永官，黄凤堂，等，2004.镉和铁及其交互作用对植物生长的影响［J］.生态环境，13（3）：406-409.

黄颖，2018.不同尺度农田土壤重金属污染源解析研究［D］.杭州：浙江大学.

纪雄辉，梁永超，鲁艳红，等，2007.污染稻田水分管理对水稻吸收积累镉的影响及其作用机理［J］.生态学报，27（9）：3930-3939.

贾武霞，文炯，许望龙，等，2016.我国部分城市畜禽粪便中重金属含量及形态分布［J］.农业环境科学学报，35（4）：764-773.

蒋彬，张慧萍，2002.水稻精米中铅镉砷含量基因型差异的研究［J］.云南师范大学学报，22（3）：37-40.

蒋成爱，吴顺辉，龙新宪，等，2009.东南景天与不同植物混作对土壤重金属吸收的影响［J］.中国环境科学，29（09）：985-990.

蒋煜峰，展惠英，张德懿，等，2006.皂角苷络合洗脱污灌土壤中重金属的研究［J］.环境科学学报，26（8）：1315-1319.

敬佩，李光德，刘坤，2009.蚯蚓诱导对土壤中铅镉形态的影响［J］.水土保持学报，23（3）：65-68.

居述云，汪洁，宓彦彦，等，2015.重金属污染土壤的伴矿景天/小麦-茄子间作和轮作修复［J］.生态学杂志，34（8）：2181-2186.

兰鹏鹏，2019.某砷冶炼厂遗留场地土壤重金属污染评价及三维空间分布［D］.长沙：湖南师范大学.

李财，任明漪，石丹，等，2018.薄膜扩散梯度（DGT）技术进展及展望［J］.农业环境科学学报，37（12）：2613-2628.

李芳柏，刘传平，2013.农作物重金属阻隔技术新型复合叶面硅肥及其产业化［J］.中国科技成果，（16）：77-78.

李剑睿，徐应明，林大松，等，2014.农田重金属污染原位钝化修复研究进展［J］.生态环境学报，23（4）：721-728.

李娇，吴劲，蒋进元，等，2018.近十年土壤污染物源解析研究综述［J］.土壤通报，49（1）：232-242.

李婷，蔡芫镔，方圣琼，等，2020.FeCl₃ 淋洗修复重金属 Pb 污染土壤技术研究 [J].能源与环境，（4）：62-65.

李霞，张慧鸣，徐震，等，2016.农田 Cd 和 Hg 污染的来源解析与风险评价研究 [J].农业环境科学学报，35（7）：1314-1320.

李小平，徐长林，刘献宇，等，2015.宝鸡城市土壤重金属生物活性与环境风险 [J].环境科学学报，35（4）：1241-1249.

李晓宝，董焕焕，任丽霞，等，2019.螯合剂修复重金属污染土壤联合技术研究进展 [J].环境科学研究，32（12）：1993-2000.

李泽琴，侯佳渝，王奖臻，2008.矿山环境土壤重金属污染潜在生态风险评价模型探讨 [J].地球科学进展，23（5）：509-516.

廖晓勇，2004.典型地区土壤砷污染的现状评价与植物修复 [D].北京：中国科学院地理科学与资源研究所.

廖晓勇，陈同斌，阎秀兰，等，2004.不同磷肥对砷超富集植物蜈蚣草修复砷污染土壤的影响 [J].环境科学，29（10）：2906-2911.

林淑芬，李辉信，胡锋，2006.蚓粪对黑麦草吸收污染土壤重金属铜的影响 [J].土壤学报，43（6）：911-918.

林志灵，曾希柏，张杨珠，等，2013.人工合成铁、铝矿物和镁铝双金属氧化物对土壤砷的钝化效应 [J].环境科学学报，33（7）：1953-1959.

刘畅，康亭，宋柳霆，等，2019.道南膜技术在重金属化学形态研究中的应用 [J].环境污染与防治，41（10）：1233-1238.

刘创慧，易秀，周静，等，2017.重金属污染土壤修复中钝化材料的应用研究进展 [J].安徽农学通报，23（05）：74-77，85.

刘芳，付融冰，徐珍，2015.土壤电动修复的电极空间构型优化研究 [J].环境科学，36（2）：678-689.

刘青林，2018.高浓度重金属复合污染土壤的复配淋洗技术研究 [D].杭州：浙江大学.

刘树堂，赵永厚，孙玉林，等，2005.25 年长期定位施肥对非石灰性潮土重金属状况的影响 [J].水土保持学报，19（1）：164-167.

刘肃，李西开，1995.Mehlich 3 通用浸提剂的研究 [J].土壤学报，32（2）：132-141.

刘文慧，李湘凌，章康宁，等，2020.基于改进 Håkanson 法的水稻土重金属生态风险评价 [J].环境科学研究，33（11）：2613-2620.

刘昭兵，纪雄辉，田发祥，等，2011.碱性废弃物及添加锌肥对污染土壤镉生物有效性的影响及机制 [J].环境科学，32（4）：1164-1170.

卢聪，李涛，付义临，等，2015.基于生物可利用性与宽浓度范围的 Håkanson 潜在生态风险指数法的创建——以小秦岭金矿区农田土壤为例 [J].地质通报，34（11）：2054-2060.

卢鑫，胡文友，黄标，等，2018.基于 UNMIX 模型的矿区周边农田土壤重金属源解析 [J].环境科学，39（3）：1421-1429.

陆泗进，何立环，2013.浅谈我国土壤环境质量监测.环境监测管理与技术，25（3）：6-12.

陆泗进，王业耀，何立环，2014.中国土壤环境调查、评价与监测.中国环境监测，30（6）：19-26.

罗小玲，郭庆荣，谢志宜，等，2014.珠江三角洲地区典型农村土壤重金属污染现状分析 [J].生态环境学报，23（3）：485-489.

吕光辉，许超，王辉，等，2018.叶面喷施不同浓度锌对水稻锌镉积累的影响 [J].农业环境科学学报，37（7）：1521-1528.

吕选忠，宫象雷，唐勇，2006.叶面喷施锌或硒对生菜吸收镉的拮抗作用研究 [J].土壤学报，43（5）：

868-870.

马科峰，王海芳，卢静，等，2019.电动力强化植物修复土壤重金属的研究进展 [J].应用化工，48 (3)：709-716.

聂俊华，刘秀梅，王庆仁，2004.营养元素 N、P、K 对 Pb 超富集植物吸收能力的影响 [J].农业工程学报，(5)：262-265.

聂亚平，王晓维，万进荣，等，2016.几种重金属（Pb、Zn、Cd、Cu）的超富集植物种类及增强植物修复措施研究进展 [J].生态科学，35 (2)：174-182.

宁东峰，2016.土壤重金属原位钝化修复技术研究进展 [J].中国农学通报，32 (23)：72-80.

潘风山，2016.东南景天促生菌提高植物萃取镉效率极其机理研究 [D].杭州：浙江大学.

裴昕，郭智，李建勇，等，2007.刈割对龙葵生长和富集镉的影响及其机理 [J].上海交通大学学报（农业科学版），25 (2)：125-129.

钱晓莉，徐晓航，2019.贵州万山汞矿废弃地自然定居植物对汞与甲基汞的吸收与累积 [J].生态学杂志，38 (2)：563-564.

仇荣亮，邹泽李，董汉英，等，2009.一种用于重金属和砷汞污染土壤的化学淋洗修复方法 [P].中国专利：101362145，2009-02-11.

瞿飞，文林宏，范成五，2020.不同母质土壤重金属含量与生态风险评价 [J].矿物学报，40 (6)：677-684.

瞿明凯，李卫东，张传荣，等，2013.基于受体模型和地统计学相结合的土壤镉污染源解析 [J].中国环境科学，33 (5)：854-860.

任丽英，马家恒，徐振，等，2014.铁铝复合氧化物对土壤 Mn，Pb 和 Cd 有效性的影响 [J].矿物学报，34 (003)：396-400.

邵乐，郭晓方，史学峰，等，2010.石灰及其后效对玉米吸收重金属影响的田间实例研究 [J].农业环境科学学报，29 (10)：1986-1991.

沈丽波，吴龙华，谭维娜，等，2010.伴矿景天-水稻轮作及磷修复剂对水稻锌 Cd 吸收的影响 [J].应用生态学报，21 (11)：2952-2958.

沈欣，朱奇宏，朱捍华，等，2015.农艺调控措施对水稻镉积累的影响及其机理研究 [J].农业环境科学学报，34 (8)：1449-1454.

生态环境部，2018.土壤 pH 的测定 电位法：HJ 962—2018 [S/OL].北京：中国环境出版社.

生态环境部，2018.土壤环境质量 农用地土壤污染风险管控标准：GB 15619—2018 [S/OL].北京：中国环境出版社.

生态环境部，2019.土壤和沉积物 铜、锌、铅、镍、铬的测定 火焰原子吸收分光光度法：HJ 491—2019 [S/OL].北京：中国环境出版社.

盛春蕾，袁立竹，盛宇平，等，2019.基于 SCI 文献计量的土壤电动修复研究态势分析 [J].土壤与作物，8 (2)：111-118.

史明易，王祖伟，王嘉宝，2019.Håkanson 指数法在评价土壤重金属生态风险上的应用进展 [J].土壤通报，50 (4)：1002-1007.

宋恒飞，吴克宁，刘霈珈，2017.土壤重金属污染评价方法研究进展 [J].江苏农业科学，45 (15)：11-14.

宋伟，陈百明，刘琳，2013.中国耕地土壤重金属污染概况 [J].水土保持研究，20 (2)：293-298.

宋志廷，赵玉杰，周其文，等，2016.基于地质统计及随机模拟技术的天津武清区土壤重金属源解析 [J].环境科学，37 (7)：2756-2762.

孙宁，张岩坤，丁贞玉，等，2020.土壤污染防治先行区建设进展、问题与对策 [J].环境保护科学，46 (1)：14-20.

唐近春，1989.全国第二次土壤普查与土壤肥料科学的发展.土壤学报，26（3）：234-240.

唐明灯，艾绍英，李盟军，等，2012.轮间作对伴矿景天和苋菜生物量及 Cd 含量的影响 [J].广东农业科学报，（13）：35-37.

童文彬，郭彬，林义成，等，2020.衢州典型重金属污染农田镉、铅输入输出平衡分析 [J].核农学报 34（5）：1061-1069.

汪洁，沈丽波，李柱，等，2014.氮肥形态对伴矿景天生长和锌镉吸收性的影响研究 [J].农业环境科学学报，33（11）：2118-2124.

王丹丹，李辉信，魏正贵，等，2008.蚯蚓对污染土壤中黑麦草和印度芥菜吸收累积锌的影响 [J].土壤，40（1）：73-77.

王进进，杨行健，胡峥，等，2019.基于风险等级的重金属污染耕地土壤修复技术集成体系研究 [J].农业环境科学学报，38（2）：249-256.

王美，李书田，2014.肥料重金属含量状况及施肥对土壤和作物重金属富集的影响 [J].植物营养与肥料学报，20（2）：466-480.

王平，奚小环，2004.全国农业地质工作的蓝图——"农业地质调查规划要点"评述.中国地质，31（增刊）：11-15.

王业耀，赵晓军，何立环，2012.我国土壤环境质量监测技术路线研究.中国环境监测，28（3）：116-120.

王瑜，董晓庆，2013.利用道南膜技术研究土壤-番茄体系中自由态镉离子浓度 [J].安庆师范学院学报（自然科学版），（1）：85-88，92.

王宇，彭淑惠，杨双兰，2012.云南岩溶区 As、Cd 元素异常特征 [J].中国岩溶，31（4）：377-381.

王玉军，刘存，周东美，等，2014.客观地看待我国耕地土壤环境质量的现状——关于《全国土壤污染状况调查公报》中有关问题的讨论和建议.农业环境科学学报，33（8）：1465-1473.

王玉军，吴同亮，周东美，等，2017.农田土壤重金属污染评价研究进展 [J].农业环境科学学报，36（12）：2365-2378.

卫泽斌，陈晓红，吴启堂，等，2015.可生物降解螯合剂 GLDA 诱导东南景天修复重金属污染土壤的研究 [J].环境科学，36（5）：1864-1869.

卫泽斌，郭晓方，吴启堂，2010.化学淋洗和深层土壤固定联合技术修复重金属污染土壤 [J].农业环境科学学报，29（2）：407-408.

魏树和，徐雷，韩冉，等，2019.重金属污染土壤的电动-植物联合修复技术研究进展 [J].43（1）：154-160.

魏迎辉，李国琛，王颜红，等，2018.PMF 模型的影响因素考察——以某铅锌矿周边农田土壤重金属源解析为例 [J].农业环境科学学报，37（11）：2549-2559.

吴晓青，2006.全国土壤污染状况调查工作的总体安排和要求.环境保护，14：7-10.

吴劲楠，龙健，刘灵飞，等，2018.某铅锌矿区农田重金属分布特征及其风险评价 [J].中国环境科学，38（3）：1054-1063.

席承潘，章士炎，1994.全国土壤普查科研项目成果简介.土壤学报，31（3）：330-335.

席磊，2001.二氧化碳气肥对印度芥菜和向日葵吸收积累铜、锌的影响研究 [D].杭州：浙江大学.

向焱赟，伍湘，张小毅，等，2020.叶面阻控剂对水稻吸收和转运镉的影响研究进展 [J].作物研究，34（3）：290-296.

肖冰，薛培英，韦亮，等，2020.基于田块尺度的农田土壤和小麦籽粒镉砷铅污染特征及健康风险评价 [J].环境科学，41（6）：2869-2877.

肖惠萍，涂琴韵，吴龙华，等，2017.几种典型土壤对电动修复镉污染效果的影响 [J].环境工程学报，11（2）：1205-1210.

肖江，周书葵，李智东，等，2019.电动-螯合技术修复重金属污染土壤的现状与展望 [J].应用化工，48（3）：632-638.

谢小进，康建成，李卫江，等，2010.上海宝山区农用土壤重金属分布与来源分析 [J].环境科学，31（3）：768-774.

谢晓梅，方至萍，廖敏，等，2018.低积累水稻品种联合腐殖酸、海泡石保障重镉污染稻田安全生产的潜力 [J].环境科学，39（9）：4348-4357.

邢金峰，仓龙，葛礼强，等，2016.纳米羟基磷灰石钝化修复重金属污染土壤的稳定性研究 [J].农业环境科学学报，35（7）：1271-1277.

邢金峰，仓龙，任静华，2019.重金属污染农田土壤化学钝化修复的稳定性研究进展 [J].土壤，51（2）：224-234.

熊钡，邵友元，易筱筠，2015.外加电场下镍污染土壤离子迁移过程及机理 [J].环境科学与技术，38（6）：33-38.

徐光辉，王洋，于锐，等，2017.四平市城郊蔬菜地土壤重金属来源及环境风险评价 [J].土壤与作物，6（04）：277-282.

徐海舟，2015.直流电场——东南景天联合修复 Cd 污染土壤效率的研究 [D].杭州：浙江农林大学.

徐建明，孟俊，刘杏梅，等，2018.我国农田土壤重金属污染防治与粮食安全保障 [J].中国科学院院刊，33（2）：153-159.

徐坤，刘雅心，成杰民，等，2019.蚯蚓对印度芥菜修复 Zn、Pb 污染土壤的影响 [J].土壤通报，50（1）：203-210.

徐夕博，吕建树，徐汝汝，2018.山东省沂源县土壤重金属来源分布及风险评价 [J].农业工程学报，34（9）：216-223.

徐争启，倪师军，庹先国，等，2008.潜在生态危害指数法评价中重金属毒性系数计算 [J].环境科学与技术，31（2）：112-115.

许超，欧阳东盛，朱乙生，等，2014.叶面喷施铁肥对菜心重金属累积的影响 [J].环境科学与技术，37（11）：20-25.

许超，夏北城，林颖，2009.柠檬酸对中低污染土壤中重金属的淋洗动力学 [J].生态环境学报，18（2）：507-510.

宣斌，王济，段志斌，等，2017.铅同位素示踪土壤重金属污染源解析研究进展 [J].环境科学与技术，40（11）：17-21.

杨皓，范明毅，黄先飞，等，2015.铅同位素在示踪土壤重金属污染研究中的应用 [J].环境工程，33（12）：138-141.

杨侨，赵龙，孙在金，等，2017.复合钝化剂对污灌区镉污染农田土壤的钝化效果研究 [J].应用化工，46（6）：1037-1050.

杨世利，常家华，邢智，等，2019.铅蓄电池工业场地铅污染分布特征及风险分析.深圳大学学报理工版，36（6）：649-655.

杨小粉，刘钦云，袁向红，等，2019.综合降镉技术在不同污染程度稻田土壤下的应用效果研究 [J].中国稻米，24（2）：37-41.

杨秀敏，唐国忠，潘宇，等，2017.菌根对东南景天生长和吸收重金属的影响 [J].金属矿山，（12）：163-168.

杨子予，杨志敏，陈玉成，等，2020.菜地土壤镉的表层淋洗-深层固化联合修复研究 [J].农业环境科学学报，39（2）：275-281.

姚卫康，蔡宗平，孙水裕，等，2019.重金属污染土壤的强化电动修复技术研究进展 [J].环境污染与防治，41（8）：979-983.

叶和松，2006.生物表面活性剂产生菌株的筛选及提高植物吸收土壤铅镉效应的研究 [D].南京：南京农业大学.

游少鸿，杨佳节，吴佳玲，等，2020.基于超积累植物的间套轮作技术模式在修复 Cd 污染土壤中的研究进展 [J].农业环境科学学报，39（10）：2122-2133.

余海波，宋静，骆永明，等，2011.典型重金属污染农田能源植物示范种植研究 [J].环境监测管理与技术，23（3）：71-76.

袁江，李晔，许剑臣，等，2016.可生物降解螯合剂 GLDA 和植物激素共同诱导植物修复重金属污染土壤研究 [J].武汉理工大学学报，38（2）：82-86.

袁金玮，陈笈，陈芳，等，2019.强化植物修复重金属污染土壤的策略及其机制 [J].生物技术通报，35（1）：120-130.

袁立竹，2017.强化电动修复重金属复合污染土壤研究 [D].北京：中国科学院大学博士论文.

曾希柏，徐建明，黄巧云，等，2013.中国农田重金属问题的若干思考 [J].土壤学报，50（1）：186-193.

张超，马建华，李剑，2009.改进型模糊数学法在土壤重金属污染分析中的应用 [J].安徽农业科学，37（4）：1763 -1766.

张凤荣，王秀丽，梁小宏，等，2014.对全国第二次土壤普查中土类、亚类划分及其调查制图的辨析.土壤，46（4）：761-765.

张金婷，谢贵德，孙华，2016.基于改进模糊综合评价法的地质异常区土壤重金属污染评价——以江苏灌南县为例 [J].农业环境科学学报，35（11）：2107-2115.

张磊，宋柳霆，郑晓笛，等，2014.溶解有机质与铁氧化物相互作用过程对重金属再迁移的影响 [J].生态学杂志，33（8）：2193-2198.

张涛，邹华，王娅娜，等，2013.铅污染土壤电动修复增强技术的研究 [J].环境工程学报，7（9）：3619-3623.

张小敏，张秀英，钟太洋，等，2014.中国农田土壤重金属富集状况及其空间分布研究 [J].环境科学，35（2）：692-703.

张鑫，史璐皎，刘晓云，等，2013.聚天冬氨酸强化植物修复重金属污染土壤的研究 [J].中国农学通报，29（29）：151-156.

章明奎，倪中应，沈倩，2017.农作物重金属污染的生理阻控研究进展 [J].环境污染与防治，39（1）：96-101.

赵多勇，魏益民，魏帅，等，2015.基于铅同位素解析技术的土壤铅污染来源研究 [J].安全与环境学报，15（5）：329-332.

赵磊，崔岩山，杜心，等，2005.利用道南膜技术（DMT）研究土壤中重金属自由离子浓度 [J].环境科学学报，25（11）：1565-1569.

赵宁宁，邱丹，孟德凯，等，2017.AM 真菌对蜈蚣草根围土壤砷形态及其砷吸收的影响 [J].菌物学报，36（7）：1048-1055.

赵其国，黄国勤，马艳芹，2013.中国南方红壤生态系统面临的问题及对策 [J].生态学报，33（24）：7615-7622.

赵其国，骆永明，2015.论我国土壤保护宏观战略 [J].中国科学院院刊，30（4）：451-458.

赵树民，李晓东，虞方伯，等，2017.巨大芽孢杆菌 LY02 对黑麦草修复重金属污染土壤的影响.水土保持学报，31（5）：340-344.

赵云杰，马智杰，张晓霞，等，2015.土壤-植物系统中重金属迁移性的影响因素及其生物有效性评价方法 [J].中国水利水电科学研究院学报，13（3）：177-183.

中国地质调查局，2015.中国耕地地球化学调查报告 [N].北京：中国地质调查局，2015.

中国环境监测总站编，2017.土壤环境监测技术要点分析 [M].北京：中国环境出版社.

中华人民共和国农业部，2012.农田土壤环境质量监测技术规范：NYT 395—2012 [S/OL].

周建利，邵乐，朱凰榕，等，2014.间套种及化学强化修复重金属污染酸性土壤——长期田间试验 [J].土壤学报，51（5）：1056-1065.

邹富桢，龙新宪，余光伟，等，2017. 混合改良剂钝化修复酸性多金属污染土壤的效应：基于重金属形态和植物有效性的评价 [J]. 农业环境科学学报，36（9）：1787-1795.

庄国泰，2015. 我国土壤污染现状与防治策略 [J]. 中国科学院院刊，30（4）：477-483.

Abu-Elsaoud AM，Nafady NA，Abdel-Azeem AM，2017. *Arbuscular mycorrhizal* strategy for zinc mycoremediation and diminished translocation to shoots and grains in wheat [J]. PLoS One，12（11）：e0188220.

Ash C，Tejnecky V，Boruvka L，et al，2016. Different low-molecular-mass organic acids specifically control leaching of arsenic and lead from contaminated soil. Journal of Contaminant Hydrology，187：18-30.

Attinti R，Barrett KR，Datta R，et al，2017. Ethylenediaminedisuccinic acid（EDDS）enhances phytoextraction of lead by vetiver grass from contaminated residential soils in a panel study in the field [J]. Environmental Pollution，225：524-533.

Barzanti R，Ozino F，Marco Bazzicalupo M，et al，2007. Isolation and characterization of endophytic bacteria from the nickel hyperaccumulator plant *Alyssum bertolonii*. Microb Ecol，53：306-316.

Cai ZP，Chen DR，Fang ZQ，et al，2016. Enhanced electrokinetic remediation of copper-contaminated soils near a mine tailing using the approaching-anode technique [J]. Journal of Environmental Engineering，142（2）：04015079. https：//ascelibrary. org/doi/pdf/10. 1061/%28ASCE%29EE. 1943-7870. 0001017.

Cao XD，Ammar W，Ma L，et al，2009. Immobilization of Zn，Cu，and Pb in contaminated soils using phosphate rock and phosphoric acid [J]. Journal of Hazardous Materials，164：555-564.

Chen D，Liu XY，Bian RJ，et al，2018. Effects of biochar on availability and plant uptake of heavy metals：A meta-analysis [J]. Journal of Environmental Management，222：76-85.

Chen F，Tan M，Ma J，et al，2016. Efficient remediation of PAH-metal co-contaminated soil using microbial-plant combination：A greenhouse study [J]. J Hazardous Mater，302：250-261.

Chen L，Zhou S，Wu S，et al，2018. Combining emission inventory and isotope ratio analyses for quantitative source apportionment of heavy metals in agricultural soil [J]. Chemosphere，204：140-147.

Chen Y，Xie T，Liang Q，et al，2016. Effectiveness of lime and peat applications on cadmium availability in a paddy soil under various moisture regimes [J]. Environmental Science and Pollution Research，23（8）：7757-7766.

Chen XJ，Sheng M，Lei YM，et al，2006. Enhanced electrokinetic remediation of Cd and Pb spiked soil coupled with cation exchange membrane [J]. Soil Research，44（5）：523-529.

Chen WM，Wu CH，James EK，et al，2008. Metal biosorption capability of *Cupriavidus taiwanensis* and its effects on heavy metal removal by nodulated *Mimosa pudica* [J]. J Hazard Mater，151（2）：364-371.

Choppala G，Bolan N，Kunhikrishnan A，et al，2016. Differential effect of biochar upon reduction-induced mobility and bioavailability of arsenate and chromate [J]. Chemosphere，144：374-381.

Cui HB，Zhou J，Si YB，et al，2014. Immobilization of Cu and Cd in a contaminated soil：One-and four-year field effects [J]. Journal of Soils and Sediments，14：1397-1406.

Cui S，Zhou Q，Wei S，et al，2007. Effects of exogenous chelators on phytoavailability and toxicity of Pb in *Zinnia elegans* Jacq [J]. Journal of Hazardous Materials，146（1/2）：341-346.

Davison W，Zhang H，1994. In situ speciation measurements of trace components in natural waters using thin-film gels [J]. Nature，367（6463）：546-548.

Deng L，Li Z，Wang J，et al，2016. Long-term field phytoextraction of zinc/cadmium contaminated soil by Sedum plumbizincicola under different agronomic strategies [J]. International Journal of Phytoremediation，18（2）：134.

Doong RA，Wu YW，Lei WG，1998. Surfactant enhanced remediation of cadmium contaminated soils [J]. Water Science and Technology，37（8）：65.

Du YJ，Wei ML，Reddy KR，et al，2014. New phosphate-based binder for stabilization of soils contaminated with heavy metals: Leaching, strength and microstructure characterization [J]. Journal of Environmental Management, 146: 179-188.

Duan G, Shao G, Tang Z, et al, 2017. Genotypic and environmental variations in grain cadmium and arsenic concentrations among a panel of high yielding rice cultivars [J]. Rice, 10 (10): 9.

Ettler V, Mihaljevic M, Kríbek B, et al, 2011. Tracing the spatial distribution and mobility of metal/metalloid contaminants in Oxisols in the vicinity of the Nkana copper smelter, Copperbelt Province, Zambia [J]. Geoderma, 164 (1/2): 73-84.

Evangelou MWH, Ebel M, Schaeffer A, 2007. Chelate assisted phytoextraction of heavy metals from soil: effect, mechanism, toxicity, and fate of chelating agents [J]. Chemosphere, 68 (6): 989-1003.

Govarthanan M, Mythili R, Selvankumar T, et al, 2018. Myco-phytoremediation of arsenic-and lead-contaminated soils by Helianthus annuus and wood rot fungi, Trichoderma sp. isolated from decayed wood [J]. Ecotoxicology and Environmental Safety, 15: 279-284.

Gzar H, Abdul-Hameed A, Yahya A, 2014. Extraction of lead, cadmium and nickel from contaminated soil using acetic acid [J]. Open Journal of Soil Science, 4 (6): 207-214.

Guo J, Liu X, Zhang Y, et al, 2010. Significant acidification in major Chinese croplands [J]. Science, 327 (5968): 1008-1010.

Guo J, Tang S, Ju X, et al, 2011. Effects of inoculation of a plant growth promoting rhizobacterium Burkholderia sp. D54 on plant growth and metal uptake by a hyperaccumulator Sedum alfredii Hance grown on multiple metal contaminated soil [J]. World Journal of Microbiology and Biotechnology, 27 (12): 2835-2844.

Guo X, Zhao G, Zhang G, et al, 2018. Effect of mixed chelators of EDTA, GLDA, and citric acid on bioavailability of residual heavy metals in soils and soil properties [J]. Chemosphere, 209: 776-782.

Hamon RE, McLaughlin MJ, Cozens G, 2002. Mechanisms of attenuation of metal availability in in situ remediation treatments [J]. Environmental Science and Technology, 36: 3991-3996.

Hong KJ, Tokunaga S, Kajiuchi T, 2002. Evaluation of remediation process with plant-derived biosurfactant for recovery of heavy metals from contaminated soils [J]. Chemosphere, 49 (4): 379-387.

Honma T, Ohba H, Kaneko-Kadokura A, et al, 2016. Optimal soil Eh, pH, and water management for simultaneously minimizing arsenic and cadmium concentrations in rice grains [J]. Environmental Science & Technology, 50: 4178-4185.

Houben D, Sonnet P, 2015. Impact of biochar and root-induced changes on metal dynamics [J]. Chemosphere, 139: 644-651.

Hu PJ, Li Z, Yuan C, et al, 2013. Effect of water management on cadmium and arsenic accumulation by rice (Oryza sativa L.) with different metal accumulation capacities [J]. Journal of Soils and Sediments, 13: 916-924.

Hu PJ, Huang JX, Ouyang YN, et al, 2013. Water management affects arsenic and cadmium accumulation in different rice cultivars [J]. Environmental Geochemistry and Health, 35: 767-778.

Hu XX, Liu XY, Zhang XY, et al, 2017. Increased accumulation of Pb and Cd from contaminated soil with Scirpus tiqueter by the combined application of NTA and APG [J]. Chemosphere, 188: 397-402.

Huang JW, Cunningham SD, 1996. Lead phytoextraction: Species variation in lead up take and translocation [J]. New Phytologist, 134: 75-84.

Jho EH, Im J, Yang K, et al, 2015. Changes in soil toxicity by phosphate-aided soil washing: Effect of soil characteristics, chemical forms of arsenic, and cations in washing solution [J]. Chemosphere, 119: 1399-1405.

Ji P, Tang X, Jiang Y, et al, 2015. Potential of gibberellic acid 3 (GA3) for enhancing the phytoremediation efficiency of *solanum nigrum* L [J]. Bulletin of Environmental Contamination & Toxicology, 95 (6): 810-814.

Jian LR, Bai XL, Zhang H, et al, 2019. Promotion of growth and metal accumulation of alfalfa by coinoculation with *Sinorhizobium* and *Agrobacterium* under copper and zinc stress [J]. Peer J, 7: e6875.

Jiang TY, Jiang J, Xu R K, et al, 2012. Adsorption of Pb(II) on variable charge soils amended with rice-straw derived biochar [J]. Chemosphere, 89: 249-256.

Joshi PM, Juwarkar AA, 2009. In vivo studies to elucidate the role of extracellular polymeric substances from Azotobacter in immobilization of heavy metals [J]. Environmental Science & Technology, 43 (15): 5884-5889.

Juwarkar AA, Nair A, Dubey KV, et al, 2007. Biosurfactant technology for remediation of cadmium and lead contaminated soils [J]. Chemosphere, 68 (10): 1996-2002.

Kumar V, Sharma A, Kaur P, et al, 2018. Pollution assessment of heavy metals in soils of India and ecological risk assessment: A state-of-the-art [J]. Elsevier Ltd, 216: 449-462.

Lan J, Zhang S, Lin H, et al, 2013. Efficiency of biodegradable EDDS, NTA and APAM on enhancing the phytoextraction of cadmium by *Siegesbeckia orientalis* L. grown in Cd-contaminated soils [J]. Chemosphere, 91 (9): 1362-1367.

Li NJ, Zhang XH, Wang DQ, et al, 2017. Contribution characteristics of the in situ extracellular polymeric substances (EPS) in *Phanerochaete chrysosporium* to Pb immobilization [J]. Bioprocess and Biosystems Engineering, 40 (10): 1447-1452.

Liang X, Han J, Xu Y, et al, 2014. In situ field-scale remediation of Cd polluted paddy soil using sepiolite and palygorskite [J]. Geoderma, 235/236: 9-18.

Liu E, Shen J, Zhu Y, et al, 2004. Source analysis of heavy metals in surface sediments of Lake Taihu [J]. Journal of Lake Science, 16 (2): 114-120.

Liu W, Liang L, Zhang X, et al, 2015. Cultivar variations in cadmium and lead accumulation and distribution among 30 wheat (*Triticum aestivum* L.) cultivars [J]. Environmental Science and Pollution Research, 22 (11): 8432-8441.

Liu L, Chen HS, Cai P, et al, 2009. Immobilization and phytotoxicity of Cd in contaminated soil amended with chicken manure compost [J]. Journal of Hazardous Materials, 163: 563-567.

Liu X, Tian G, Jiang D, et al, 2016. Cadmium (Cd) distribution and contamination in Chinese paddy soils on national scale [J]. Environmental Science and Pollution Research, 23 (18): 17941-17952.

Lombi E, Hamon RE, McGrath SP, et al, 2003. Lability of Cd, Cu, and Zn in polluted soils treated with lime, beringite, and red mud and identification of a non-labile colloidal fraction of metals using isotopic techniques [J]. Environmental Science and Technology, 37: 979-984.

Lu P, Feng Q, Meng Q, et al, 2012. Electrokinetic remediation of chromium-and cadmium-contaminated soil from abandoned industrial site [J]. Separation & Purification Technology, 98 (4): 216-220.

Minnich MM, Mcbride MB, 1987. Copper activity in soil solution. I. measurement by ion-selective electrode and Donnan dialysis [J]. Soil Science Society of American Journal, 51: 568-572.

Moon DH, Lee J R, Wazne M, et al, 2012. Assessment of soil washing for Zn contaminated soils using various washing solutions [J]. Journal of Industrial and Engineering Chemistry, 18 (2): 822-825.

Mulligan CN, Wang S, 2006. Remediation of a heavy metal-contaminated soil by a rhamnolipid foam [J]. Engineering Geology, 85 (1-2): 75-81.

Oller ALW, Talano MA, Agostini E, 2013. Screening of plant growth-promoting traits in arsenic-resistant bacteria isolated from the rhizosphere of soybean plants from Argentinean agricultural soil [J]. Plant and Soil, 369 (1/2): 93-102.

Rafiq MT，Aziz R，Yang X et al，2014. Cadmium phytoavailability to rice (*Oryza sativa* L.) grown in representative Chinese soils. A model to improve soil environmental quality guidelines for food safety [J]. Ecotoxicology and Environmental Safety，2014，103：101-107.

Rajkumar M，Ae N，Prasad MNV，et al，2010. Potential of siderophore-producing bacteria for improving heavy metal phytoextraction. Trends Biotechno，28：142-149.

Rao ZX，Huang DY，Wu J S，et al，2018. Distribution and availability of cadmium in profile and aggregates of a paddy soil with 30-year fertilization and its impact on Cd accumulation in rice plant [J]. Environmental Pollution，239：198-204.

Rapant S，Kordik J，2003. An environmental risk assessment map of the slovak republic：application of data from geochemical atlases [J]. Environmental Geology，44：400-407.

Rauret G，López-Sánchez JF，Sahuquillo A，et al，1999. Improvement of the BCR three step sequential extraction procedure prior to the certification of new sediment and soil reference materials [J]. J. Environ. Monit. ，1：57-61.

Sayer JA，Cotter-Howells JD，Watson C，et al，1999. Lead mineral transformation by fungi [J]. Current Biology，9：691-694.

Shi T，Ma J，Wu F，et al，2019. Mass balance-based inventory of heavy metals inputs to and outputs from agricultural soils in Zhejiang Province，China [J]. Science of the Total Environment，649：1269-1280.

Shi T，Ma J，Wu X，et al，2018. Inventories of heavy metal inputs and out? puts to and from agricultural soils：A review [J]. Ecotoxicology and Environmental Safety，164：118-124.

Shin MN，Shim J，You Y，et al，2012. Characterization of lead resistant endophytic Bacillus sp. MN3-4 and its potential for promoting lead accumulation in metal hyperaccumulator Alnus firma [J]. J Hazard Mater，199：314-320.

Su H，Fang Z，Tsang PE，et al，2016. Stabilisation of nanoscale zerovalent iron with biochar for enhanced transport and in-situ remediation of hexavalent chromium in soil [J]. Environmental Pollution，214：94-100.

Sun YB，Xu Y，Xu YM，et al，2016. Reliability and stability of immobilization remediation of Cd polluted soils using sepiolite under pot and field trials [J]. Environmental Pollution，208：739-746.

Sun RL，Zhou QX，Jin CX，2006. Cadmium accumulation in relation to organic acids in leaves of *Solanum nigrum* L. as a newly found cadmium hyperaccumulator [J]. Plant and Soil，285 (1-2)：125-134.

Tandy S，Bossart K，Mueller R，et al，2004. Extraction of heavy metals from soils using biodegradable chelating agents. Environmental Science & Technology，38 (3)：937-944.

Tang XJ，Chen CF，Shi DZ，et al，2010. Heavy metal and persistent organic compound contamination in soil from Wenling：an emerging e-waste recycling city in Taizhou area，China [J]. Journal of Hazardous Materials，173 (1-3)：653-660.

Tessier A，Campbell PGC，Bisson M，1979. Sequential extraction Procedure for the speciation of particulate trace metals [J]. Analytical Chemistry，51 (7)：844-851.

Vassil AD，Kapulnik Y，Raskin I，et al，1998. The role of EDTA in lead transport and accumulation by Indian mustard [J]. Plant Physiol，117 (2)：447-453.

Vamerali T，Bandiera M，Hartley W，et al，2011. Assisted phytoremediation of mixed metal (loid) -polluted pyrite waste：effects of foliar and substrate IBA application on fodder radish [J]. Chemosphere，84 (2)：213-219.

Wang D，Li H，Wei Z，et al，2006. Effect of earthworms on the phytoremediation of zinc-polluted soil by ryegrass and *Indian mustard* [J]. Biology & Fertility of Soils，43 (1)：120-123.

Wang AG，Luo CL，Yang RX，et al，2012. Metal leaching along soil profiles after the EDDS application-A field study. Environmental Pollution, 164: 204-210.

Wei M, Chen J, Wang X, 2016. Removal of arsenic and cadmium with sequential soil washing techniques using Na_2EDTA, oxalic and phosphoric acid: optimization conditions, removal effectiveness and ecological risks [J]. Chemosphere, 156: 252-261.

Weng LP, Temminghoff EJ, Van Riemsdijk WH, 2001. Contribution of individual sorbents to the control of heavy metal activity in sandy soil [J]. Environmental Science & Technology, 35: 4436-4443.

Wu SC, Cheung KC, Luo YM, et al, 2006. Effects of inoculation of plant growth-promoting rhizobacteria on metal uptake by Brassica juncea [J]. Environ Pollut, 140 (1): 124-135.

Yan L, Li C, Zang J, et al, 2017. Enhanced phytoextraction of lead from artificially contaminated soil by mirabilis jalapa with chelating agents [J]. Bulletin of Environmental Contamination and Toxicology, 99 (2): 208-212.

Yang Y, Wang M, Chen W, et al, 2017. Cadmium accumulation risk in vegetables and rice in southern China: Insights from solid-solution partitioning and plant uptake factor [J]. Journal of Agricultural and Food Chemistry, 65 (27): 5463-5469.

Yang ZM, Fang ZQ, Tsang PE, et al, 2016. In situ remediation and phytotoxicity assessment of lead-contaminated soil by biochar supported nHAP [J]. Journal of Environmental Management, 182: 247-251.

Yi KX, Fan W, Chen JY, et al, 2018. Annual input and output fluxes of heavy metals to paddy fields in four types of contaminated areas in Hunan Province, China [J]. Science of the Total Environment, 634 (7): 67-76.

Yu X, Li Y, Li Y, et al, 2017. *Pongamia pinnata* inoculated with *Bradyrhizobium Liaoningense* PZHK1 shows potential for phytoremediation of mine tailings [J]. Applied Microbiol & Biotechnol, 101 (4): 1739-1751.

Zaheer IE, Ali S, Rizwan M, et al, 2015. Citric acid assisted phytoremediation of copper by Brassica napus L. [J]. Ecotoxicology and Environmental Safety, 120: 310-317.

Zhang Y, He L, Chen Z, et al, 2011. Characterization of lead-resistant and ACC deaminase-producing endophytic bacteria and their potential in promoting lead accumulation of rape [J]. Journal of Hazardous Materials, 186 (2-3): 1720-1725.

Zhang T, Liu JM, Huang XF, et al, 2013. Chelant extraction of heavy metals from contaminated soils using new selective EDTA derivatives [J]. Journal of Hazardous Materials, 262: 464-471.

Zhou H, Zhou X, Zeng M, et al, 2014. Effects of combinedamendments on heavy metal accumulation in rice (*Oryza sativa* L.) planted on contaminated paddy soil. Ecotoxicology and Environmental Safety, 2014, 101: 226-232.

Zou ZL, Qiu RL, Zhang, WH, et al, 2009. The study of operating variables in soil washing with EDTA [J]. Environmental Pollution, 157 (1): 229-236.